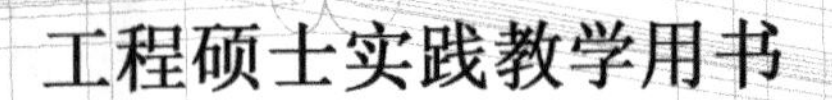

工程硕士实践教学用书

全国工程硕士教指委“加强实践基地建设，提升实践教学质量”课题立项支持
上海市教委“专业学位研究生实践教学基地建设（中石化上海工程有限公司）”课题立项支持

SHI YOU HUA GONG JIAN SHE XIANG MU GONG CHENG JING JI

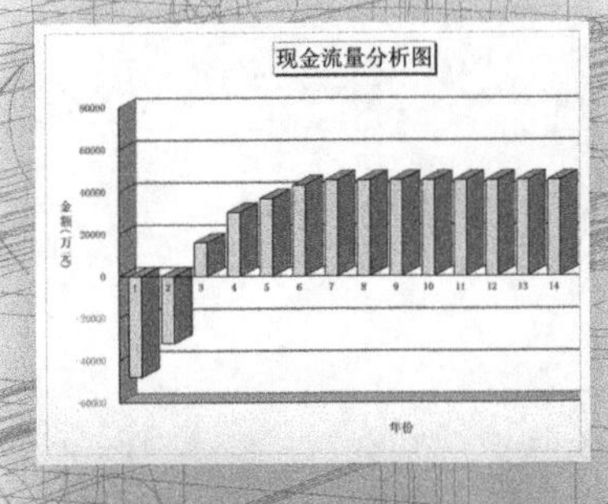

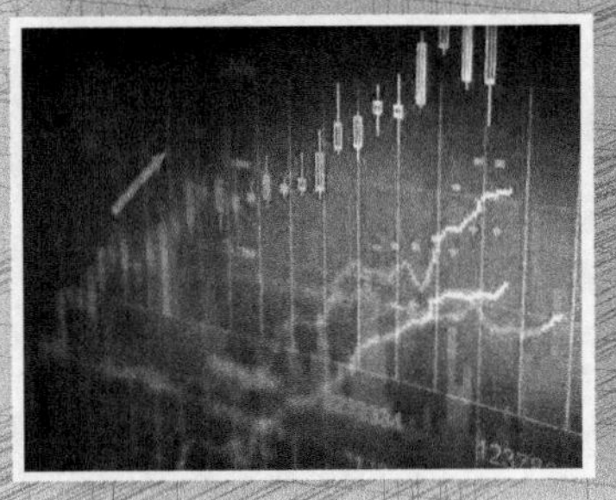

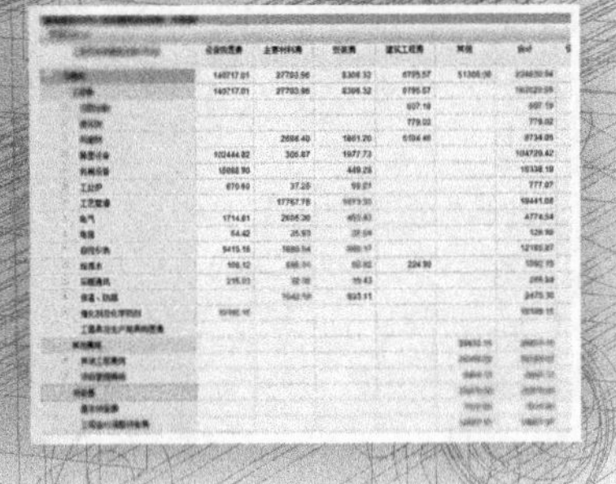

石油化工建设项目工程经济

吴德荣 主编

華東理工大學出版社
EAST CHINA UNIVERSITY OF SCIENCE AND TECHNOLOGY PRESS
·上海·

图书在版编目(CIP)数据

石油化工建设项目工程经济 / 吴德荣主编. —上海：华东理工大学出版社，2020.1

工程硕士实践教学用书. 化工设计

ISBN 978-7-5628-5903-1

Ⅰ. ①石… Ⅱ. ①吴… Ⅲ. ①石油化工—基本建设项目—工程经济 Ⅳ. ①TE65

中国版本图书馆 CIP 数据核字(2019)第 104439 号

项目统筹 / 牛　东
责任编辑 / 牛　东
装帧设计 / 戴晓辛　靳天宇
出版发行 / 华东理工大学出版社有限公司
地址：上海市梅陇路 130 号，200237
电话：021-64250306
网址：www.ecustpress.cn
邮箱：zongbianban@ecustpress.cn
印　　刷 / 北京虎彩文化传播有限公司
开　　本 / 787 mm×1092 mm　1/16
印　　张 / 24
字　　数 / 593 千字
版　　次 / 2020 年 1 月第 1 版
印　　次 / 2020 年 1 月第 1 次
定　　价 / 68.00 元

本书编委会

序

为了适应我国经济建设和社会发展对高层次专业人才的需求，培养具有较强专业能力和职业素养、能够创造性地从事实际工作的高层次工程人才，国务院学位委员会于1997年第十五次会议审议通过了《工程硕士专业学位设置方案》，由此拉开了我国工程硕士专业学位研究生教育的序幕。

15年来，我国工程硕士专业学位教育获得了快速发展，培养高校不断增加、培养规模迅速扩大、培养领域不断拓展。从上海的情况来看，目前有11所高校开展工程硕士研究生培养，涉及现有40个工程领域中的35个，共有150个工程领域授权点。随着工程硕士专业学位研究生教育的发展，国外的办学模式、办学理念及实践教材被不断引进国内。同时，国内各地区、各部门积极推进工程硕士培养的实践教学环节改革，已取得了一定成效。但总体而言，目前工程硕士专业学位研究生的实践应用能力与实际岗位需求仍有一定差距，高校的实践教学工作仍需大力加强，特别紧迫的是要构建起具有特色、符合岗位需求的实践教材和课程体系，更好地指导和开展工程硕士专业学位研究生实践能力的培养与教学。

为此，上海市学位办组织相关高校从事工程硕士教育的专家和管理干部，多次召开加强实践教学的工作研讨会，旨在推动高校在构建实践教材和课程体系方面取得积极进展，以不断满足工程硕士专业学位研究生培养的实践教学需求。华东理工大学作为全国首批工程硕士培养单位之一，根据多年工程硕士培养的经验，结合行业岗位的实际要求，与中石化上海工程有限公司合作编写了这套工程硕士实践教学用书。该书具有实践性强、应用面广、内容通俗易懂的特点，可供相关领域工程硕士研究生开展实践学习时选用，也可为广大从事工程实践的工程技术人员提供相关参考。

2012年正逢华东理工大学建校60周年，很高兴看到华东理工大学能够结合学校学科特色，与企业合作编写"工程硕士实践教学用书"，这在提升工程硕士实践教学水平、提高工程实践能力方面是一次有益的探索。相信经过努力，华东理工大学在工程硕士实践教学方面必然会取得更多的成就，工程硕士培养质量会更上一层楼。

上海市教委高教处 [signature]

2012年10月

前　言

中石化上海工程有限公司(以下简称上海工程公司)的前身是上海医药工业设计院,创建于1953年。66年来,公司不断发展壮大,在此过程中,积累了企业深厚的文化底蕴,在诸多工程技术领域创下了永载史册的"全国第一"。众多创新成就在各个领域脱颖而出,为我国国民经济发展作出了积极贡献。

上海工程公司本次受全国工程硕士教育指导委员会、上海市教育委员会和华东理工大学的委托,负责编写工程硕士实践教学用书丛书之一《石油化工建设项目工程经济》。上海工程公司集66年的企业工程建设实践经验与理念于一体,组织多名相关领域大师和国家注册资深设计专家编写此书。本书融入了多年工程建设的智慧和经验,吸收了工程技术人员的最新创新成果,不但注重基本理论,更着力实践应用原则,基于理论,源于实践,学以致用,力求将专家、学者、行业资深人士在长期工程实践活动中积累的心得体会和经验介绍给广大的青年学子,借此希望能对工程硕士培养教育和工程实践企业基地建设工作有所启发,具有借鉴意义和指导作用。

全书共9章,主要包括石油化工建设项目工程经济中的建设项目总投资构成、工程计价原理、建设项目决策和设计阶段工程造价的确定、建设项目经济评价、建设项目发包承包阶段合同价的确定、建设项目施工阶段的费用控制、建设项目竣工结算、建设项目后评价等内容。本书资料详实,内容丰富,具有应用性强、结构清晰、解释准确等特点,既可作为相关领域工程硕士的实践教学用书,亦可供从事石油化工建设项目工程经济的技术人员作参考。

本书编印获得全国工程硕士教育指导委员会"提升实践教学质量,培养社会需求人才"课题和上海市教育委员会"专业学位研究生实践教学基地建设"课题立项支持,在此表示感谢。本书编写过程中参考了许多文献,引用了一些行业资料和数据,亦在此向相关作者致谢。本书编委会的各位专家在编制过程中付梓辛勤劳动,在此表示衷心的感谢!

由于石油化工建设项目工程经济涉及知识繁杂,且在工程建设实践中不断充实、完善和发展,因此书中的不足之处在所难免,希望广大师生、同行专家提出宝贵的意见和建议,以便我们提高水平,持续改进。

编者

2019年3月

目　录

第一章 绪 论

随着中国特色社会主义市场经济的不断发展，工程造价领域的改革步伐也在不断加快。其中，比较重大的事件包括工程招投标建设模式的推广，国家标准《建设工程工程量清单计价规范》的实施，以及近年为适应国家"营改增"政策（营业税改增值税）的全面推行而作出的一系列涉及计价内容、计价程序等的调整。所有这些都使工程计价由原先传统的单一定额计价模式转向由国家相关部门公布工程量计算规则，通过市场机制定价的市场计价模式。随着中国加入WTO（World Trade Organization，世界贸易组织）、推行"一带一路"建设，又对工程造价体系提出了必须兼顾国内外形势，与国际造价体系全面接轨的新要求。本书重点介绍石油化工建设项目在工艺技术、工艺路线、建设模式、健康安全环保标准、质量验收标准等各方面的特点。

《石油化工建设项目工程经济》中定义的石油化工建设项目，既包括传统意义上的炼油、石油化工，也涵盖了煤化工、天然气化工等新兴能源化工。全书的内容安排以建设项目实施的全过程为主线，包括从项目决策、设计，到招投标、施工建设，以及竣工结算和项目后评价等各个实施阶段涉及的工程经济内容。从建设项目普遍的内容和特点入手，重点关注石油化工建设项目的行业特殊性。考虑到实用性的要求，我们舍弃了同类教材中通常包括的较大篇幅的基础练习的内容，加入工程实践案例，旨在通过项目建设全过程的工程经济内容介绍，使读者对建设项目，特别是石油化工建设项目的工程经济内容有全面、直观的认识。由于国家税收、环保等新政策相继出台，近期正是工程经济的内容、程序和方法等发生较多调整的时期，对众多的新规定、新变化，书中主要介绍截至出版时间的内容，其后的变化将在以后修编时再作补充。

本书包括建设项目总投资构成，工程计价原理，建设项目决策和设计阶段工程造价的确定，建设项目经济评价，建设项目发包、承包阶段合同价的确定，建设项目施工阶段的费用控制，建设项目竣工结算，建设项目后评价等。

建设项目总投资构成是工程造价的最基本概念，本章分别从国外建设项目总投资构成、国内建设项目总投资构成以及石油化工建设项目三个方面，介绍了既相同又有差异的总投资构成。

第三章工程计价原理主要介绍了目前国内建设项目两大主要计价模式：工程定额计价和工程量清单计价，以及它们各自的特点、作用、基本程序等，并重点介绍了石油化工建设项目在计价上的特点，供学习参考。

对建设项目总投资影响最大的是项目决策和设计阶段，该阶段工程造价的确定是建设项目全过程造价管理的关键，着重从工程计价的内容、方法、步骤和要求等方面进行详尽介绍。

建设项目经济评价作为项目决策的一个重要工具，在方案比选、优化，以及不确定性预测、风险评价等方面都起到了重要作用，已越来越受到重视，并逐渐应用到建设项目实施全过程。

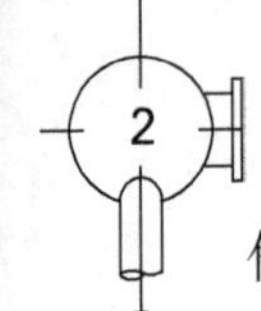

作为验证项目技术经济可行性的重要手段之一，单独设置第四章作全面的介绍。

建设项目发包和承包是我国工程造价转向由市场定价的实现阶段，本书着重介绍招标、投标的程序要求和相关经济文件的编制，以及石油化工建设项目工程招标、投标的特点。

建设项目施工阶段中的费用控制不仅需要建设单位关注，随着EPC（Engineering Procurement Construction）总承包等建设模式的推行和发展，它也成为众多总承包企业、分包企业的关注焦点。对费用控制过程中涉及的设计、采购、施工等各个方面，包括计量、变更和签证的处理、预付款和进度款的支付等内容将在第七章作一一介绍。

建设项目竣工结算是施工阶段结束后进行的，需要对整个建设项目投资，特别是要对占投资比例较大的采购和施工费用作一个总结。

建设项目后评价从建设项目全过程管理的角度，已经越来越成为考核项目建设成果的一个重要环节。第九章主要介绍后评估的作用、形式、内容等，以及建设项目经济后评价的做法。

本书编写的目的是让有志于从事石油化工行业的学生全面了解石油化工建设项目工程经济在项目各个实施阶段的主要工作内容、步骤和要点。相信本书的出版，能为培养合格的石油化工行业工程经济从业人员打下坚实的基础，同时也可以为石油化工工程其他专业的从业人员树立技术经济观念提供全方面的参考。

第二章　建设项目总投资构成

2.1　概述

建设项目总投资就是指建设项目的建造价格，它包括两个层次的定义。

第一层定义，建设项目总投资是指完成某个具有确定建设内容、建设规模、建设标准的工程项目，并使之达到预定使用要求、验收或生产条件，在建设期内预计或实际投入的全部费用总和。建设项目总投资的另一层定义，是指为建成某个工程项目，在建设期内预计或实际在劳动力市场、设备材料市场、施工机具市场、土地市场、承发包市场等各种交易活动中最终形成的建设项目的总价格。显然，这是从两个不同的角度对建设项目总投资的定义，前者是从投资者的角度，属于投资管理的范畴；后者是基于市场经济行为的角度，侧重于建设项目价格的形成，属于价格管理的范畴。两者从不同的角度，对建设项目总投资管理的侧重点有所差异。

但无论何种层次的定义，建设项目总投资所包含的内容是基本不变的，它包括用于采购和保管各种设备材料的费用，建筑和安装工程施工的费用，获得土地使用权的费用，委托专业公司完成勘察、设计等发生的费用，聘请专业服务公司完成项目环境、安全、职业卫生等专项评价或验收支付的费用，对项目进行筹建和管理花费的费用，以及由于在建设期间发生的不可预见的情况和价格上涨发生的费用等。由于项目建设具有投资大、周期长、一次性投资、多阶段实施等特点，因此，建设项目的总投资也具有以下特点。

(1) 大额性。要建成一项能够发挥预期作用的建设项目，特别是石油化工建设项目，动辄数千万、上亿，甚至几十亿、上百亿、上千亿。庞大的投入确立了建设项目的重要地位，也确立了建设项目投资管理的重要性和艰巨性，它涉及参与项目建设的各个方面的重大经济利益，有的项目甚至可能对国民经济产生重大影响。

(2) 差异性。每一个建设项目都有其特定的目的、功能、规模，没有完全一样的建设项目，即便是同样规模的石油化工装置，也会因为建设地点、建设时间、工艺路线等原因产生显著的差别，这种个体化的特点造成了建设项目总投资的差异。

(3) 层次性。建设项目总投资组成的层次性是由建设项目的层次性决定的，一个建设项目往往是由多个能够独立发挥效能的单项工程(如生产车间、公用工程、办公楼等)组成的，与此相适应，建设项目总投资也可以进一步细分为单项工程投资，单位工程投资，分部、分项工程投资等，这种自下而上逐层汇总的层次性特点，使各个分部、分项工程投资的准确性往往会直接影响整个建设项目总投资的准确性，因此必须给予充分重视。

(4) 动态性。建设项目总投资的动态性包括两个方面的含义：一方面，项目建设是一个从决策、设计、施工到竣工验收，分阶段实施的过程，后一个阶段的投资是在前一个阶段投资基础上的细化、深化，也受到前一阶段投资的限制，需要全过程动态地合理控制；另一方面，建设项目的实施周期通常较长，几年、十几年甚至数十年，期间国家的宏观政策、设备材料和劳动力市场的价格，以及利率、汇率等都会发生变化，这些变化必然会对建设项目的总投资造成不同程度的影响。在项目竣工决算完成前，建设项目的总投资始终处于一个不确定性的变化状态，在进行各个阶段的投资估算时要视项目情况充分地考虑这些动态的影响因素。

以上所有的特点，都决定了对建设项目总投资实施科学、动态管理的重要性。它要求每一个从业者，要充分了解建设项目总投资的构成和特点，综合考虑各种因素，准确地完成各个阶段的投资估算，同时，还要从制度上建立起包括投资控制的方法、程序等在内的完整科学体系，才能最终保证以较优、可控、合理的投资完成达到预期功效的建设项目。

2.2 国外建设项目总投资构成

目前，世界各国政府和组织对建设项目总投资构成的定义还存在着一些差异，个别项目内容甚至差异较大，必须引起重视。但从总体上来看，这些差异通常仅限于费用划分和归类的问题，是出于不同的管理目的和投资策略的需要，而从建设项目总投资所包括的费用内容来看，还是基本一致的。

国外建设项目总投资的构成，最具代表性的是世界银行(the World Bank)、国际咨询工程师联合会(法文缩写 FIDIC，International Federation of Consulting Engineers)等。这些国际组织对工程项目的总建设成本(对应我国的工程造价)作了统一规定，将工程项目总建设成本分为直接建设成本、间接建设成本、应急费和建设成本上升费用四大部分。

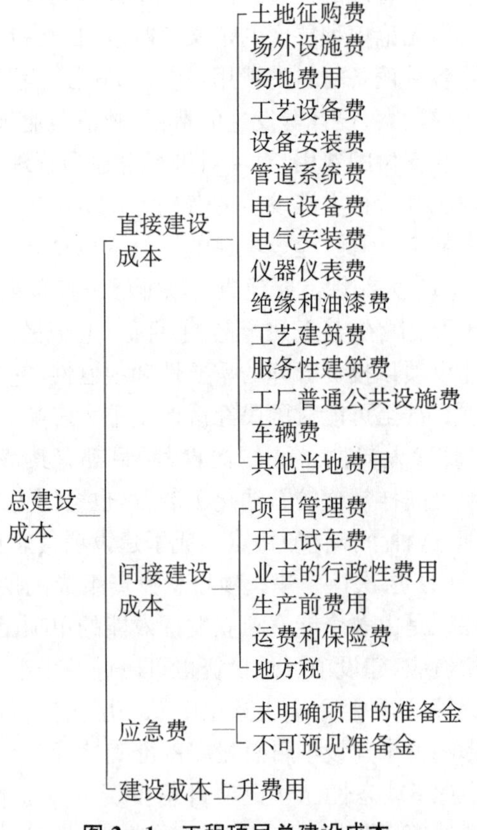

图 2-1 工程项目总建设成本

2.2.1 直接建设成本

直接建设成本是指建设用地，场地准备，临时设施、设备及工器具的采购，建筑工程，安装工程以及其他费用等，通常意义上可视为构成建设项目实体的费用，具体包括：

(1) 土地征购费。指征用、购置建设用地发生的费用。

(2) 场外设施费。如道路、码头、机场、桥梁、输电线路、市政管道等设施费用。

(3) 场地费用。指用于场地准备、厂区道路、铁路、围栏、场内设施等的建设费用。

(4) 工艺设备费。指主要设备、辅助设

备、零配件及备品备件的购置费用，包括海运包装费用、交货港离岸价，但不包括税金。

(5) 设备安装费。指用于设备安装的劳务费用，辅助材料、施工设备、消耗品和工具等费用，以及安装承包商的管理费和利润，供应商的监理指导费用等。

(6) 管道系统费。指与管道系统的材料及安装相关的全部费用。

(7) 电气设备费。指主要设备、辅助设备、零配件及备品备件的购置费用，包括海运包装费用、交货港离岸价，但不包括税金。

(8) 电气安装费。指用于设备安装的劳务费用，辅助材料、施工设备、消耗品和工具等费用，以及安装承包商的管理费和利润，供应商的监理指导费用等。

(9) 仪器仪表费。指所有自动仪表、控制系统、配线和辅助材料的费用以及用于仪器仪表安装的劳务费用，辅助材料、施工设备、消耗品和工具等费用，安装承包商的管理费和利润，供应商的监理指导费用等。

(10) 绝缘和油漆费。指设备及管道的绝缘和油漆及相关的全部费用。

(11) 工艺建筑费。指原材料费用，劳务费以及与基础、建筑结构、屋顶、内外装修、公共设施有关的全部费用。

(12) 服务性建筑费。指原材料费用，劳务费以及与基础、建筑结构、屋顶、内外装修、公共设施有关的全部费用。

(13) 工厂普通公共设施费。包括材料和劳务费以及与供水、燃料供应、通风、蒸汽发生及分配、下水道、污物处理等公共设施有关的费用。

(14) 车辆费。指工艺操作必需的机动设备零件费用，包括海运包装费用、交货港的离岸价，但不包括税金。

(15) 其他当地费用。指那些既不能归类于以上任何一个项目，又不能计入项目的间接成本，但在建设期间又是必然发生的当地费用。如临时设备、临时公共设施及场地的维持费，营地设施及其管理费，建筑保险和债券，各类杂项开支等费用。

2.2.2 间接建设成本

项目间接成本是指那些不直接构成建设项目实体，但与项目实施息息相关的管理、开车、保险、税金等费用，具体包括：

(1) 项目管理费。

① 总部人员的薪金和福利费，以及用于初步和详细工程设计、采购、工期和成本控制、行政和其他一般管理的费用。

② 施工管理现场人员的薪金、福利费和用于施工现场监督、质量保证、现场采购、工期及成本控制、行政及其他施工管理机构的费用。

③ 零星杂项费用，如局部返工、差旅、津贴、各类业务支出等。

④ 酬金。

(2) 开工试车费。指工厂投料试车所必需的劳务和材料费用(项目直接成本包括项目完工后的试车和空运转费用)。

(3) 业主的行政性费用。指业主的项目管理人员的费用及支出。

(4) 生产前费用。指前期研究、勘测、建矿、采矿等费用。

(5) 运费和保险费。指海运、国内运输、许可证及佣金、海运保险、综合保险等费用。

(6) 地方税。指关税、地方税及对特殊项目征收的税金。

2.2.3 应急费

应急费是指对建设项目在实施过程中的不可预见因素预留的费用,包括两个方面:

(1) 未明确项目准备金

由于对建设项目总投资的估算是一个分阶段不断细化的过程,必然会在某个阶段产生一些在当前估算时点不可能明确的潜在项目,即未明确项目准备金,包括因为缺乏完整、准确和详细的资料而不能完全预见和不能注明的项目,并且这些项目是必须完成的,或它们的费用是必定要发生的。未明确项目准备金在任何一个费用组成中均单独以一定的百分比形式确定,并作为估算的一个项目单独列出。此项准备金的特点是,它并不是用于建设项目范围以外的支付,也不是用以应付天灾、罢工及其他非正常经济情况,也不是用来补偿估算的误差,而是明确用来支付几乎可以肯定发生的费用,只是这些费用在估算时点无法准确预判。从这个意义上来说,它是估算不可缺少的一个组成部分。

(2) 不可预见准备金

与未明确项目准备金不同,此项准备金是用于由于建设项目总投资估算的环境条件发生了改变,如社会和经济的变化,从而导致估算可能增加的情况,这种情况可能发生,也可能不发生。因此,不可预见准备金只是一种储备,可能不动用。

2.2.4 建设成本上升费用

建设项目总投资的估算总是基于某一个时点的,估算中使用的人工成本、设备和材料价格、建筑安装工程价格计算是以该时点价格为基础的,这个时点就是所谓的"估算日期",而工程项目的建设本身可能存在一个较长的周期,必须基于项目的建设周期对估算予以调整,以补偿该段时间可能出现的价格增长。这个以增长率体现的成本上升,可以根据工程项目的实际情况以及各个主要组成部分(如国内设备材料、进口设备材料、劳务成本、项目管理费用等),分别予以判断,而判断的依据应建立在国内和国际的成本指数等基础上,最终确定建设成本的上升费用。

2.3 国内建设项目总投资构成

为深化项目建设"放管服"改革(即政府简政放权,降低准入门槛;公正监管,促进公平竞争;高效服务,营造便利环境),降低企业经营成本,激发市场投资活力,促进建设项目工程总承包,满足建设各方合理确定和有效控制工程造价的需要,住房城乡建设部办公厅于 2017 年 9 月发布"关于征求《建设项目总投资费用项目组成》《建设项目工程总承包费用项目组成》意见的函"(建办标函〔2017〕621 号),根据"营改增"政策(营业税改增值税)全面实施后价税分离、费税分离等原则,建设项目总投资的构成在费用组成、费用结构等方面作了较大的调整。根据该文件规定,我国建设项目总投资主要包括四个部分:工程造价、增值税、资金筹措费和流动资金。

工程造价是指建设项目在建设期内预计或实际投入的建设费用,包括工程费用、工程建设其他费用和预备费。

$$\text{工程造价} = \text{工程费用(不含税)} + \text{工程建设其他费用(不含税)} + \text{预备费(不含税)} \quad (2-1)$$

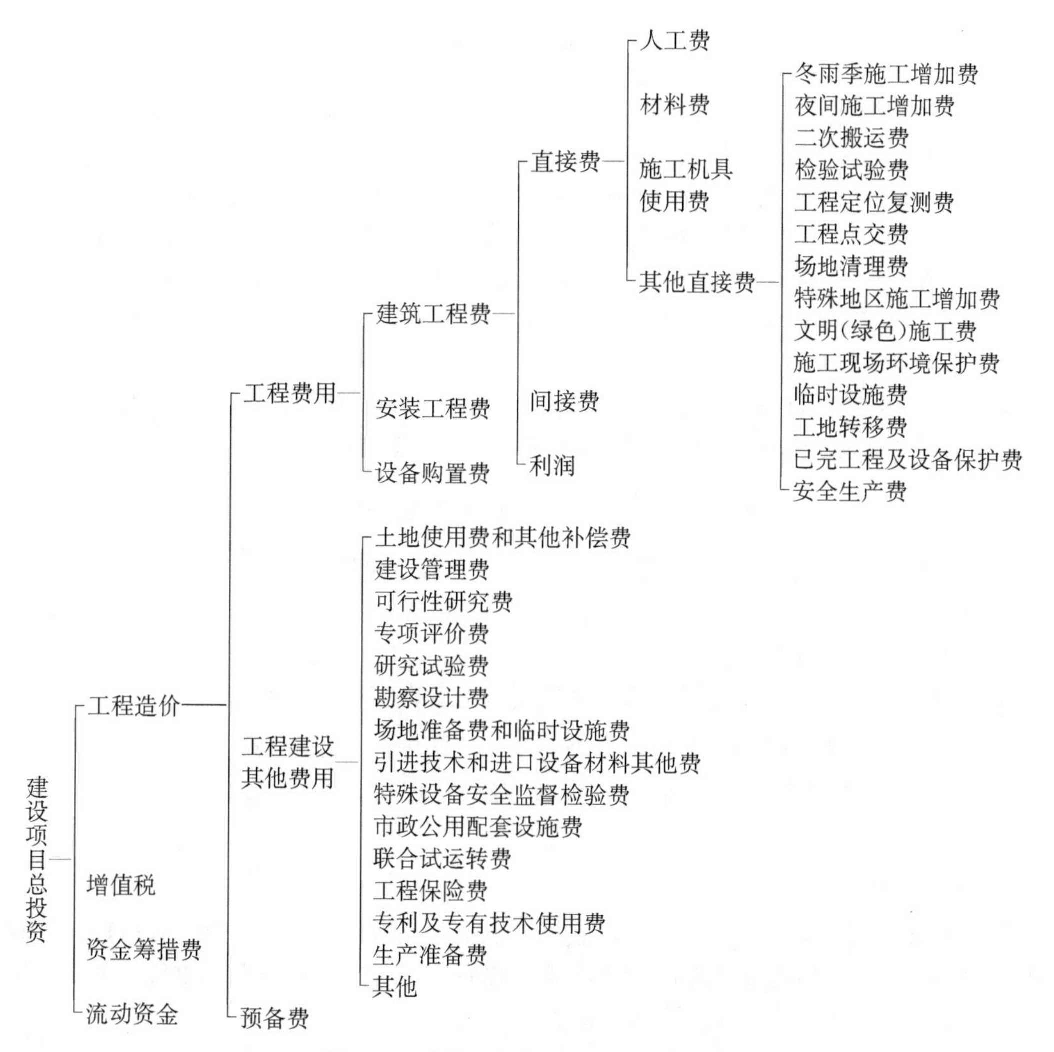

图 2-2　我国现行建设项目总投资构成

2.3.1　工程费用

工程费用是指建设项目在建设期内用于工程建造、设备购置及安装的费用，是建设项目总投资的主要组成部分，通常占到 80%以上，包括建筑工程费、安装工程费和设备购置费。

2.3.1.1　建筑工程费

建筑工程费是指建筑物、构筑物及其配套的线路、管道等的建造、装饰费用。建筑工程费由直接费、间接费和利润组成。

(1) 直接费

直接费是项目建设过程中所消耗的构成工程实体的费用，以及独立计价或以综合计费形式出现的措施费用。包括人工费、材料费、施工机具使用费和其他直接费。

① 人工费

人工费是指直接从事建筑工程施工作业的生产工人的薪酬，包括工资性收入、社会保险费、住房公积金、职工福利费、工会经费、职工教育经费以及特殊情况下发生的工资等。计算公式为

$$人工费 = \sum(工日消耗量 \times 日工资单价) \quad (2-2)$$

其中，工日消耗量是指在正常施工生产条件下，生产单位建筑产品(分部、分项工程或结构构件)必须消耗的各种技术等级人工的工日数量，它由基本用工和其他用工两部分构成。

日工资单价，是指施工企业中具有平均技术熟练程度的生产工人在国家法定工作时间的每工作日按规定从事施工作业应得的日工资额，由工程造价管理机构根据建设项目的技术要求，通过市场调查，并参考实物工程量人工单价综合分析确定。由于国家推行的社会保障政策和工资构成的差异，各地区、行业的人工工日单价构成会有所不同。

② 材料费

材料费是指建设项目施工过程中直接消耗的各种原材料、辅助材料、零件、构配件、半成品或成品等的费用，以及周转材料的摊销、租赁费用。计算公式为

$$材料费 = \sum(材料消耗量 \times 材料单价) \quad (2-3)$$

其中，材料消耗量是指在合理使用的条件下，生产单位建筑产品(分部、分项工程或结构构件)消耗的一定品种、规格的原材料、辅助材料、构配件、零件、半成品或成品等的数量，包括材料净用量和不可避免的损耗量。

材料单价，是指建筑材料及其从来源地运到施工工地仓库直至出库形成的综合平均单价，包括材料原价、材料运输费、运输损耗费、采购及保管费等。计算公式为

$$材料单价 = \{[材料原价 + 运输费] \times [1 + 运输损耗率(\%)]\} \times [1 + 采购保管费率(\%)] \quad (2-4)$$

③ 施工机具使用费

施工机具使用费是指施工作业所发生的施工机械、仪器仪表的使用(摊销、租赁)费用，包括施工机械使用费和施工仪器仪表使用费，都是以耗用量与施工机械台班单价或施工仪器仪表台班单价的乘积形式表现的。计算公式为

$$施工机具使用费 = 施工机械使用费 + 施工仪器仪表使用费 \quad (2-5)$$

$$施工机械使用费 = \sum(施工机械台班消耗量 \times 机械台班单价) \quad (2-6)$$

$$施工仪器仪表使用费 = \sum(仪器仪表台班消耗量 \times 仪器仪表台班单价) \quad (2-7)$$

其中，施工机械台班消耗量和仪器仪表台班消耗量，均是指在正常施工条件下，生产单位建筑产品(分部、分项工程或结构构件)消耗的施工机械和仪器仪表的台班数量。

施工机械台班单价包括下列八项费用。

a. 折旧费：指施工机械在规定的使用年限内，陆续收回其原值和购置该设备价格的时间价值。

b. 检修费：指为保持施工机械正常的使用功能，按规定的间隔台班进行的大修理所需的费用。

c. 维护费：指为保持施工机械正常的使用功能，所进行的临时故障排除等所需的费用。

d. 安拆费：指施工机械进入或退出施工现场时，在现场进行的安装与拆卸费用，包括消耗的人工、材料、机械以及试运转调试等。

e. 场外运费：指施工机械自停放点运至施工现场或由一施工现场运至另一施工现场所需的运输、装卸等费用。

f. 人工费：指施工机械操作人员的工人费。

g. 燃料动力费：指施工机械在现场施工作业时所消耗的固体燃料(煤、木柴)、液体燃料(汽油、柴油)及水、电等费用。

h. 其他费用：指施工机械按规定应缴纳的养路费、车船使用税、保险、年检等各项费用。

施工仪器仪表台班单价包括折旧费、维护费、校验费、动力费和其他费用。施工机械和施工仪器仪表的台班单价都是由工程造价管理机构按编制规则和市场调查综合分析确定的。

④ 其他直接费

其他直接费是指为完成建设项目工程施工，在施工前和施工过程中发生的，以综合计费形式表现的措施费用。其他直接费的计算费率均由工程造价管理机构根据各专业工程特点和市场调查综合分析确定，包干使用。具体包括以下几方面。

a. 冬雨季施工增加费。在冬雨季施工期间，为保证工期和工程质量，采取防雨、保温等措施所增加的人工、材料和设施费用，以及因效率降低所增加的费用。计算公式为

$$冬雨季施工增加费=计算基数\times冬雨季施工增加费费率(\%) \tag{2-8}$$

费用的计算基数由于各省、市和行业等的不同规定而有所差异，通常可以是定额人工费，或者是定额人工费和定额机械费之和，或者是定额直接费，以下类同。

b. 夜间施工增加费。在夜间施工期间，为保证工期和工程质量，需要在夜间或白天连续施工所增加的照明设施费用，以及发放夜餐补助等发生的费用。计算公式为

$$夜间施工增加费=计算基数\times夜间施工增加费费率(\%) \tag{2-9}$$

c. 二次搬运费。因为施工场地狭小等，在合理的施工组织设计前提下，需要发生的材料二次搬运等费用。计算公式为

$$二次搬运费=计算基数\times二次搬运费费率(\%) \tag{2-10}$$

d. 检验试验费。对建筑材料、预制或外购构件和建筑物进行一般鉴定、检查的费用，包括所耗用的材料和化学药品等的费用，但不包括新结构、新材料的试验费以及对构件进行破坏性试验的费用和其他特殊要求检验试验的费用，还有建设单位委托第三方检测机构进行检测的费用。计算公式为

$$检验试验费=计算基数\times检验试验费费率(\%) \tag{2-11}$$

e. 工程定位复测费。建设项目施工过程中进行施工测量放线和复测工作所发生的全部费用。计算公式为

$$工程定位复测费=计算基数\times工程定位复测费费率(\%) \tag{2-12}$$

f. 工程点交费。建设项目施工交工验收所发生的费用。计算公式为

$$工程点交费=计算基数\times工程点交费费率(\%) \tag{2-13}$$

g. 场地清理费。对施工场地范围内原有设施的拆除清理和迁移补偿费用。计算公式为

$$场地清理费=计算基数\times场地清理费费率(\%) \tag{2-14}$$

h. 特殊地区施工增加费。在原始森林、高原、沙漠等特殊地区施工所需增加的相应措施及效率降低所增加的费用。计算公式为

特殊地区施工增加费＝计算基数×特殊地区施工增加费费率(%)　　(2-15)

i. 文明(绿色)施工费。按照国家现行的建筑施工安全、施工现场环境与卫生标准和有关规定,购置和更新施工防护用具及设施、改善安全生产条件和作业环境所需要的费用。计算公式为

文明(绿色)施工费＝计算基数×文明(绿色)施工费费率(%)　　(2-16)

j. 施工现场环境保护费。建设项目施工现场为达到环保部门要求所增加的各项费用。计算公式为

施工现场环境保护费＝计算基数×施工现场环境保护费费率(%)　　(2-17)

k. 临时设施费。施工企业为进行建筑安装工程施工而必需的生活和生产用的临时建筑物、构筑物和其他临时设施的搭设、维修、拆除或摊销费用。计算公式为

临时设施费＝计算基数×临时设施费费率(%)　　(2-18)

l. 工地转移费。施工企业由于建设任务的需要,由已竣工的工地或后方基地迁至新工地所发生的搬迁费用。计算公式为

工地转移费＝计算基数×工地转移费费率(%)　　(2-19)

m. 已完工程及设备保护费。施工企业在建设项目竣工交付前,对某些已完工部位和设备采取妥善保护措施,以避免因缺少保护或保护不当造成损坏,影响工程质量而发生的费用。计算公式为

已完工程及设备保护费＝计算基数×已完工程及设备保护费费率(%)　　(2-20)

n. 安全生产费。施工企业按照规定标准提取,并在成本中列支,专门用于完善和改进施工企业或者项目安全生产条件的费用。计算公式为

安全生产费＝计算基数×安全生产费费率(%)　　(2-21)

(2) 间接费

间接费是指施工企业为完成施工任务而组织施工生产和经营管理所发生的费用,是施工企业的费用。间接费由工程造价管理机构在历年工程造价资料积累的基础上,参考调查数据确定。

① 管理人员薪酬。按规定支付给管理人员的计时工资、奖金、津贴补贴、加班加点工资及其他情况下支付的工资等。

② 办公费。施工企业管理办公用的文具、纸张、账表、印刷、邮电、书报、办公软件、现场监控、会议、水电、烧水和集体取暖降温等费用。

③ 差旅交通费。职工因公出差、调动工作的差旅费、住勤补助费,市内交通费和误餐补助费,职工探亲路费,劳动力招募费,职工退休、退职一次性路费,工伤人员就医路费以及管理部门使用的交通工具的油料、燃料等费用。

④ 施工单位进退场费。施工企业进入和退出施工场地发生的包括人员、设备等在内的费用。

⑤ 非生产性固定资产使用费。管理和试验部门及附属生产单位使用的属于固定资产的房屋、设备、仪器等的折旧、大修、维修或租赁费。

⑥ 工具用具使用费。施工企业生产和管理使用的不属于固定资产的工具、器具、家具、交通工具和检验、试验、测绘、消防用具等的购置、维修和摊销费。

⑦ 劳动保护费。施工企业按规定发放的劳动保护用品的支出，如工作服、手套、防暑降温饮料以及在有碍身体健康的环境中施工的保健费用等。

⑧ 财务费。施工企业为施工生产筹集资金或提供预付款担保、履约担保、职工工资支付担保等所发生的各种费用。

⑨ 税金。施工企业按规定缴纳的房产税、车船使用税、土地使用税、印花税等。

⑩ 其他。包括技术转让费、技术开发费、投标费、业务招待费、绿化费、广告费、公证费、法律顾问费、审计费、咨询费、保险费等。

(3) 利润

利润是指施工企业完成施工任务所获得的盈利。工程造价管理机构在确定计价定额中的利润时，通常以定额人工费或定额人工费与定额机械费之和作为计算基数，乘根据历年积累的工程造价资料并结合建筑市场实际确定的费率计算。施工企业也可以根据自身预期并结合建筑市场实际自主确定。计算公式为

$$利润=定额人工费\times利润率 \tag{2-22}$$

$$利润=(定额人工费+定额施工机具使用费)\times利润率 \tag{2-23}$$

2.3.1.2 安装工程费

安装工程费是指设备、工艺设施及其附属物的组合、装配、调试(单机试运转和系统联动无负荷试运转)等费用。

安装工程费的组成和内容均与建筑工程费相类同。

2.3.1.3 设备购置费

设备购置费是指建设项目购置或自制达到固定资产标准的设备、工器具及生产家具所发生的费用，在石油化工等生产性项目建设过程中，占有较大的比重，代表着生产技术的进步和资本有机构成的提高。

(1) 国产设备购置费

① 外购设备费

外购设备是指设备生产厂根据规定标准批量生产的设备。计算公式为

$$外购设备费=\sum(设备数量\times设备单价) \tag{2-24}$$

$$设备单价=设备原价+设备运杂费+备品备件费 \tag{2-25}$$

$$设备运杂费=设备原价\times设备运杂费率 \tag{2-26}$$

上式中的设备原价，依据项目不同的实施阶段，可以是设备制造厂的交货价、订货的合同价、生产厂或供应商的报价、采用一定的方法计算确定的价格，一般采用带有备件的原价。而

设备运杂费是指设备从供货点，到施工现场仓库或堆放点所发生的费用，包括运输费、运输保险费、装卸费、采购保管费及其他相关费用。

② 自制设备费

自制设备是指尚无定型标准，生产厂不可能批量生产，只能按具体订货要求和设计图制造的设备。计算公式为

$$\text{自制设备费} = \sum(\text{设备数量} \times \text{设备单价}) \tag{2-27}$$

由于自制设备具有单件生产、无定型标准的特点，只能按其成本构成或相关的技术参数估算价格。根据价格准确、计算简便的原则，自制设备的价格可以采用成本计算法、系列设备插入法、分部组合法、定额估价法等多种计算方法进行估算。成本计算法是其中较为常用的一种方法，按成本计算估价法，自制设备的单价包括以下组成内容。

$$\begin{aligned}\text{设备单价} =\ & \text{材料费} + \text{加工费} + \text{检测费} + \text{专用工具费} + \text{外购配套件费} \\ & + \text{包装费} + \text{利润} + \text{非标准设备设计费} + \text{运杂费}\end{aligned} \tag{2-28}$$

a. 材料费。包括在设备生产过程中使用的材料及焊条、焊丝、氧气、氮气、油漆、电石等辅助材料。计算公式为

$$\text{材料费} = \sum[\text{材料净重} \times (1 + \text{材料损耗系数}) \times \text{每吨材料综合价}] \tag{2-29}$$

b. 加工费。包括生产工人的工资和工资附加费、燃料动力费、设备折旧费、车间经费等。计算公式为

$$\text{加工费} = \text{设备总重量(吨)} \times \text{设备每吨加工费} \tag{2-30}$$

c. 检测费。是指在设备生产过程中对设备整体或材料的质量进行检测的费用。计算公式为

$$\text{检测费} = \text{设备总重量(吨)} \times \text{检测费指标} \tag{2-31}$$

d. 专用工具费。计算公式为

$$\text{专用工具费} = (\text{材料费} + \text{加工费} + \text{检测费}) \times \text{专用工具费费率} \tag{2-32}$$

e. 外购配套件费。按设备设计图纸所列的外购配套件的价格加运杂费。

f. 包装费。计算公式为

$$\text{包装费} = (\text{材料费} + \text{加工费} + \text{检测费} + \text{专用工具费} + \text{外购配套件费}) \times \text{包装费费率} \tag{2-33}$$

g. 利润。计算公式为

$$\text{利润} = (\text{材料费} + \text{加工费} + \text{检测费} + \text{专用工具费} + \text{包装费}) \times \text{利润率} \tag{2-34}$$

h. 非标准设备设计费。根据国家相关规定计算。

$$\begin{aligned}\text{非标准设备设计费} =\ & (\text{材料费} + \text{加工费} + \text{检测费} + \text{专用工具费} + \text{外购配套件费} \\ & + \text{包装费} + \text{利润}) \times \text{非标准设备设计费费率}\end{aligned} \tag{2-35}$$

i. 运杂费。包括自制设备从供货点，到施工现场仓库或堆放点所发生的费用，包括运输费、运输保险费、装卸费、采购保管费及其他相关费用。计算公式为

$$运杂费=(材料费+加工费+检测费+专用工具费+外购配套件费+包装费+利润)\times 运杂费费率 \tag{2-36}$$

(2) 进口设备购置费

进口设备购置费是指进口设备交易价格加上国外运输费、国外运输保险费、关税、消费税、增值税、车辆购置税、外贸手续费、银行财务费等从属费用后形成的价格。

① 进口设备交易价格

进口设备的交易价格，在国际贸易中，由于费用划分与风险转移的分界点不同，可采用多种价格形式，主要包括内陆交货价、目的地交货价和装运港交货价三类。

内陆交货价，即卖方在出口国内陆的某个地点交货。在该地点，卖方根据合同约定提交货物和有关凭证，买方接受货物，交付货款，双方完成货物所有权的转移，也完成了费用和风险的转移。

目的地交货价，即卖方在进口国港口或内地某个地点交货，有目的港船上交货价、目的港船边交货价(FOS)、目的港码头交货价(关税已付)和完税后交货价等。这种交易形式中，货物、买卖双方的费用和风险的转移点是在买方国内的某一目的地，因此对于卖方来说存在较大风险。

装运港交货价，即卖方在出口国装运港交货，有装运港船上交货价(F.O.B.，简称"离岸价")、运费在内价(C&F)、运费保险费在内价(C.I.F.，简称"到岸价")等。这种交易形式把货物、买卖双方的费用和风险的转移点设定在装运港，是目前较为常用的形式。

目前最常用的进口设备交易价格是以下两种：

a. 离岸价(F.O.B.，Free on Board)，意为装运港船上交货价，是指当货物在指定的装运港越过船舷，卖方即完成交货义务，风险转移。其中卖方的责任是在合同规定的装运港将货物装上买方指定的船只，并及时通知买方；承担货物装船前的一切费用和风险；负责办理出口手续；提供出口国政府和有关方面签发的证件，提供有关单据。买方的责任是负责租船或订舱，支付运费，并将船名和日期通知卖方；负责货物装船后的一切费用和风险；负责办理保险及支付保险费；办理在目的港的进口和收货手续；接受卖方提供的有关单据，并按合同规定支付货款。

b. 到岸价(C.I.F.，Cost Insurance and Freight)，意为成本加保险费、运费，是指当货物在指定的装运港越过船舷，卖方即完成交货义务，但还需要办理货物运至指定目的港所需的运费和最低险别的海运保险。在此种交易价格中，费用划分与风险转移的分界点是不一致的。

② 进口设备国外运输费和国外运输保险费

进口设备国外运输费、国外运输保险费，是指从装运港(站)到达我国港(站)的运费，以及保险人(保险公司)根据保险合同约定对货物在此运输过程中发生的承保范围内的损失给予经济补偿所支付的费用。计算公式为

$$到岸价(C.I.F.)=离岸价(F.O.B.)+国外运输费+国外运输保险费 \tag{2-37}$$

$$国外运输费=离岸价(F.O.B.)\times 运输费率 \tag{2-38}$$

$$国外运输保险费=离岸价(F.O.B.)\times(1+运输费率)\times\frac{保险费率}{1-保险费率} \tag{2-39}$$

③ 进口设备从属费用

进口设备从属费用包括关税、消费税、增值税、车辆购置税、外贸手续费、银行财务费等。

a. 关税。由海关对进出口货物和物品征收的一种税。进口关税税率按我国海关总署发布的进口关税税率计算。计算公式为

$$关税=到岸价(C.I.F.)\times 人民币外汇牌价(中间价)\times 关税税率 \tag{2-40}$$

b. 消费税。仅对部分进口设备(如轿车等)征收。消费税税率根据规定的税率计算。计算公式为

$$消费税=\frac{到岸价(C.I.F.)\times 人民币外汇牌价(中间价)+关税}{1-消费税税率}\times 消费税税率 \tag{2-41}$$

c. 增值税。是对进口商品报关进口后征收的税种。计算公式为

$$\begin{aligned}增值税=&[到岸价(C.I.F.)\times 人民币外汇牌价(中间价)+关税\\&+消费税]\times 增值税税率\end{aligned} \tag{2-42}$$

d. 车辆购置税。仅对进口车辆征收。计算公式为

$$\begin{aligned}车辆购置税=&[到岸价(C.I.F.)\times 人民币外汇牌价(中间价)\\&+关税+消费税]\times 车辆购置税率\end{aligned} \tag{2-43}$$

e. 外贸手续费。计算公式为

$$外贸手续费=到岸价(C.I.F.)\times 人民币外汇牌价(中间价)\times 外贸手续费费率 \tag{2-44}$$

f. 银行财务费。计算公式为

$$银行财务费=离岸价(F.O.B.)\times 人民币外汇牌价(中间价)\times 银行财务费费率 \tag{2-45}$$

④ 进口设备国内运杂费

进口设备国内运杂费是指进口设备从我国到岸港口或接壤的陆地交货点到施工现场仓库或堆放点所发生的费用,包括运输费、运输保险费、装卸费、采购保管费及其他相关费用,但不包括超限设备在运输过程中发生的特殊措施费。进口设备国内运杂费以离岸价(F.O.B.)为计算基数。计算公式为

$$进口设备国内运杂费=进口设备离岸价(F.O.B.)\times 运杂费费率 \tag{2-46}$$

2.3.2 工程建设其他费用

工程建设其他费用是指建设项目从筹建到竣工验收交付使用的整个建设期内发生的与取得土地使用权、整个项目建设以及未来生产经营有关的,除工程费用、预备费、增值税、资金筹措费、流动资金以外的费用。

2.3.2.1 土地使用费和其他补偿费

任何一个建设项目的实施都必然占用一定规模的土地,也就必然要为土地的占用发生支

付，这就是土地使用费，包括建设用地费和临时土地使用费，以及由于使用土地而发生的水土保持补偿费等其他相关费用。

（1）建设用地费是指建设项目为获得土地的使用权而在建设期内发生的费用。土地使用权的取得主要有三种方式：出让、划拨和转让。

① 出让

国有土地使用权出让，是指国家将国有土地使用权在一定年限内出让给土地使用者，由土地使用者向国家支付土地使用权出让金的行为。土地使用权出让最高年限按不同用途有明确规定，见表 2－1。

表 2－1　土地使用权出让最高年限

序　号	土　地　用　途	使用年限/年
1	居住用地	70
2	工业用地	50
3	教育、科技、文化、卫生、体育用地	50
4	商业、旅游、娱乐用地	40
5	综合或其他用地	50

通过出让方式获得国有土地使用权在实际操作中有两个具体方式：

a. 通过招标、拍卖、挂牌等竞争出让方式获得国有土地使用权。根据国家相关规定，对工业、商业、旅游、娱乐和商品住宅等各类经营性用地，必须通过招标、拍卖或挂牌方式出让；此外，除上述规定以外用途的土地供地计划公布后，同一宗地有两个以上意向使用者时，也应当采取竞争方式。

b. 通过协议出让方式获得国有土地使用权。国有土地使用权出让，除按照法律、法规规定应当采用招标、拍卖或挂牌方式以外，还可采取协议方式，且以协议出让方式出让，国有土地使用权的出让金不得低于按国家规定所确定的最低价，协议出让底价也不得低于拟出让地块所在区域的协议出让最低价。

② 划拨

国有土地使用权划拨，是指县级以上人民政府依法批准，在土地使用者缴纳补偿、安置等费用后将该土地交付其使用，或者将土地使用权无偿交付给土地使用者使用的行为。

国家对划拨用地的用途也有着严格规定，下列建设用地，经县级以上人民政府依法批准，可以以划拨方式取得：

a. 国家机关用地和军事用地；

b. 城市基础设施用地和公益事业用地；

c. 国家重点扶持的能源、交通、水利等基础设施用地；

d. 国家法律、行政法规规定的其他用地。

以划拨方式取得国有土地使用权的，除法律、行政法规另有规定外，没有使用期限的限制。因企业改制、土地使用权转让或者土地用途改变等不再符合上述条件的，应当实行有偿使用。

③ 转让

土地使用权转让，是指土地使用者将土地使用权再转移的行为，包括出售、交换和赠送。

未按土地使用权出让合同规定的期限和条件投资开发、利用土地的，土地使用权不得转让。土地使用权转让应当通过签订转让合同的形式完成。土地使用权转让时，土地使用权出让合同和登记文件中所载明的权利、义务随之转移。土地使用权转让时，其地上建筑物、其他附着物的所有权转让，应当依照规定办理过户登记。土地使用权和地上建筑物、其他附着物所有权分割转让的，应当经市、县人民政府土地管理部门和房产管理部门批准，并依法办理过户登记。

(2) 临时土地使用费是指建设项目在建设期内临时使用土地而发生的相关费用，包括临时用地的地上附着物和青苗补偿费、土地恢复费、其他相关税费等。

(3) 其他补偿费是指项目涉及的，对房屋、市政、铁路、公路、管道、通信、电力、河道、水利、厂区、林区、保护区、矿区等不属于建设用地的相关建(构)筑物或设施的补偿。

2.3.2.2 建设管理费

建设管理费是指为组织完成工程项目建设在建设期内发生的各类管理性质费用。包括建设单位管理费、代建管理费、工程监理费、监造费、招标投标费、设计评审费、特殊项目定额研究及测定费、其他咨询费、印花税等。

2.3.2.3 可行性研究费

可行性研究费是指在建设项目投资决策阶段，对有关建设方案、技术方案或生产经营方案等进行技术经济的论证，以及编制、评审可行性研究报告等所需的费用。根据我国现行建设项目实施程序，可行性研究是项目立项的重要阶段。

2.3.2.4 专项评价费

专项评价费是指建设单位按照国家规定委托有资质的单位进行专项评价及有关验收工作发生的费用。包括环境影响评价及验收费、安全预评价及验收费、职业病危害预评价及控制效果评价费、地震安全性评价费、地质灾害危险性评价费、水土保持评价及验收费、压覆矿产资源评价费、节能评估费、危险与可操作性分析及安全完整性评价费以及其他专项评价及验收费。

2.3.2.5 研究试验费

研究试验费是指为建设项目提供和验证设计参数、数据、资料等进行必要的研究和试验，以及设计规定在施工中必须进行试验、验证所需要的费用。包括自行或委托其他单位的专题研究、试验所需人工费、材料费、试验设备及仪器使用费等。

2.3.2.6 勘察设计费

勘察设计费是指建设单位自行或委托勘察设计单位进行工程水文地质勘察、设计所发生的费用，包括勘察费和设计费两部分。

(1) 勘察费是勘察人根据委托，收集已有资料、现场踏勘、编制勘察纲要、进行勘察作业，以及编制工程勘察文件和岩土工程设计文件等收取的费用。

(2) 设计费是指设计人根据委托，提供、编制建设项目初步设计文件、施工图设计文件、非标准设备设计文件、竣工图文件以及提供现场服务等所收取的费用。

2.3.2.7 场地准备费和临时设施费

(1) 场地准备费是指为使建设项目使用的建设场地达到开工条件，由建设单位组织进行的场地平整等准备工作而发生的费用。

(2) 临时设施费是指建设单位为满足施工建设需要而提供的未列入工程费用的临时水、电、气等配套工程和临时仓库等建(构)筑物的建设、维修、拆除、摊销或租赁费用，以及铁路、码头租赁等费用。

2.3.2.8 引进技术和进口设备材料其他费

引进技术和进口设备材料其他费是指引进技术和进口设备材料发生的但未计入引进技术费和进口设备材料购置费的费用。包括图纸资料翻译复制费、备品备件测绘费、出国人员费用、来华人员费用、银行担保及承诺费、进口设备材料国内检验费等。

2.3.2.9 特殊设备安全监督检验费

特殊设备安全监督检验费是指对在施工现场安装的列入国家特种设备范围内的设备(设施)检验检测和监督检查所发生的应列入项目开支的费用。

2.3.2.10 市政公用配套设施费

市政公用配套设施费是指使用市政公用设施的建设项目,按照项目所在地政府有关规定建设或缴纳的市政公用设施建设配套费用。

2.3.2.11 联合试运转费

联合试运转费是指新建或新增生产能力的建设项目,在交付生产前按照批准的设计文件规定的工程质量标准和技术要求,对整个生产线或装置进行有负荷联合试运转所发生的费用净支出。包括试运转所需材料、燃料及动力消耗、低值易耗品、其他物料消耗、机械使用费、联合试运转人员工资、施工单位参加试运转人工费、专家指导费等,不包括应由设备安装费项下计列的单台设备的调试和试车费用。

2.3.2.12 工程保险费

工程保险费是指在建设期内对建筑工程、安装工程、机械设备和人身安全进行投保而发生的费用。包括建筑安装工程一切险、工程质量保险、进口设备财产保险和人身意外伤害险等。

2.3.2.13 专利及专有技术使用费

专利及专有技术使用费是指建设项目取得专利、专有技术、商标、商誉和特许经营的所有权或使用权发生的费用。包括工艺包费、设计及技术资料费、有效专利、专有技术使用费、技术保密费和技术服务费等;商标权、商誉和特许经营权费;软件费等。

2.3.2.14 生产准备费

生产准备费是指在建设期内,建设单位为保证项目建成后正常生产而发生的人员培训、提前进厂费,以及投产使用必备的办公、生活家具用具及工器具等的购置费用。

2.3.2.15 其他

其他应归类于工程造价,但不属于工程费用和预备费的都归入此项。

2.3.3 预备费

预备费是指在建设期内,因各种不可预见因素的变化而预留的可能增加的费用,包括基本预备费和价差预备费。

(1) 基本预备费是指在估算时点难以预料的工程费用,包括:

① 在批准的估算范围内,设计及施工过程中可能增加的费用;设计变更、局部地基处理等增加的费用。

② 建设过程中,一般自然灾害造成的损失和预防自然灾害所采取的措施费用。

③ 施工验收时,为鉴定工程质量,必须开挖和修复隐蔽工程的费用。

$$基本预备费=(工程费用+工程建设其他费用)\times 基本预备费费率 \quad (2-47)$$

基本预备费的费率由工程造价管理机构根据项目特点，综合分析确定。

(2) 价差预备费，也称涨价预备费，是指在建设期内由于价格、利率或汇率等因素的变化而预留的可能增加的费用。

$$价差预备费=\sum_{t=1}^{n} I_t[(1+f)^t-1] \quad (2-48)$$

式中 n——建设期年份数；

I_t——建设期中第 t 年的投资计划额，包括工程费用、工程建设其他费用及基本预备费；

f——投资价格指数。

上式中的投资价格指数 f，应按国家的相关规定计取，当前暂时为零。

对建设期较短的项目，价差预备费的计算可适当简化，对特殊项目或认为必要时，可进行项目未来的价差分析预测，确定各时期的投资价格指数。

2.3.4 增值税

增值税是指应计入建设项目总投资内的应计取的增值税额，根据现行税收政策，应按工程费用、工程建设其他费用和预备费，按不同的适用税率分别计取。

2.3.5 资金筹措费

资金筹措费是指为筹集项目资金在建设期内发生的利息等相关费用，包括各类借款的利息、债券利息、贷款评估费、国外借款手续费及承诺费、汇兑损益、债券发行费用及其他债务利息支出或融资费用。

建设期利息按金融机构的贷款利息、建设期限及资金分年投入计划的比例计算。建设期利息按复利计算。建设期内的借款考虑分年均衡发放，因此可简化为当年借款在年中支用，即当年的计息基数按年初本息累计加上当年借款的一半计取。

国内借款利息计算公式为

$$每年应计利息=\left(年初本息累计+\frac{本年借款额}{2}\right)\times 有效年利率 \quad (2-49)$$

由于目前国内各金融机构公布的基准利率多为名义年利率，应将名义利率按年计息次数折算成有效年利率。即

$$有效年利率=\left(1+\frac{r}{m}\right)^m-1 \quad (2-50)$$

式中 r——名义年利率(按金融机构公布)；

m——每年计息次数。

国外借款利息按双方约定的借款条件计算。

其他资金筹措费用根据筹措金额、方式、协议等估算。

2.3.6 流动资金

流动资金是指项目运营期内长期占用并周转使用的资金，但不包括临时性的营运资金。

流动资金常用的估算方法主要有两种：扩大指标估算法和分项详细估算法。

（1）扩大指标估算法，是指参照同类企业的流动资金占营业收入、经营成本的比例或者是单产量占用营运资金的数额来估算流动资金的方法。计算公式为

$$流动资金=各种费用基数\times相应的流动资金所占比例(或占营运资金的数额) \tag{2-51}$$

（2）分项详细估算法，是按构成流动资金的各项流动资产和流动负债，根据其不同的周转额和周转速度，分别进行估算并汇总的方法。计算公式为

$$流动资金=流动资产-流动负债 \tag{2-52}$$

$$流动资产=应收账款+预付账款+存货+现金 \tag{2-53}$$

$$流动负债=应付账款+预收账款 \tag{2-54}$$

2.4 建设项目总承包费用项目组成

为满足建设项目工程总承包的需要，规范总承包费用项目组成，有效地控制项目投资，提高工程建设效率，住房城乡建设部办公厅在建办标函〔2017〕621号住房城乡建设部办公厅关于征求《建设项目总投资费用项目组成》《建设项目工程总承包费用项目组成》意见的函文中明确提出了建设项目工程总承包的费用项目组成。

建设项目工程总承包是指具有工程总承包资质的企业按照与建设单位签订的总承包合同，全面开展工程项目的设计、采购、施工等全过程的工作，对工程的质量、安全、工期和造价等全面负责，最终完成符合合同约定的建设项目产品，交付建设单位的一种项目实施模式。这是目前国内建设市场实行的较为普遍的一种方式，一般采用设计-采购-施工总承包模式(Engineering Procurement Construction，EPC模式)，也可以根据项目特点和实际需要采用设计-施工总承包、设计-采购总承包、采购-施工总承包或其他总承包模式。在EPC总承包模式中，"Engineering"除了具体的设计工作外，还包括整个建设项目工程内容的总体策划和对整个建设项目实施组织管理的策划和具体工作；"Procurement"则除一般设备、材料的采购外，更多关注专业设备、材料的采购；"Construction"包括施工、安装、调试、技术培训等。

工程总承包模式能够得以迅速推广，根本原因是其具有三方面优势。首先，充分发挥了设计在整个建设项目实施过程中的主导作用。有利于建设项目整体方案的不断优化。特别是目前国内的情况，大部分的总承包企业均由设计院（公司）发展而来，这更使它们的优势得到了长足的发挥，体现出在建设市场中具有的强大竞争力。其次，工程总承包模式较传统的项目实施模式，有效地克服了设计、采购、施工相互脱节，甚至是相互制约的矛盾，有利于三者在各阶段工作的合理衔接，有效地保证了建设项目的预期进度、成本和质量等控制目标的顺序实现。最后，建设项目的主体责任得到了明确，避免了互相扯皮的现象，有利于责任追究，更有利于推动总承包企业提高责任意识，加强对建设项目的综合管理。

项目建设单位可以根据项目特点，在可行性研究、方案设计或初步设计完成后，按照确定的建设规模、建设标准、功能需求、投资限额、工程质量和进度要求等进行工程总承包项目发

包。其发包、承包、价款结算都必须符合现行合同法、招标投标法、建筑法等法律法规的规定。

(1) 建设单位可根据建设项目工程总承包的发包内容、工作范围，按风险合理分担的原则，确定费用项目及其范围。对于依法必须招标的项目，应采用招标的方式择优选择总承包企业，并可按照规定编制最高投标限价，做好投资控制。

(2) 总承包企业应根据本企业专业技术能力和经营管理水平，自主决定报价，参与竞争，但其报价不得低于成本价。

(3) 建设单位应与确定的总承包企业签订工程总承包合同，建设单位与总承包企业的价款结算应按合同约定办理。

建设项目工程总承包费用项目由建筑安装工程费、设备购置费、总承包其他费和暂列费用构成。

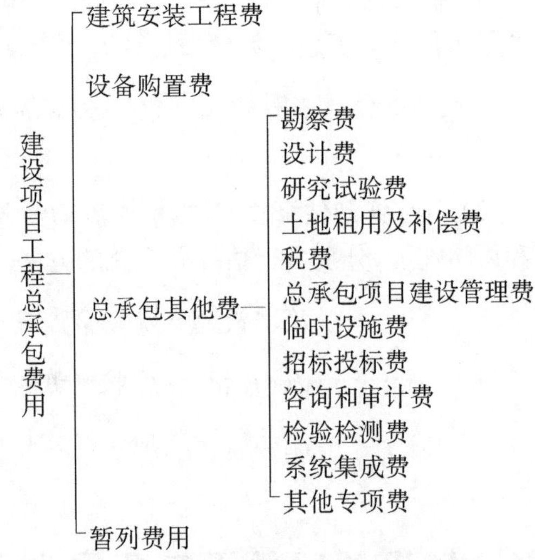

图 2-3 建设项目工程总承包费用构成

2.4.1 建筑安装工程费

建筑安装工程费，是指总承包企业为完成建设项目的建筑工程和安装工程所需的费用，该费用由建设单位按照合同约定支付给总承包企业。建设单位应根据建设项目工程发包在可行性研究、方案设计或初步设计后的不同要求和工作范围，分别按照不同阶段的投资估算、设计概算或其他计价方法编制计列。

2.4.2 设备购置费

设备购置费，是指建设项目需采购的设备和为生产准备的不够固定资产标准的工器具的价格(不包括可抵扣的增值税进项税额)。该费用由建设单位按照合同约定支付给总承包企业。建设单位应按照批准的设备选型，根据市场价格计列。批准采用进口设备的，还应包括进口设备相关的翻译等费用。

2.4.3 总承包其他费

总承包其他费，是指总承包企业为完成建设项目工程总承包而发生的其他各项费用和税金的支出。该费用由建设单位按合同约定支付给总承包企业。建设单位应根据建设项目工程发包在可行性研究、方案设计或初步设计后的不同要求和工作范围计列。

(1) 勘察费：指总承包企业或委托专业公司对建设场地进行踏勘作业，并完成勘察文件发生的费用。应根据不同阶段的深度和发包内容，参照同类或类似项目计列。

(2) 设计费：指总承包企业编制项目初步设计文件、施工图设计文件、非标准设备设计文件、竣工图文件等发生的费用。应根据发包内容，参照同类或类似项目计列。

(3) 研究试验费：指总承包企业在项目建设过程中，为项目提供和验证设计参数、数据、资料等进行必要的研究和试验，或者按照设计要求必须进行试验、验证发生的费用。应根据发包内容，参照同类或类似项目计列。

（4）土地租用及补偿费：指总承包企业在建设期间因建设需要而发生的用于临时租用土地使用权的费用，以及用于该临时用地的土地复垦、植被恢复等补偿费用。土地租用费应参照工程所在地有管理权限部门的规定计列；土地复垦费应按照《土地复垦条例》和《土地复垦条例实施办法》和项目所在地政府相关规定计列；植被恢复费应参照项目所在地有管理权限部门的规定计列。

（5）税费：指根据总承包合同约定，应由总承包企业缴纳的各种税费（包括印花税、增值税、各项增值税附加等）。印花税应按国家规定的印花税标准计列；增值税及附加应参照同类或类似项目计列。

（6）总承包项目建设管理费：指总承包企业用于项目建设期间发生的管理性质的费用。包括工作人员工资及相关费用、办公费、办公场地租用费、差旅交通费、劳动保护费、工具用具使用费、固定资产使用费、招募生产工人费、技术图书资料费（含软件）、业务招待费、施工现场津贴、竣工验收费和其他管理性质的费用。建设单位可参照按财政部财建〔2016〕504 号文件关于印发《基本建设项目建设成本管理规定》的通知附件 2 规定的项目建设管理费总额控制规定，按照不同阶段的发包内容计列。

表 2－2　项目建设管理费总额控制数费率表

工程总概算/万元	费率/%	算例/万元	
		工程总概算	项目建设管理费
1 000 以下	2.0	1 000	1 000×2.0%＝20
1 001～5 000	1.5	5 000	20＋(5 000－1 000)×1.5%＝80
5 001～10 000	1.2	10 000	80＋(10 000－5 000)×1.2%＝140
10 001～50 000	1.0	50 000	140＋(50 000－10 000)×1.0%＝540
50 001～100 000	0.8	100 000	540＋(100 000－50 000)×0.8%＝940
100 000 以上	0.4	200 000	940＋(200 000－100 000)×0.4%＝1 340

（7）临时设施费：指总承包企业用于未列入建筑安装工程费的临时水、电、气等配套工程和临时仓库、生活设施等建（构）筑物的建造、维修、拆除的摊销或租赁费用，以及铁路、码头租赁费用等。建设单位应根据建设项目特点，参照同类或类似工程的临时设施费计列。需要指出的是，该项费用是总承包企业的费用，区别于已列入建筑安装工程费用中的施工企业的临时设施费。

（8）招标投标费：指总承包企业投标和中标后根据项目策划用于设备材料采购、工程设计、施工等分包招标的费用。建设单位应参照同类或类似项目的此类费用计列。

（9）咨询和审计费：指总承包企业用于支付给社会中介机构的工程咨询、工程审计等费用。建设单位应参照同类或类似项目的此类费用计列。

（10）检验检测费：指总承包企业用于未列入建筑安装工程费的工程检测、设备检验、负荷联合试车、联合试运转和其他检验检测费用。建设单位应参照同类或类似项目的此类费用计列。

（11）系统集成费：指总承包企业用于系统集成等信息工程的费用（如网络租赁、BIM、系统运行维护等）。建设单位应参照同类或类似项目的此类费用计列。

(12) 其他专项费用：指总承包企业发生的其他费用，如财务费、专利及专有技术使用费、工程保险费、法律费用等。

财务费是指总承包企业在建设期内提供履约担保、预付款担保、工程款支付担保以及可能需要的筹集资金等发生的费用。建设单位应参照同类或类似项目的此类费用计列。

专利及专有技术使用费是指总承包企业取得建设项目的专利、专有技术、商标以及特许经营使用权发生的费用。建设单位应按专利使用许可或专有技术使用合同规定计列，专有技术的界定以省、部级鉴定批准为依据。

工程保险费是指总承包企业在建设期内对建筑工程、安装工程、机械设备和人身安全进行投保而发生的费用。包括建筑安装工程一切险、工程质量保险、人身意外伤害险等，不包括已列入建筑安装工程费中的施工企业的财产、车辆保险费。建设单位应按选择的投保品种和保险公司发布的保险费率计算。

法律费是指总承包企业在建设期内聘请法律顾问、可能用于仲裁或诉讼以及律师代理等的费用。建设单位应参照同类或类似项目的此类费用计列。

未在上述内容中列出，但根据项目建设实际需要补充的项目，可根据费用性质和内容，列入其他专项费用。

2.4.4 暂列费用

暂列费用是指建设单位为工程总承包项目预备的用于建设期内不可预见的费用，包括基本预备费和价差预备费。应根据工程总承包不同的发包阶段，分别参照现行估算或概算方法编制计列。对利率、汇率和价格等因素的变化，可按照风险合理分担的原则确定范围并在合同中约定，约定范围内的不予调整。

基本预备费是指在建设期内超过工程总承包合同约定范围的工程费用，以及一般自然灾害处理、地下障碍物处理、超限设备运输等费用，发生时建设单位按照合同约定支付给总承包企业。

价差预备费是指在建设期内超出总承包合同约定风险范围外的利率、汇率或价格等因素变化而可能增加的费用，发生时建设单位按照合同约定支付给总承包企业。

未在上述内容中列出，但根据项目建设实际需要补充的项目，可根据费用性质和内容，列入暂列费用。

2.5 石油化工建设项目总投资构成

石油化工项目的建设有其行业的特点，相应项目总投资的构成也体现出了这种特点。目前，国内石油化工行业的几大企业集团均成立了相应的工程造价管理机构，配置了必要的工程造价管理人员，建立了各有侧重的工程造价计价体系，对石油化工建设项目总投资构成的定义也有所差异。本章的内容，主要参照比较有代表性的中国石油化工集团公司中国石化建〔2018〕207 号文发布的《石油化工工程建设设计概算编制办法(2018 版)》《石油化工工程建设费用定额(2018 版)》的有关规定，对其他企业集团文件规定上的差异不再一一赘述。

石油化工建设项目总投资的构成按形成资产分类，由于“营改增”政策等的实施也在原规定的基础上作了一定程度的调整，充分体现出量价分离、价税分离的原则。项目总投资由建设投资、增值税、建设期资金筹措费和流动资金构成。其中建设投资(工程造价)分为固定资产投资、无形资产投资、其他资产投资及预备费四个部分。

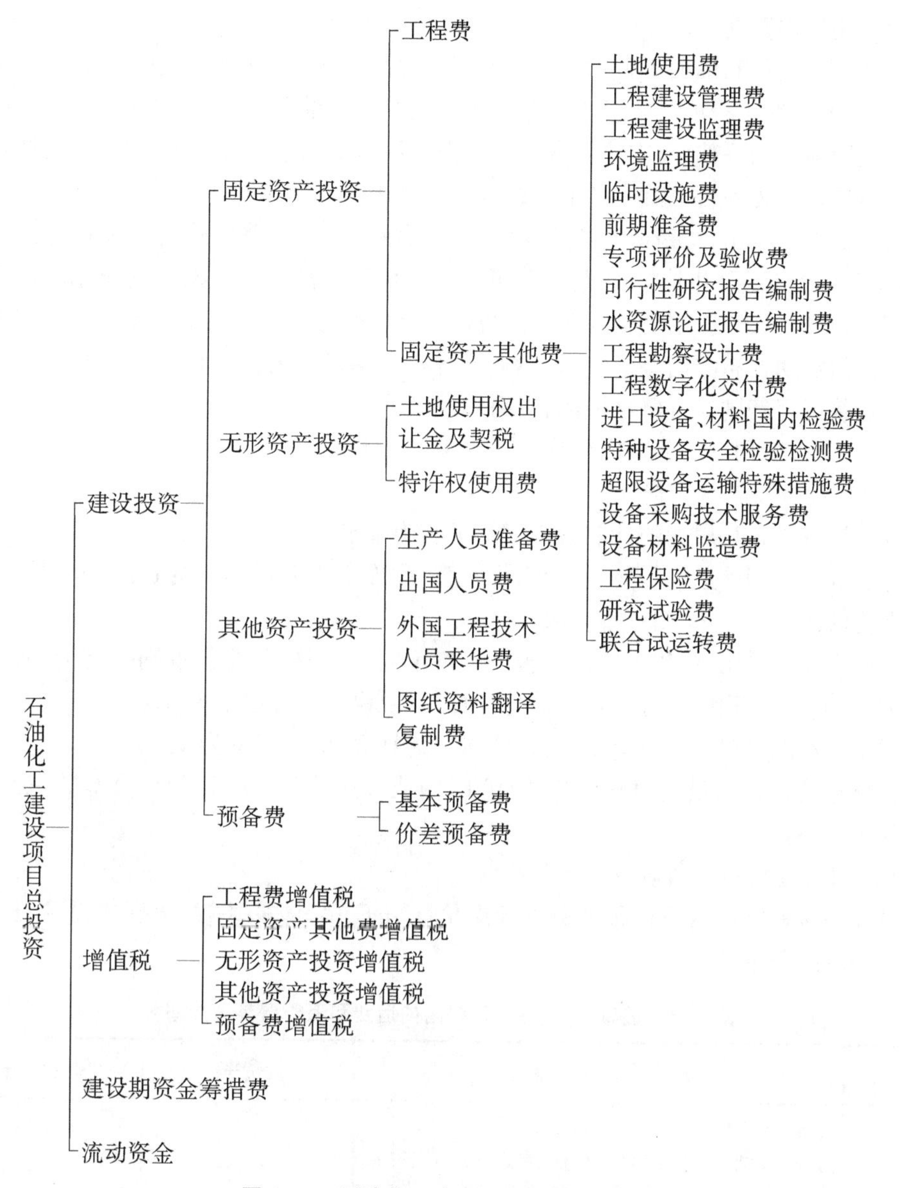

图 2-4 石油化工建设项目总投资构成

2.5.1 固定资产投资

固定资产投资由工程费和固定资产其他费组成。

2.5.1.1 工程费

石油化工建设项目按项目规模和建设内容，可以分为全厂性工程项目和单项工程项目两大类。全厂性工程项目的工程费按使用功能分为工艺生产装置、配套系统工程(总图运输、储运工程、公用工程、辅助设施、生产管理设施)、厂外工程、特定条件下的费用、工器具及生产用具购置费等。单项工程项目的工程费按技术专业分为总图运输、建筑物、构筑物、静置设备、机械设备、工业炉、金属储罐、工艺管道、电气、电信、自控仪表、工厂信息管理系统、给排水、采暖通风、热工、分析化验、催化剂及化学药剂、劳动安全卫生、特定条件下的费用、安全生产费、工器具及生产用具购置费等。

全厂性工程项目和单项工程项目是相辅相成的统一体。单项工程可以是一个独立的项目，也可以是全厂性工程项目的组成部分。如某工艺生产装置，是一个单项工程项目，如果作为全厂性工程项目的一部分，应计入全厂性工程项目的工艺生产装置中，由于其按技术专业分类，因此，全厂性工程项目也就成为由各技术专业费用组成的集合体。

任何一项工程费用，均是按设备购置费、主要材料费、安装费和建筑工程费分别计列汇总的，其计价的依据各不相同：设备购置费可根据造价管理部门定期发布的非标准设备等信息价、询价和市场价等编制，主要材料费根据与概算指标配套出版的石油化工安装工程主材费及造价管理部门定期发布的调整系数，其他主要材料定期发布的信息价、询价和市场价等编制，安装费和建筑工程费则执行概算指标、应用数据库等。

此外，对工程费用中的部分内容作出了明确的规定。

(1) 进口设备材料从属费

对进口设备材料从属费的计取原则进行了明确规定。

国外运输费和国外运输保险费，为简化计算，均界定为海运形式的费用，分别按进口设备材料离岸价(F.O.B.)的4%和1‰计取。

关税税率原则采用《中华人民共和国进出口税则》及国务院关税税则委员会、海关总署的最新规定，在项目决策和设计阶段，为简化计算，关税税率综合取定为8%。

外贸手续费以进口设备材料到岸价(C.I.F.)为计算基数，费率为1%。

银行财务费按进口设备材料到岸价(C.I.F.)或离岸价(F.O.B.)为计算基数，费率分别为1.44‰和1.50‰。

(2) 进口设备材料国内运费和保管费

进口设备材料国内运费和保管费以到岸价(C.I.F.)为计算基数，根据建设项目所在地的省市地区相应的费率计算。

表2-3　进口设备、主要材料国内运费和保管费参考费率表

序　号	建设项目所在地区	运费费率/%	保管费费率/%
1	沿海港口城市： 上海、天津、青岛、烟台、日照、秦皇岛、宁波、温州、大连、南通、连云港、广州、茂名、湛江、北海、厦门、泉州	1.08	0.41
2	北京、河北、辽宁、山东、江苏、浙江、广东、海南、福建、广西	1.43	0.41
3	山西、陕西、江西、河南、湖南、湖北、安徽、黑龙江、吉林、重庆	1.86	0.41
4	四川、云南、贵州、宁夏、内蒙古、甘肃	2.47	0.41
5	青海、新疆、西藏	3.50	0.41

(3) 国内设备运费和采购保管费

国内设备运费和采购保管费均以设备原价为计算基数，根据建设项目所在地的省市地区相应的费率计算。

表 2-4　国内设备运费和采购保管费参考费率表

序　号	建设项目所在地区	运费费率/%	采购保管费费率/%
1	吉林、辽宁、河北、山东、山西、江苏、浙江、安徽、北京、天津、上海	4.00	2.43
2	河南、陕西、湖北、湖南、江西、四川、重庆、福建、广东、黑龙江	4.64	2.87
3	甘肃、宁夏、内蒙古、广西、海南、贵州、青海、云南	5.38	3.20
4	新疆、西藏	6.00	3.64

(4) 国内主要材料运费和采购保管费

国内主要材料运费和采购保管费均以主要材料价格为计算基数，根据建设项目所在地的省市地区相应的费率计算。

表 2-5　国内主要材料运费和采购保管费参考费率表

序　号	建设项目所在地区	运费费率/%	采购保管费费率/%
1	吉林、辽宁、河北、山东、山西、江苏、浙江、安徽、北京、天津、上海、河南、陕西、湖北、湖南、江西、四川、重庆、福建、广东、黑龙江	2.42	1.88
2	甘肃、宁夏、内蒙古、广西、海南、贵州、青海、云南、新疆、西藏	3.58	2.32

(5) 特定条件下的费用

根据石油化工建设项目施工的特点，特定条件下的费用是指在相应的估(概)算指标及配套的费用定额中未包括的费用，应根据特定条件施工技术方案，结合建设项目实际情况测算估列。具体内容包括：已完工程及设备保护费、建预制加工厂费、在有害环境中施工保健费、特殊地区施工增加费、特殊工种技术培训费、特殊技术措施费、大型施工设备进出场及安拆费、大型机械使用费、大型设备卸车费等。

(6) 安全生产费

根据“财政部、安全监管总局关于印发《企业安全生产费用提取和使用管理办法》的通知(财政部财企〔2012〕16号)”的规定，安全生产费是指施工企业按照规定标准提取，并在成本中列支，专门用于完善和改进施工企业或者项目安全生产条件的资金。计算公式为

安全生产费＝(主要材料费＋安装费)×费率＋建筑工程费×费率　　(2-55)

建筑工程和安装工程的安全生产费应以含增值税的价格为基数计算，费率均为1.5%，分别计入“安装费”和“建筑工程费”列。

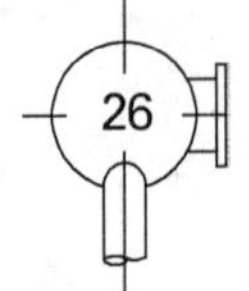

（7）工器具及生产用具购置费

工器具及生产用具购置费是指工程项目投产后，为保证初期正常生产必须购置的仪器、工卡模具、器具等花费的费用。计算公式为

$$工器具及生产用具购置费 = 设计定员 \times 2\,600 元/人 \quad (2-56)$$

2.5.1.2 固定资产其他费

固定资产其他费包括土地使用费、工程建设管理费、工程建设监理费、环境监理费、临时设施费、前期准备费、专项评价及验收费、可行性研究报告编制费、水资源论证报告编制费、工程勘察设计费、工程数字化交付费、进口设备材料国内检验费、特种设备安全检验检测费、超限设备运输特殊措施费、设备采购技术服务费、设备材料监造费、工程保险费、研究试验费、联合试运转费等。

（1）土地使用费

土地使用费是指按照《中华人民共和国土地管理法》等规定，建设项目征用或租用土地应支付的费用。包括土地征用及迁移补偿费、征用耕地按规定一次性缴纳的耕地占用税、租用建设项目土地使用权而支付的费用。

土地使用费的编制分别根据建设项目所在省、自治区、直辖市人民政府制定的相关标准，以及迁建补偿协议等计取。

（2）工程建设管理费

工程建设管理费是指工程建设管理者（建设单位、总承包商等）在合理的建设工期内从事建设项目管理活动所发生的费用。从时间上限定，是从可行性研究报告批准后至投料试车交付生产为止。包括项目管理人员人工费（工资、劳动保护费、职工福利费、施工现场津贴、奖金等）、社会保障费（基本养老保险费、基本医疗保险费、失业保险费、工伤保险费、生育保险费、住房公积金等）、工会经费、职工教育经费、差旅费、工具用具使用费、通信设备及交通工具购置使用费、零星固定资产购置费、办公设备及服务器购置费、技术图书资料费、固定资产使用费、安全环境健康管理费、生产工人招聘费、设计审查费、工程招标费、工程咨询费、法律顾问费、合同契约公证费、会议及业务招待费、审计费、银行担保费、完工清理费、工程验收费、工程质量监管督导费、工程计价依据编制修订费、房产税、车船使用税、印花税及其他管理性质费用。

工程建设管理费的编制有两种方式。一种是根据建设项目工程费的投资规模，按直线内插法计算。对于改扩建等有依托条件的建设项目，在此费率上乘0.75。计算公式为

$$工程建设管理费 = 工程费 \times 工程建设管理费费率 \quad (2-57)$$

表2-6 工程建设管理费参考费率表

建设项目规模（工程费）/亿元	费率/%	建设项目规模（工程费）/亿元	费率/%
0.5及以下	5.39	20	2.32
2	4.18	40	2.14
5	3.17	100及以下	1.89
10	2.56		

另一种方式是对于特定项目，如果其管理模式和资源配置已经由主管部门核准，可按核准的管理定员、人工费标准和建设周期等计算。

(3) 工程建设监理费

工程建设监理费是指监理人接受建设单位的委托，根据监理合同约定，提供建设项目施工阶段的质量、进度、费用控制管理和安全生产监督管理、合同、信息等方面协调管理服务，以及勘察、设计、保修等阶段的相关工程服务所发生的费用。由于是第三方提供的服务，且通常涉及的数额较大，因此在工程建设管理费以外单列。

工程建设监理费可参考国家发改委、建设部“关于印发《建设工程监理与相关服务收费管理规定》的通知”(发改价格〔2007〕670号)规定计算，也可按监理人的项目人员派出计划，根据项目计划人工时和单价汇总计算。

(4) 环境监理费

环境监理费是指环境检测、监理机构接受建设单位委托，根据环境影响评价文件、环境保护行政主管部门批复及环境监理合同，对建设项目实施环境检测及环境保护监督管理所发生的费用。

环境监理费的编制根据建设项目所在地的省、自治区、直辖市文件规定，或按环境监理合同计算。

(5) 临时设施费

临时设施费是指建设项目实施期间使用的临时设施的建设、维修、拆除或租赁费用，分建设和办公两部分。

① 建设用临时设施费用，包括未列入工程费的临时水、电、气、通信、道路、仓库等费用。

② 办公用临时设施费用，包括建设管理人员、工程设计人员、质量监管人员、咨询人员、效能监察人员的办公临时设施费用。

根据建设项目是新建或改扩建的性质不同，临时设施费以工程费为基数乘不同的费率计算。计算公式为

$$临时设施费=工程费\times临时设施费费率 \tag{2-58}$$

表 2-7 临时设施费费率表

建设项目性质	费率/%
新建项目	0.82
改扩建项目(有依托)	0.41

(6) 前期准备费

前期准备费与工程建设管理费的差异在于时间界限，它是指项目建设单位(筹建机构)发生在可行性研究报告批准前，为筹建项目所发生的费用。包括工作人员人工费(工资、劳动保护费、职工福利费、施工现场津贴、奖金等)、社会保障费(基本养老保险费、基本医疗保险费、失业保险费、工伤保险费、生育保险费、住房公积金等)、办公费、差旅费、工具用具使用费、固定资产使用费、会议及业务招待费、零星固定资产购置费、技术图书资料费、签订委托合同及落实厂外条件发生的费用、合同契约公证费、法律顾问费、项目申请报告编制费、评估费、咨询费等费用。

前期准备费根据已签合同或实际发生额计算。

(7) 专项评价及验收费

专项评价及验收费是指建设项目在实施过程中,由第三方专业机构对项目的环境、安全、卫生、节能等做出的评价及验收所发生的费用。包括环境影响评价费及验收费、安全预评价费及验收费、职业病危害预评价及控制效果评价费、水土保持评价及验收费、地震安全性评价费、地质灾害危险性评价费、危险与可操作性分析及安全完整性评价费、节能评估费、其他专项评价及验收费等。

专项评价及验收费的编制均根据国家和建设项目所在省、自治区、直辖市的相关规定,或委托合同计算。

(8) 可行性研究报告编制费

可行性研究报告编制费是指编制和评估可行性研究报告的费用。

可行性研究报告编制费应根据可行性研究文件编制委托合同按实计列,可行性研究报告评估费可按可行性研究报告编制费的20%计取。

(9) 水资源论证报告编制费

水资源论证报告编制费是指有水资源论证资质的单位根据委托合同约定,编制水资源论证报告书所发生的费用,包括大纲编制费、资料整理费、分析计算费、印刷费、差旅费等,不包括专题研究费。

水资源论证报告编制费的编制应根据国家和建设项目所在省、自治区、直辖市的相关规定,或委托合同计算。

(10) 工程勘察设计费

工程勘察设计费是指勘察设计单位接受委托,对建设项目进行工程水文地质勘察、工程设计发生的费用。

工程勘察费的编制应按合同或实际发生额计算。工程设计费一般根据不同的行业、不同的建设规模和工程内容、不同的繁简程度制定的费用标准计算,对于没有计算标准的,可按设计概算的百分比计算。实际操作中多根据已签订的合同、设计计划人工时或参考国家计委、建设部"关于发布《工程勘察设计收费管理规定》的通知"(计价格〔2002〕10号)规定计算,模型设计制作费按委托合同计算。

(11) 工程数字化交付费

工程数字化交付费是顺应项目建设工程信息技术不断提升的要求而产生的,是指为满足数字化工厂建设的需要,由工程承包商、供货商接受委托完成的有关信息交互集合的费用,包括工程数据、电子文档、三维模型等的交付实施费用。这是工程技术不断向现代化、数字化发展的必然结果。

工程数字化交付费的编制应根据委托合同,或根据工程数字化交付的范围、内容、要求估列。

(12) 进口设备材料国内检验费

进口设备材料国内检验费是指根据《中华人民共和国进出口商品检验法》和《中华人民共和国进出口商品检验法实施条例》等有关文件规定,对进口设备和材料进行检验所发生的费用。

进口设备材料国内检验费按进口设备材料的到岸价(C.I.F.)为基数进行计算。计算公

式为

$$进口设备材料国内检验费=进口设备材料到岸价(C.I.F.)\times 0.45\% \tag{2-59}$$

(13) 特种设备安全检验检测费

特种设备安全检验检测费是指对在施工现场组装和安装的列入国家特种设备范围内的设备(或设施)和监督检查范围内的锅炉、压力容器、电梯、压力管道、电梯、起重机械等特殊设备(或设施),依规进行检验检测所发生的费用。

特种设备安全检验检测费的编制根据建设项目所在省、自治区、直辖市的相关规定计算。

(14) 超限设备运输特殊措施费

超限设备运输特殊措施费是指设备质量、几何尺寸超过交通运输管理部门规定的运输极限,在运输中进行路面处理、桥涵加固、障碍物拆除及恢复、铁路设施改造、码头装卸等发生的特殊措施费用。

超限设备运输特殊措施费的编制应根据超限设备的种类、数量、质量、几何尺寸等因素,及初步拟定的超限设备运输方案计算。

(15) 设备采购技术服务费

设备采购技术服务费是根据石油化工建设项目的特点而设置的,指设计人根据发包人委托,配合发包人进行设备采购提供的技术服务所发生的费用。包括参加编写请购技术文件和技术谈判,签订技术协议、对报价进行技术评审、配合招投标开展等。

设备采购技术服务费的编制以基本设计费和非标设计费之和作为基数乘费率计算。计算公式为

$$设备采购技术服务费=(基本设计费+非标设计费)\times(4\%\sim 6\%) \tag{2-60}$$

(16) 设备材料监造费

设备材料监造费是指为保证设备材料质量,根据相关规定和项目需要,由具有监造资质的第三方进行设备材料监造所发生的费用。其中国内重要设备必须采取驻厂监造方式,国外重要设备可以委托专业机构采取关键点访问监造方式。在委托监造合同中必须明确须监造的设备材料的范围(明细)、监造地点、监造内容及方式、监造人员名单等。

设备材料监造费的编制可根据石油化工建设项目设备的不同类别,如石油化工专用设备、石油专用设备、动力站设备等分别按相关规定估列。

(17) 工程保险费

工程保险费是指建设项目在建设期间,为避免部分风险,根据需要对建筑工程、安装工程及机器设备进行投保而发生的保险费用。

工程保险费的编制应根据保险公司的相关规定或保险合同计算,原则上按不超过工程费的2‰控制。

(18) 研究试验费

研究试验费是指为建设项目提供或验证设计参数、数据、资料等进行必要的研究试验以及按照设计规定在建设过程中必须进行试验、验证所需的费用。不包括应由科技三项费用(即新产品试制费、中间试验费和重要科学研究补助费)开支的项目,应由建筑安装工程费列支的施工企业对建筑材料、构件和建筑物进行一般鉴定、检查所发生的费用,以及技术革新的研究试验费,应由勘察设计费或工程费中开支的费用项目等。

研究试验费按设计提出的研究试验内容和要求进行编制，经主管部门审定后计列，或按研究试验合同计列。

(19) 联合试运转费

联合试运转费是指新建项目或新增加生产能力的改扩建项目，在交付生产前，按照批准的设计文件所规定的工程质量标准和技术要求，进行整个生产线或装置的有负荷联合试运转(联动试车和投料试车)所发生的费用，包括单机试车的公用工程消耗费，试运转所需原材料、燃料及动力消耗、机械使用费、人工费、易耗配件费、临时管道与临时措施费等，大型机组的负荷试车费，必要的工业炉烘炉费，试车保运及专家指导费。

根据现行规定，成熟的石油化工建设项目原则上不计列此项费用，由投料试车和生产考核期间产品销售收入补偿。新技术、新工艺等建设项目须经主管部门认定并根据试车方案估列。

2.5.2 无形资产投资

无形资产投资包括土地使用权出让金及契税和特许权使用费两项。

(1) 土地使用权出让金及契税

土地使用权出让金及契税是指国家将国有土地使用权在一定年限内让与土地使用者，由土地使用者向国家支付的土地使用权出让金及契税。它与固定资产其他费中的土地使用费的区别在于土地获得的方式不同。

土地使用权出让金根据建设项目所在地市、县人民政府制定的标准计算，契税按建设项目所在省、自治区、直辖市人民政府发布的税率计算，一般为土地使用权出让金的3%～5%。

(2) 特许权使用费

特许权使用费属于软件费用，包括国内和国外两部分。国内部分是指建设项目为取得省、部级批准的国内专有技术、专利及注册商标使用权而支付的费用。国外部分是指进口货物的买方为取得知识产权权利人及权利人有效授权人关于专利权、商标权、专有技术、著作权、分销权、销售权的许可或者转让而支付的费用。

国内部分特许权使用费根据合同价款计列，国外部分计算公式为

$$\text{国外特许权使用费} = \text{外币金额} \times \text{人民币外汇汇率(中间价)} + \text{从属费用} \quad (2-61)$$

单独进口特许权使用时，不计算运输费、运输保险费、关税，应计算外贸手续费和银行财务费。

2.5.3 其他资产投资

其他资产投资包括生产人员准备费、出国人员费、外国工程技术人员来华费、图纸资料翻译复制费等。

(1) 生产人员准备费

生产人员准备费是指在建设项目建设期内，为保证正常生产而发生的提前进厂费、人员培训费以及必备的办公用具购置费。生产人员准备费均按设计定员或新增定员计算。一般可根据需要培训和提前进厂人员的数量及培训时间，按生产准备费指标进行计算。计算公式为

$$\begin{aligned}\text{生产人员准备费} = &\ \text{新增定员} \times \text{提前进厂费标准} + \text{设计定员} \\ &\times (\text{培训费标准} + \text{办公用具购置费标准})\end{aligned} \quad (2-62)$$

其中，提前进厂费标准为48 000元/人；培训费标准按新建和改扩建项目，分别为18 000元/人和9 000元/人；办公用具购置费为2 600元/人。

(2) 出国人员费

出国人员费是指在项目建设期内，项目人员出国设计联络、考察、联合设计、设备材料采购、设备材料检验、培训等所发生的旅费、生活费等。

出国人员费根据出国人数和时间按合同或协议规定计算。

(3) 外国工程技术人员来华费

外国工程技术人员来华费是指在项目建设期内，根据合同或协议规定，专利商、供货商等外国工程技术人员来华工作发生的费用，包括住宿费、交通费、现场接待服务费等。

外国工程技术人员来华费根据合同或协议规定计算。

(4) 图纸资料翻译复制费

图纸资料翻译复制费是指标准、规范、图纸、操作规程、技术文件等资料的翻译、复制费用。

图纸资料翻译复制费按项目的实际发生额估列。

2.5.4 预备费

预备费包括基本预备费和价差预备费。

(1) 基本预备费

石油化工建设项目的基本预备费根据行业特点，主要为以下内容预留。

① 在批准的设计和估(概)算范围内，详细设计及施工阶段中所增加的设计变更、局部地基处理等费用；

② 由于一般自然灾害造成的损失和预防自然灾害所采取措施的费用；

③ 竣工验收时为鉴定工程质量对隐蔽工程进行必要的开挖和修复的费用；

④ 项目建设期间国家、行业、主管部门新发布的法律、法规、规定及其他调整文件。

基本预备费应按国内和进口分别计算。

国内部分按工程费、固定资产其他费、无形资产投资和其他资产投资之和扣除进口部分设备材料费、特许权使用费和从属费后为基数，乘基本预备费费率计算。基本预备费费率按无同类型装置8%，有同类型装置6%计算。

进口部分按进口部分设备材料费、特许权使用费和从属费为基数，乘基本预备费费率计算，基本预备费费率为2%。

已发生(包括已签合同)的费用可不作为基本预备费计算基数。

(2) 价差预备费

价差预备费按建设期内不同时间购进设备、主要材料及建筑安装工程费用的投资分配比例计算，目前暂不计取。

2.5.5 增值税

2016年3月，财政部、国家税务总局财税〔2016〕36号文《关于全面推开营业税改征增值税试点的通知》正式发布，自2016年5月1日起，在全国范围内全面推开营业税改征增值税试点，建筑业、房地产业、金融业、生活服务业等全部营业税纳税人，均纳入试点范围，由缴纳营业税改为缴纳增值税。对此，石油化工建设项目增值税的计取也相应作了调整，根据“价税分离”

的原则，综合考虑项目实施模式等因素，对编制设计估算、概算的增值税税率计算进行了明确的规定。

表 2-8　增值税计算税率与计算公式表

序　号	费　用　名　称	计算税率	计　算　公　式
1	进口设备材料费		
1.1	设备材料货价	16%	[进口设备材料到岸价(C.I.F.)×人民币外汇牌价(中间价)+关税]×增值税税率
1.2	外贸手续费	6%	外贸手续费×增值税税率
1.3	银行财务费	6%	银行财务费×增值税税率
1.4	设备材料国内运费	10%	进口设备材料国内运费×增值税税率
1.5	设备材料国内保管费	6%	进口设备材料国内保管费×增值税税率
2	国内设备材料费		
2.1	设备原价	16%	国内设备原价×增值税税率
2.2	设备运费	10%	国内设备运费×增值税税率
2.3	设备采保费	6%	国内设备采保费×增值税税率
2.4	主要材料原价	16%	国内主要材料原价×增值税税率
2.5	材料运费	10%	国内材料运费×增值税税率
2.6	材料采保费	6%	国内材料采保费×增值税税率
2.7	建设工程费	10%	建筑工程费×增值税税率
2.8	安装费	10%	安装费×增值税税率
3	绿化费	10%	绿化费×增值税税率
4	特定条件下的费用	10%	特定条件下费用×增值税税率
5	安全生产费	10%	安全生产费×增值税税率
6	工器具及生产用具购置费	16%	工器具及生产用具购置费×增值税税率
7	土地使用费	10%	土地使用费×增值税税率
8	工程建设管理费	2%	工程建设管理费×增值税税率
9	工程建设监理费	6%	工程建设监理费×增值税税率
10	环境监理费	6%	环境监理费×增值税税率
11	临时设施费	10%	临时设施费×增值税税率
12	前期准备费	2%	前期准备费×增值税税率
13	专项评价及验收费	6%	专项评价及验收费×增值税税率
14	可行性研究报告编制费	6%	可行性研究报告编制费×增值税税率
15	水资源论证报告编制费	6%	水资源论证报告编制费×增值税税率

续表

序　号	费　用　名　称	计算税率	计　算　公　式
16	工程勘察设计费		
16.1	工程勘察费	10%	工程勘察费×增值税税率
16.2	工程设计费	6%	工程设计费×增值税税率
17	工程数字化交付费	6%	工程数字化交付费×增值税税率
18	进口设备材料国内检验费	6%	进口设备材料国内检验费×增值税税率
19	特种设备安全检验检测费	6%	特种设备安全检验检测费×增值税税率
20	超限设备运输特殊措施费	10%	超限设备运输特殊措施费×增值税税率
21	设备采购技术服务费	6%	设备采购技术服务费×增值税税率
22	设备材料监造费	6%	设备材料监造费×增值税税率
23	工程保险费	6%	工程保险费×增值税税率
24	研究试验费		不计算增值税
25	联合试运转费		不计算增值税
26	土地使用权出让金及契税	10%	土地使用权出让金×增值税税率
27	特许权使用费		不计算增值税
28	生产人员准备费		
28.1	提前进场费		不计算增值税
28.2	人员培训费		不计算增值税
28.3	办公用具购置费	16%	办公用具购置费×增值税税率
28.4	出国人员费		不计算增值税
28.5	外国工程技术人员来华费		不计算增值税
29	图纸资料翻译复制费	6%	图纸资料翻译复制费×增值税税率
30	基本预备费	10%	基本预备费×增值税税率
31	价差预备费		不计算增值税
32	建设期资金筹措费		不计算增值税
33	铺底流动资金		不计算增值税

2.5.6　流动资金

从项目审批、投资控制和整个投资规模(如年度)测算的角度考虑,石油化工建设项目原则上把铺底流动资金作为项目报批投资的组成部分,而把包括全额流动资金的称为项目总投资。

铺底流动资金是指经营性建设项目为保证初期生产经营正常进行,按规定应列入建设项目总投资的铺底流动资金。计算公式为

$$铺底流动资金=建设项目流动资金\times 30\% \quad (2-63)$$

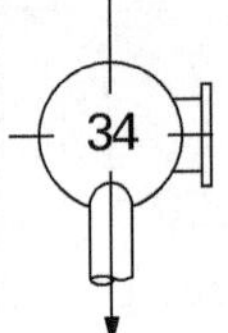

2.5.7 石油化工项目与建设项目总投资构成的比较

石油化工建设项目在投资构成上既有一般建设项目的普遍特性，也有其行业自身的特点，因此造成了石油化工建设项目总投资的构成明显地适应了其行业特点，与住房城乡建设部办公厅发布的《建设项目总投资费用项目组成》有所不同，特别是工程建设其他费用，石油化工建设项目对应的费用，按形成资产，分解为固定资产其他费、无形资产投资和其他资产投资三项内容。完全地一一对应是困难的，附表展示了一个大概的对照（为说明问题，费用顺序有所调整），供读者理解参考。

表 2-9　总投资构成对照表

序　号	石油化工建设项目总投资构成 中国石化建〔2018〕207 号文	序　号	建设项目总投资构成 建办标函〔2017〕621 号文
一	建设投资［（一）+（二）+（三）+（四）］	一	工程造价［1+2+3］
（一）	固定资产投资［1+2］		
1	工程费［1.1+1.2+1.3+1.4］	1	工程费［1.1+1.2+1.3］
1.1	建筑工程费	1.1	建筑工程费
1.2	主要材料费	1.2	安装工程费
1.3	安装费		
1.4	设备购置费	1.3	设备购置费
2	固定资产其他费［2.1+…+2.19］	2	工程建设其他费［2.1+…+2.15］
2.1	土地使用费	2.1	土地使用费和其他补偿费
2.2	工程建设管理费	2.2	建设管理费
2.3	工程建设监理费		
2.4	环境监理费		
2.5	前期准备费		
2.6	设备材料监造费		
2.7	临时设施费	2.3	场地准备费和临时设施费
2.8	专项评价及验收费	2.4	专项评价费
2.9	水资源认证报告编制费		
2.10	可行性研究报告编制费	2.5	可行性研究费
2.11	工程勘察设计费	2.6	勘察设计费
2.12	工程数字化交付费		
2.13	设备采购技术服务费		
2.14	进口设备、材料国内检验费	2.7	引进技术和进口设备材料其他费
2.15	特种设备安全检验检测费	2.8	特种设备安装监督检验费
2.16	超限设备运输特殊措施费		

续表

序　号	石油化工建设项目总投资构成 中国石化建〔2018〕207 号文	序　号	建设项目总投资构成 建办标函〔2017〕621 号文
2.17	工程保险费	2.9	工程保险费
2.18	研究试验费	2.10	研究试验费
2.19	联合试运转费	2.11	联合试运转费
2.20	（另行列项计算）	2.12	市政公用配套设施费
（二）	无形资产投资[3.1+3.2]		
3.1	土地使用权出让金及契税		对应“2.1　土地使用费和其他补偿费”
3.2	特许权使用费	2.13	专利及专有技术使用费
（三）	其他资产投资[4.1+4.2+4.3+4.4]		
4.1	生产人员准备费	2.14	生产准备费
4.2	出国人员费		对应“2.7　引进技术和进口设备材料其他费”
4.3	外国工程技术人员来华费		对应“2.7　引进技术和进口设备材料其他费”
4.4	图纸资料翻译复制费		对应“2.7　引进技术和进口设备材料其他费”
（四）	预备费[5.1+5.2]	3	预备费[3.1+3.2]
5.1	基本预备费	3.1	基本预备费
5.2	价差预备费	3.2	价差预备费
二	增值税	二	增值税
三	建设期资金筹措费	三	资金筹措费
四	流动资金	四	流动资金
	总投资[一+二+三+四]		总投资[一+二+三+四]

第三章　工程计价原理

3.1　概述

3.1.1　工程计价的定义

工程计价，顾名思义，是指对建设项目工程造价的估算。它是以建设项目、单项工程和单位工程为对象，研究其在项目决策、设计、实施和竣工结算等全过程中不同阶段的工程造价计算的理论和方法。我国在二十世纪八九十年代提出了全过程造价管理的理念，要求工程计价必须是从项目决策开始，直到工程竣工为止的全过程的管理活动。根据我国建设程序的要求和相关规定，不同阶段的工程计价要按照规定的程序，有相应深度的编制方法和即时更新、动态管理的估算依据。简而言之，在工程建设的不同阶段需要编制不同的计价文件。

表 3－1　建设项目不同阶段的计价文件

计价文件	投资估算	设计概算	施工图预算	合同价	竣工结算	竣工决算
建设阶段	项目建议书、项目申请报告、可行性研究报告	初步设计（扩大初步设计）、基础设计	施工图设计	招投标	施工完成	竣工验收
编制单位	建设单位、咨询机构	设计单位	设计单位、咨询机构、施工企业	合同双方	施工企业	建设单位
适用定额、指标	投资估算指标	概算定额	预算定额	预算定额、工程量清单计价规范	预算定额、工程量清单计价规范、变更	预算定额、工程量清单计价规范、竣工决算资料
作用	项目决策	投资控制	招投标	确定合同（暂估）价	确定实际造价	确定建设项目实际价格

3.1.2　工程计价的作用

建设单位或委托咨询机构编制的投资估算，设计单位编制的初步设计（扩大初步设计）、基础设计概算，施工企业编制的施工图预算等，所有这些都是工程计价在建设项目不同实施阶段的不同表现形式，在建设项目实施过程中发挥着不同的作用。

(1) 工程计价是建设单位进行项目决策的重要依据。

建设项目通常建造规模大、建设工期长、投资造价高，从而决定了项目决策的重要性。在通过科学合理的决策程序确定建设项目投资的基础上，项目建设单位必须对自身的财务能力有充分的估计，并在此基础上对项目进行财务分析和经济评价，对建设项目的营利性、风险性等有清晰的认识，从而才能做出是否有能力完成项目投资的判断。

(2) 工程计价是项目执行者控制项目投资的重要依据。

由于工程计价是一个随着建设项目的进行不断深化、细化的动态过程，每一次工程计价的结果都对项目投资的控制起到非常关键的作用。项目执行者可以根据项目进度，将经审批的工程计价结果分解，区分费用类别，分阶段地对项目投资进行严格控制。同时，根据我国建设程序规定，工程造价的每一次估算都是对下一阶段估算的严格控制，即后一次估算原则上必须控制在前一次估算的一定范围内。基于以上两方面，合理的工程计价结果必然对项目投资起到非常积极的控制作用。

(3) 工程计价是建设单位筹集建设资金的依据。

工程计价确定的项目投资，是项目建设单位筹集建设资金的依据。建设项目要按时、按质完成，充足的资金供应是必须的条件之一，因此，建设单位必须综合考量资金的不同筹集渠道，优化资金筹集的成本，保证项目建设具有充足的资金保证。

(4) 工程计价是订立建设合同、促使项目参与各方加强成本控制的依据。

一个建设项目从实施到完成，涉及建设单位、咨询机构、施工企业、物资供应商等多个参与者的利益，是一个需要协调、均衡各方利益的系统工程。工程计价对各参与方来说，都是确定其提供的商品或服务(劳务)的价格的依据，各方均在此价格基础上，优化资源配置，提高盈利水平。

(5) 工程计价也是宏观上合理分配资源和优化产业结构的工具。

在市场经济中，政府通过宏观调控、政策导向等手段调节市场供求，而市场供求状况直接影响工程计价的结果，从而影响建设项目在投资方向、规模、产业结构上的选择，最终达到从宏观上使资源分配趋向合理化，产业结构不断优化的目的。

3.1.3 工程计价的基本原理

建设项目的单件性特点决定了每个项目都要进行单独的工程计价，而建设项目多阶段实施又决定了工程计价也要分阶段进行多次计价，这是一个逐步深化、细化的过程，并最终接近实际造价。

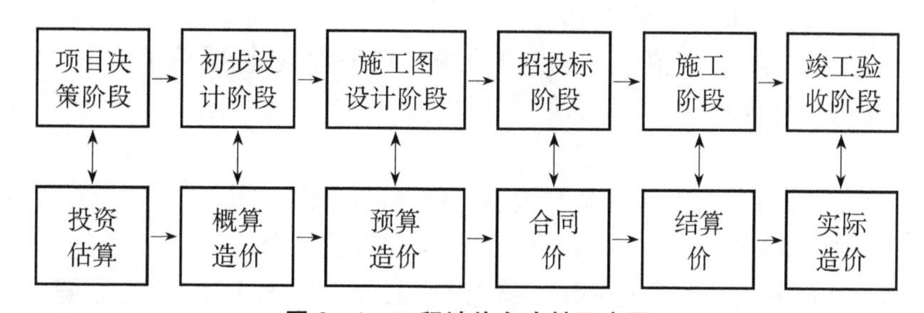

图 3-1 工程计价多次性示意图

(1) 投资估算。在编制项目建议书、可行性研究报告等项目决策阶段编制。

(2) 概算造价。在初步设计阶段编制。采用三段式设计的建设项目，在技术设计阶段，还要编制修正概算造价。对于石油化工建设项目来说，目前通常编制基础设计阶段的概算。

（3）预算造价。在施工图设计阶段编制。

（4）合同价。通过工程承包发包（招标投标）形成，并在承包合同中予以明确。合同价属于市场价格，其内容和价值取决于承包合同的约定，因承发包方式、内容等不同而不同。

（5）结算价。在合同实施阶段，按照合同约定的范围和计价方法，确定的实际价格。

（6）实际造价。在竣工决算阶段，通过最终的项目竣工决算确定。

建设项目的工程计价成果是分层次体现的，是兼具单件性和多样性的集合体。绝大部分的建设项目都不可能简单地就确定整个项目的价格，而必须按一定的原则、程序和方法对整个建设项目进行分解，划分为若干个基本构造单元，形成若干个基本子项。这种层次的结构分解越多，基本子项也就越细，计算也就越精确，形成的最终工程造价结果也就越准确。项目的建设程序从某种意义上来说，实际也是一个工程计价随着建设项目进度不断深化、细化、精确化的过程。

绝大部分的建设项目都可以分解为一个或几个单项工程。单项工程是建设项目的组成部分，是一个建设项目中具有独立的设计文件，竣工后可以独立发挥生产能力或效益的工程，如工业项目中的生产车间、仓库等。单项工程又可以分解为一个或几个单位工程。单位工程不能独立发挥生产能力或效益，但具备独立的设计文件和独立的施工条件。单位工程按工程实体的各部位可以进一步分解为分部工程，分部工程既不具备独立的施工条件，又不能单独发挥生产能力和效益，但具备工程结算的条件，如装饰装修工程、电气工程等。从工程计价的角度，按照施工方法、选用的材料、结构构件规格等，分部工程又可以进一步分解为分项工程。如混凝土工程可以分为基础、柱、梁、板等。分项工程根据计价模式的不同，可以划分或组合为定额项目或工程量清单项目，这样就可以得到基本构造单元了。工程计价的程序可以简单表达为分部工程≥分项工程≥单位工程≥单项工程≥建设项目。计算公式为

$$\text{分部分项工程费} = \sum[\text{基本构造单元工程（定额或清单项目）} \times \text{相应单价}] \quad (3-1)$$

综上所述，工程计价是通过对项目完成的工程数量的计量，并乘相应的单价计价确定的，即工程计价可以分为工程计量和工程计价两个部分。

3.1.3.1　工程计量

工程计量包括确定基本构造单元和相应工程量的计算两个过程。

（1）确定基本构造单元，是根据不同的项目阶段，按照工程定额或工程量清单计量规范的规定，对项目基本构造单元的确定过程。

（2）相应工程量的计算，是在基本构造单元确定的基础上，按照相应工程定额或工程量清单计量规范规定的计算规则，以及相应阶段的设计文件、施工组织设计等资料，对分项工程实物量进行计算。

无论采用何种计价模式，工程计量都应遵循相同的原则：

（1）工程计量的原始数据必须和设计图纸和文字说明一致；

（2）工程计量的每个子项所包括的工作内容必须和工程定额或工程量清单计量规范一致；

（3）工程计量的每个子项的单位必须和工程定额或工程量清单计量规范一致；

（4）工程计量的每个子项的数量精度必须和工程定额或工程量清单计量规范一致。

3.1.3.2 工程计价

工程计价包括工程单价的确定和总价计算两个过程。

（1）工程单价是指完成基本构造单元的工程量所需要的基本费用。根据不同的计价模式，工程单价可以分为工料单价（工程定额计价）和综合单价（工程量清单计价）。

工料单价也称直接工程费单价，主要用于工程定额计价模式，是指完成某基本构造单元的单位工程量所需投入的各种人工消耗量、材料消耗量、施工机具台班消耗量与其相应单价的乘积，包括人工费、材料费和施工机具使用费。其计算公式为

$$\text{工料单价} = \sum(\text{人材机消耗量} \times \text{相应的人材机单价}) \tag{3-2}$$

综合单价，主要用于工程量清单计价模式，指除了工料单价所包含的实体消耗内容外，还应包括其他直接费、间接费和利润（综合单价中应包括必要的风险因素）。综合单价可根据国家、地区、行业或企业定额消耗量和相应的市场价格来确定。

$$\text{综合单价} = \sum(\text{人材机消耗量} \times \text{相应的人材机单价} + \text{其他直接费}) + \text{间接费} + \text{利润} \tag{3-3}$$

（2）工程总价是指按照规定的程序，逐级汇总，最终形成的工程造价。

采用工料单价时，按定额项目计算的工程量乘相应的工料单价并汇总，得出相应工程的直接工程费，再按照规定的取费程序计算其他直接费、间接费、利润等各项费用，汇总形成工程造价。

采用综合单价时，按工程量清单计价规范计算的工程量乘相应的综合单价并汇总，即可得出分部分项工程费，再按照规定的计价程序，计取措施项目、其他项目、规费项目、税金项目等费用，各项费用汇总后得出工程造价。

3.1.4 工程计价的模式

随着我国社会主义市场经济的不断改革深化和发展，投资主体、筹资渠道等呈现出多元化的特点，为适应这种变化，国家对工程建设市场的管理也经历了从计划经济行政指令式的管理模式向市场经济的国家宏观调控模式的演变。对建设产品的定价由最初的国家定价，逐渐发展为国家指导价、国家调控价，同时，也通过完善宏观调控体系、改进宏观调控方式、优化宏观调控手段等方式不断改善和加强宏观调控的效果，所有这些都使工程计价的模式不断适应改变。长期以来，工程计价以工程定额为主要依据的模式，在我国社会主义市场经济初期确实起到了积极的作用，但随着市场化进程的不断深化，日渐暴露出其管理死板、不能充分体现市场公平竞争的一些弊端。在这样的背景下，一种更符合市场经济特点的工程量清单计价模式被引入国内，并迅速在我国工程建设市场，特别是招标投标市场中发挥出积极的作用，形成了政府宏观调控、企业自主报价、公平竞争确定价格、全社会共同监督的工程计价的全新管理模式。

我国的现状是，在建设项目前期各阶段（主要是项目决策和设计阶段），对于建设项目投资的估算，主要基于工程定额，而在工程建设项目交易阶段（主要是合同价格的形成和后续的合同价格管理），均以工程量清单计价为主，工程定额计价为辅。

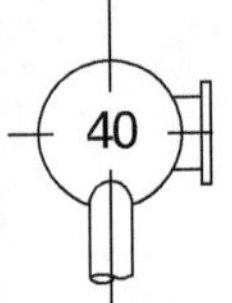

3.2 工程定额计价

3.2.1 工程定额的定义

定额的字面意思就是规定的额度，是指在进行生产经营活动时，人力、物力、财力消耗的数量所应达到的标准。科学的定额管理出现于十九世纪末二十世纪初，在资本主义高度发展的美国，以美国人 Frederick Winslow Taylor、法国人 Henri Fayol 和英国人 F. Urwick 等为代表人物的“古典管理理论”形成了较为系统的经济管理理论，其中最为典型的是由美国工程师泰勒提出的泰勒制。其历史背景是，当时美国工业的快速发展，使得传统的管理方法已经不相适应，严重阻碍了劳动生产率的提高，不利于社会经济的进一步发展和资本家赚取更多的利润。基于此，泰勒提出了科学管理的理念，通过科学试验，制定了所谓标准的操作方法和相应的工时定额，以此对工人进行培训，并将工时定额作为考核工人的标准，使得劳动生产率得到了很大的提高。泰勒制有两个核心内容，即科学的工时定额和有差别的计件工资制度的结合。泰勒制的产生和发展，显示出定额是伴随着管理要求的产生而产生、发展而发展的。

但是，泰勒制还是存在许多缺陷，比如它把工人设定为简单的生产机器，没有考虑生产工人的主观能动性。随着经济的发展，定额制度也在不断完善，在现代管理中有着无可替代的地位。它在组织、协调社会化大生产，提高劳动生产率，加强宏观调控方面发挥着重要的作用。

我国定额的产生可以追溯到唐代的《大唐六典》，近代梁思成先生编著的《营造算例》中也有“在标列尺寸方面的确是一部原则的书，在权衡比例上则有计算的程式……其主要目的在算料”的记载。但这些只能说明我国历史上曾有很多这方面经验和资料的积累，但是还并没有上升到理论的高度。1949 年中华人民共和国成立后，在特定的历史时期，国家高度重视国民经济的发展，大规模进行基本建设，并从苏联学习了一套关于预、决算的计价方法，即表示我国工程造价的初生。此后，国家始终非常重视造价业的发展，投入了大量的资金，终于在 1977 年研制出了一套基本完善的造价定额管理体系。

3.2.2 工程定额的特点

我国建设市场的管理虽然经历了“国家定价——国家指导价——国家宏观调控价”三个阶段，由国家定价到由国家宏观调控，市场自发形成、自发调节价格，但无论在哪个阶段，工程定额计价模式始终是我国工程建设市场价格确定的重要方法之一，这是由定额本身“量价分离”“控制量、指导价、竞争费”的特点决定的。

(1) 科学性

工程定额的科学性表现在三个方面。首先是制定定额要坚持科学的态度。定额是用来确定工程造价，规范建设市场有序竞争和调节社会资源合理配置的，这决定了其必须尊重客观事实，正确地反映社会合理的生产水平，因此必然要求在编制定额过程中要坚持科学的态度。其次是技术方法的科学性。工程定额反映的是当时的工程建设技术和管理的最新成就，其本身也处在一个不断更新、变化的过程中，必须坚持系统的、完整的、行之有效的科学方法。最后，定额的执行也应该是一个科学规范的过程。不同的定额应该在适用范围、适用条件下得到贯彻执行，才能真正适应市场机制的要求，发挥宏观调控的重要作用。

(2) 系统性

工程定额的体系是一个系统工程，它是由多种定额组成的有机整体。其系统性最大的体现是，从横向上，工程定额囊括了建筑工程、安装工程、装饰装修工程、房屋修缮工程、市政工程、园林绿化工程、水利工程、石油化工工程等各个领域；从纵向上，根据建设项目实施程序，有投资估算指标、概算指标、概算定额、预算定额等。所有这些定额在涉及专业的横向和实施阶段的纵向两个方向上彼此交织，形成了一个严密的系统，使几乎任何建设项目在实施的任何阶段都有相应的定额、指标可作为计价依据。

(3) 统一性

工程定额有很多明显的统一性，如从其执行范围来看，有全国统一定额、地方统一定额、行业统一定额，从其编制的过程来看，有统一的原则、统一的要求、统一的程序、统一的用途，所有这些都源自对社会主义市场经济发展实施有计划的宏观调控的需要。

(4) 权威性

工程定额无疑具有很大的权威性。一方面，这是由工程定额的科学性决定的；另一方面，也是国家实施统一管理的宏观调控要求决定的。特别是在计划经济时代，定额一经审批发布，往往具有法令性质，任何单位都必须严格遵守，不得随意改变，确实需要调整、补充的，也必须经授权批准。在市场经济条件下，虽然有所松动，但作为社会公认的限额标准，也需要根据项目的具体情况，在各方认可的情况下，才能在一定范围内作适当的调整。

(5) 稳定性和时效性

工程定额是由国家、地方或行业主管部门发布实施的，为维护其权威性，必须保持其相对的稳定性。同时，工程建设的科学技术和管理处在不断的发展过程中，工程定额也应该及时地体现出这种进步，长时间地维持不变，必然会走向僵化。所以，工程定额的稳定性和时效性是一对相对统一的概念。

3.2.3 工程定额的分类

工程定额是适用于工程建设不同阶段的定额总称，是指在正常的施工条件和合理的施工组织条件下，完成单位合格建筑安装产品所需消耗资源的数量标准，这是一个限定标准，包括建设项目造价计价和管理中涉及的所有定额。工程定额是定额计价方式的主要依据，是施工企业实行科学管理的重要手段，也是建设项目的实施过程中的统一的计量标准。根据工程定额所反映的生产要素消耗、定额的编制程序和用途、定额涉及的专业、定额主编单位和执行范围等，可以对工程定额作不同的界定和分类。

(1) 按工程定额反映的生产要素分类

把工程定额分为劳动定额、材料消耗定额和机械消耗定额。

① 劳动定额。也称为劳动消耗定额、人工定额，反映的是在正常的施工和组织条件下，完成规定单位的合格建筑安装产品所需消耗的人工工日的数量标准，通常以时间或产量的形式体现，两者互为倒数。

② 材料消耗定额。又称材料定额，反映的是在正常的施工和组织条件下，完成规定单位的合格建筑安装产品所需消耗的原材料、半成品、成品、构配件，以及水、电等动力资源的数量标准。材料消耗是项目建设的重要内容，在项目投资中占较大的比例，因此，材料消耗定额在很大程度上影响着材料的合理调配和使用，影响着工程造价的合理性。

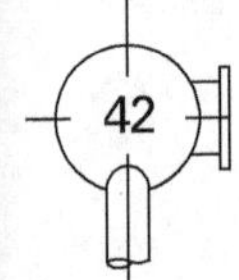

③ 机械消耗定额。又称机械台班定额，反映的是在正常的施工和组织条件下，完成规定单位的合格建筑安装产品所需消耗的施工机械台班的数量标准，通常以机械台班时间或产量的形式体现，两者同样互为倒数。

(2) 按定额的编制程序和用途分类

把工程定额分为施工定额、预算定额、概算定额、概算指标、投资估算指标。

① 施工定额。属于企业定额的范畴，反映的是在正常的施工和组织条件下，该施工企业完成规定计量单位的某一施工过程或工序所需消耗的人工、材料和机械台班的数量标准，是施工企业内部组织生产和加强管理使用的一种定额，包括劳动定额、材料消耗定额和机械消耗定额。施工定额以某一施工过程或工序作为研究对象，表示的是生产产品的数量与相对应的生产要素消耗之间的关系。为了适应组织生产和管理的需要，施工定额是所有工程定额中分项最细、定额子目最多的一种定额，也是工程定额中的基本性定额。与其他定额不同的是，为体现施工企业提高劳动生产率，减少生产要素消耗，加大竞争力的目的，施工定额反映的是社会平均先进水平。

② 预算定额。预算定额反映的是在正常的施工和组织条件下，完成规定计量单位合格分项工程或结构构件所需消耗的人工、材料、施工机械台班的数量标准。它是以施工定额为基础综合扩大编制的，同样包括劳动定额、材料消耗定额和机械消耗定额三个部分，主要用于编制施工图预算、进行工程结算、编制招投标阶段的标底和投标报价等。它可以作为施工企业确定生产要素需求量，编制施工组织设计的依据，也是编制概算定额、概算指标的依据，还是地区单位估价表的编制依据。预算定额反映的是社会平均水平。

③ 概算定额。概算定额反映的是在正常的施工和组织条件下，完成规定计量单位合格扩大分项工程或扩大结构构件所需消耗的人工、材料和施工机械台班的数量标准，因为通常包括费用标准，因此是一种计价性定额。它一般是在预算定额的基础上，根据有代表性的设计图、通用图、标准图和有关资料，综合扩大编制的，其综合的程度与设计的深度相适应，是编制初步设计(扩大初步设计)、基础设计概算，确定建设项目投资额的依据。概算定额同样反映了社会平均水平。

④ 概算指标。概算指标反映的是在正常的施工和组织条件下，完成规定计量单位建筑安装产品(单位工程)所需消耗的数量标准和费用标准。它是概算定额的扩大和合并，也是一种计价性定额。概算指标通常按工业建筑和民用建筑分别编制，是设计单位编制工程概算或建设单位编制年度任务计划，以及施工企业编制材料和机械施工供应计划的依据。

⑤ 投资估算指标。投资估算指标是在项目建议书和可行性研究等项目决策阶段编制投资估算所使用的一种定额，往往以独立的单项工程或完整的工程项目为对象，反映的是完成建设项目的总投资及其各项费用构成的经济指标。

表 3-2　各种定额之间的关系比较表

	施工定额	预算定额	概算定额	概算指标	投资估算指标
编制对象	施工过程(基本工序)	分项工程、结构构件	扩大分项工程、扩大结构构件	单位工程	建设项目、单项工程、单位工程
用　途	施工预算	施工图预算	扩大初步设计概算	初步设计概算	投资估算
项目划分	最细	细	较粗	粗	很粗
定额水平	平均先进水平	平均水平	平均水平	平均水平	平均水平

（3）按定额涉及的专业划分

可以把工程定额划分为建筑工程定额和安装工程定额，建筑工程定额可以进一步划分为建筑及装饰工程定额、房屋修缮工程定额、市政工程定额、铁路工程定额、公路工程定额、矿山井巷工程定额等。安装工程定额也可以进一步划分为电气设备安装工程定额、机械设备安装工程定额、热力设备安装工程定额、通信设备安装工程定额、化学工业设备安装工程定额、工业管道安装工程定额、工艺金属结构安装工程定额等。

（4）按定额主编单位和执行范围分类

可以把工程定额划分为全国统一定额、行业定额、地区定额、企业定额、补充定额。

① 全国统一定额，是由国家建设行政主管部门综合全国工程建设中技术和施工组织管理的情况编制，并在全国范围内适用的定额。

② 行业定额，是由各行业主管部门（协会），根据行业专业工程的技术特点以及施工生产和管理水平编制的，一般只在本行业或相同专业性质的范围内使用。

③ 地区定额，是由省、自治区、直辖市的建设行政主管部门（专业机构）根据地区性特点和全国统一定额水平做适应调整和补充编制的。

④ 企业定额，是建设安装企业或大型企业集团根据本企业的施工技术、机械装备和管理水平编制的，通常仅在企业内部使用的定额。企业定额的水平一般高于国家现行定额，以满足企业生产技术发展、企业管理和市场竞争的需要。目前石油化工行业所使用的定额标准都是由几大企业集团组织编制的企业定额，但由于石油化工建设项目的共性特点以及各企业集团对自身的定额体系在保持一定完整性的同时均有所侧重，且进行了较大投入的日常维护工作，因此，部分企业定额为行业中较多其他企业所采用，几乎成为通用的行业定额。

⑤ 补充定额，是针对设计、施工技术的发展，弥补原有定额缺陷所编制的定额。

以上定额虽然编制单位、适用情况、用途等各有不同，但它们不是彼此独立的，预算定额按专业分类，可以分为建筑工程定额、安装工程定额；按管理权限和执行范围分类，可以分为全国统一定额、行业定额、地区定额。所以，它们是一个互相联系的有机整体，在实际工作中配合使用。

3.2.4 工程定额计价的作用

（1）定额是提高劳动生产率的重要工具。定额出现的历史背景就是为了减少劳动损耗，提高劳动生产率，比如，通过反复测算确定的工时定额，明确了劳动者在工作中的考核标准和应达到的目标，对工时的节约，就是对社会资源的节约。

（2）定额是确定建设项目工程造价的依据。项目的工程造价是根据设计图纸规定的工程标准和数量，套用相应定额指标规定的人工、材料、机械台班消耗量及单位价值和费用标准来确定的，定额无疑是确定项目工程造价的主要依据之一。

（3）定额是组织社会化大生产的重要手段。随着社会经济的发展，各工种、各企业之间的分工越来越细，任何一个企业都是不同工种之间的合理配置，整个社会经济就是各个企业之间的合理配置。而定额则成为合理组织生产，协调社会生产要素的重要手段。

（4）定额是国家实施宏观调控的重要途径。国家和地方、行业有关部门通过发布一系列定额，提供了统一、可靠的计量标准，从而调节和控制经济资源的配置。为实现我国社会主义经济的发展要求，既要大力发展市场经济，又要实施有序的宏观调控，定额成为一种重要的途径。

综上所述，在我国，工程项目建设市场价格的确定，长期以来均实行以工程定额为主要计价依据的工程定额计价模式，这是与计划经济相适应的一种计价模式，在我国经济发展中发挥了重要的作用。即便在社会主义市场经济空前发展的今天，以统一的工程定额作为国家造价管理的主要手段和依据之一，依然是工程计价的主要模式之一。

3.2.5 工程定额计价的基本程序

基于工程定额的计价模式是一个循序渐进的过程。定额编制部门以假定的建筑安装产品为对象，制定了反映社会平均水平的统一的工程定额，工程计价的编制者按与建设阶段相适应的工程定额规定，逐项计算工程量，并套用相应的工程定额子目，确定该子目的直接工程费，再按规定的取费标准确定其他直接费、间接费和利润，经汇总后形成最终的工程造价。计算公式为

$$人工费 = \sum(定额人工消耗量 \times 人工单价) \tag{3-4}$$

$$材料费 = \sum(定额材料消耗量 \times 材料单价) \tag{3-5}$$

$$施工机具使用费 = \sum(定额机具台班消耗量 \times 施工机具台班单价) \tag{3-6}$$

$$其他直接费 = 计算基数 \times 其他直接费费率(\%) \tag{3-7}$$

$$直接费 = \sum(人工费 + 材料费 + 施工机具使用费) + 其他直接费 \tag{3-8}$$

$$单位工程造价 = \sum 直接费 + 间接费 + 利润 \tag{3-9}$$

$$单项工程造价 = \sum 单位工程造价 + 设备购置费 \tag{3-10}$$

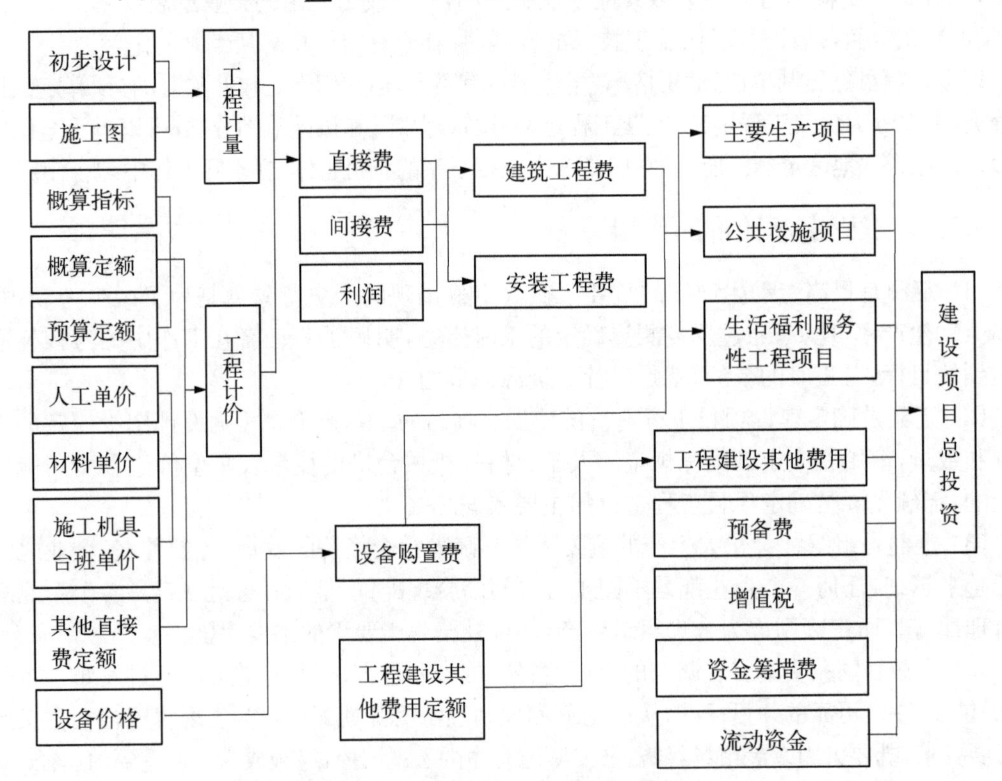

图 3-2 工程定额计价的基本程序

$$\text{建设项目总投资} = \sum \text{单项工程造价} + \text{工程建设其他费用} + \text{预备费} + \text{增值税} + \text{资金筹措费} + \text{流动资金} \quad (3-11)$$

3.3 工程量清单计价

工程量清单计价是随着我国工程建设市场的改革和发展而产生的，相对于传统的定额计价方法，是一种全新的计价模式，它是由建设项目的买方和卖方在建设市场上根据供求关系、信息状况、自身综合能力等进行竞价而确定的价格，是由市场主导确定的契约价格。工程量清单作为招标文件的重要组成之一，是载明建设项目的分部分项工程项目、措施项目、其他项目的名称和相应数量以及规费、税金项目等内容的明细清单，是一种信息载体，使所有投标人对工程都有全面充分的了解。

3.3.1 工程量清单的定义

工程量清单的编制必须遵循工程量清单计价规范的规定。工程量清单计价规范包括《建设工程工程量清单计价规范》GB 50500、《房屋建筑与装饰工程量计算规范》GB 50854、《仿古建筑工程量计算规范》GB 50855、《通用安装工程量计算规范》GB 50856、《市政工程量计算规范》GB 50857、《园林绿化工程量计算规范》GB 50858、《矿山工程量计算规范》GB 50859、《构筑物工程量计算规范》GB 50860、《城市轨道交通工程量计算规范》GB 50861、《爆破工程量计算规范》GB 50862 等。

《建设工程工程量清单计价规范》GB 50500 包括总则、术语、一般规定、工程量清单编制、招标控制价、投标报价、合同价款约定、工程计量、合同价款调整、合同价款期中支付、竣工结算与支付、合同解除的价款结算与支付、合同价款争议的解决、工程造价鉴定、工程计价资料与档案、工程计价表格等 16 项内容及 11 个附录。各专业工程量计量规范包括总则、术语、工程计量、工程量清单编制、附录。计价规范适用于建设工程发包承包及其实施阶段的计价活动。

工程量清单计价规范在计价方式的表述中对其使用的范围作了明确规定：使用国有资金投资的建设工程发包、承包，必须采用工程量清单计价；非国有资金投资的建设工程，宜采用工程量清单计价；不采用工程量清单计价的建设工程，应执行计价规范中除工程量清单等专门性规定以外的其他规定。此外，在《建设工程工程量清单计价规范》GB 50500 中，对工程量清单计价的适用范围给予了更为明确的解释，即国有资金投资的资金包括国家融资资金或国有资金投资为主的投资资金。国有资金投资的工程建设项目包括使用各级财政预算资金的项目；使用纳入财政管理的各种政府性专项建设资金的项目；使用国有企事业单位自有资金，并且国有资产投资者实际拥有控制权的项目。国家融资资金投资的工程建设项目包括使用国家发行债券所筹资金的项目；使用国家对外借款或者担保所筹资金的项目；使用国家政策性贷款的项目；国家授权投资主体融资的项目；国家特许的融资项目。国有资金为主的工程建设项目是指国有资金占投资总额 50%以上，或虽不足 50%，但国有投资者实质上拥有控股权的工程建设项目。该条规定为强制性条文，必须严格执行。

招标文件中的工程量清单应由具有编制能力的招标人或受其委托、具有相应资质的工程造价咨询人编制，其准确性和完整性应由招标人负责。工程量清单应采用综合单价计价。投标人对其投标的综合单价及由此组成的总价负责，实现了招、投标双方风险分担。

招标工程量清单应以单位(项)工程为单位编制，由分部分项工程项目清单、措施项目清单、其他项目清单、规费和税金项目清单组成，作为编制招标控制价、投标报价、计算或调整工程量、进行工程索赔等的依据之一。

3.3.2 工程量清单的特点

工程量清单计价模式主要应用于建设项目招标投标，它是一种把建设项目定价权交给市场参与各方的计价模式，充分引进了市场竞争，建立了风险和责任意识，有利于最终价格的合理确定。相对于工程定额计价模式，其具有鲜明的特点。

(1) 所有投标人均以相同的招标工程量清单为基础进行竞价，创造了一个充分竞争的基础。建设项目的招标、投标本身就是一个竞争的过程，工程量清单计价模式为此提供了一个充分竞争的基础，面对同样的招标工程量清单，投标人需要充分权衡各种因素，在投标报价中充分体现出企业的技术水平、管理水平、承受风险的能力等，体现出企业的整体竞争实力。

(2) 公开、公平、公正的招标、标投市场行为，为参与各方合理分担建设项目的风险提供了前提。招投工程量清单是由招标人完成并提供的，招标人对工程量的准确性和完整性负责；投标人综合各种因素提出报价，对价格负责。建设项目风险的合理分担有助于参与各方责任、权利关系的对等，有助于提高投标人的积极性。

(3) 根据招标投结果确定的合同价格，有利于工程价款的拨付和工程造价的确定。投标人一旦中标，其中标价就成为签订合同的依据之一，也成为预付款、进度款等拨付和工程结算的依据，招投人只需要核实实际完成的工程量，令其乘合同约定的单价或根据价格组成原则形成的价格，就可以很容易地确定进度款的支付和最终的工程价格。

(4) 通过工程量清单招标投标形成的合同价，有利于建设项目工程造价的控制。在工程量清单计价模式下，项目实施过程中，招标人最敏感的因素是设计变更、现场签证等原因造成的工程量变化，而工程量清单计价模式使招标人可以及时地掌握工程量变化对工程结算的影响，从而加强管理，及时确定合理的处理方案，采取更多的优化措施。

3.3.3 工程量清单的作用

工程量清单计价是顺应我国建设市场改革的要求而产生的，是由市场形成建设项目价格的重要形式，也是与国际工程计价模式接轨的一种计价模式，从宏观上，其作用主要包括以下三个方面：

(1) 有利于提供一个平等的竞争平台，形成建设市场的有序竞争。实行工程量清单计价模式，招标、投标双方的市场风险得以合理分担，招标人确定量，承担工程量变更的风险；投标人提出价，承担价格变化的风险。同时，工程量清单是公开的，所有投标人都是在统一量的基础上，充分考虑工程的具体情况、企业的自身实力、市场风险因素等各种情况，自主报价，从而为投标人提供了一个平等的竞争平台，有利于建设市场有序竞争秩序的形成。

（2）有利于规范市场秩序，满足市场经济条件下竞争的需要。从工程定额到工程量清单的计价模式的转变，在一定程度上反映的是由政府定价到市场定价的转变，有利于避免招标方在招标过程中利用其市场地位盲目压价等行为的发生，从程序上有效规范了招标运作和建设市场的秩序，真正体现了公开、公平、公正和诚实信用的原则，反映了市场经济规律。

（3）有利于建设市场的健康发展，加快我国建设市场的市场化、国际化步伐。随着改革开放，越来越多的企业参与到国际工程市场中，直接在海外投资建设项目、承揽海外工程等，工程量清单计价是目前国际上通行的一种计价方法，工程量清单计价的实行，有利于提高建设项目的各参与方有意识地提高工程管理的水平，增强参与国际化竞争的能力。

3.3.4 工程量清单的编制依据

招标工程量清单的编制依据包括：

（1）《建设工程工程量清单计价规范》GB 50500 和相关工程的国家计量规范；

（2）国家或省、行业建设主管部门发布的工程定额及计价办法；

（3）建设工程设计文件及相关资料；

（4）与建设工程有关的标准、规范、技术资料；

（5）拟定的招标文件；

（6）施工现场情况、地勘水文资料、工程特点及常规施工方案；

（7）其他相关资料。

3.3.5 工程量清单计价的基本程序

工程量清单计价，是按照工程量清单计价规范规定，在相应专业工程计量规范规定的工程量清单项目设置和工程量计算规则基础上，根据具体工程的施工图纸和施工组织设计等，计算出各个清单项目的工程量，并根据规定的方法计算出综合单价，汇总各清单合价得出工程总价。在编制招标文件工程量清单或根据工程量清单投标报价等不同的计价过程中，由于出发点不同、参与方的利益诉求差异，其计价程序等也有所侧重，体现出各自的特点。

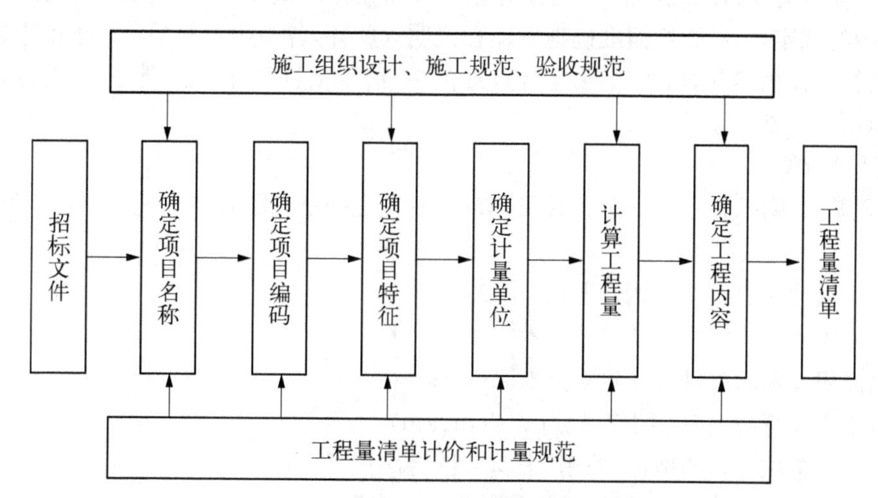

图 3-3 招标文件工程量清单编制程序

3.3.6 分部分项工程项目清单

一个分部分项工程项目清单应包括五个要件：项目编码、项目名称、项目特征、计量单位和工程量，这五个要件缺一不可。分部分项工程量清单的编制必须根据现行国家计量规范规定的项目编码、项目名称、项目特征、计量单位和工程量计算规则进行编制。

（1）项目编码

项目编码采用五级编码，12位阿拉伯数字表示。前9位为全国统一编码，其中1～2位为附录顺序码（图3-4中示例01代表建筑工程），3～4位为专业工程顺序码（图3-4中示例03代表第3章砌筑工程），5～6位为分部工程顺序码（图3-4中示例02代表第2节砖砌体），7～9位为分项工程项目名称顺序码（图3-4中示例001代表砖墙），以上编码不得变动。后3位为项目名称顺序码，由清单编制人顺序编制，不得重码。

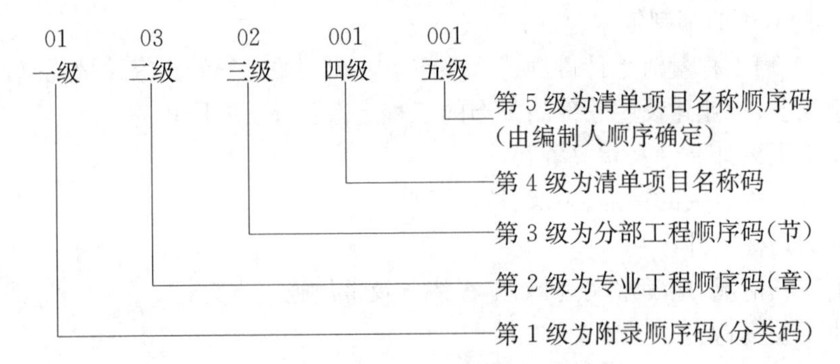

图3-4 工程量清单计价项目编码结构图

（2）项目名称

工程量清单项目名称的确定，应按专业工程量计量规范附录的项目名称，并结合工程的规格、型号、材质等实际情况确定。项目名称应表达准确、全面。各专业工程量计量规范中的分项工程项目名称如有缺陷，编制人可作补充，并报省级工程造价管理机构备案。

（3）项目特征

项目特征是对项目的准确描述，是确定清单项目单价的重要依据，应按各专业工程量计量规范附录中的规定，予以详细而准确地表述和说明。此外，各专业工程量计量规范中还有关于各清单项目"工作内容"的描述，但由于计量规范中，清单项目和计算规则、工作内容有一一对应的关系，所以通常无须关注。

（4）计量单位

应采用基本单位，按各专业工程计量规范中的规定确定。除有特别规定外，计量单位按以下标准：

① 以重量计算的项目，采用"千克"（kg）；

② 以体积计算的项目，采用"立方米"（m^3）；

③ 以面积计算的项目，采用"平方米"（m^2）；

④ 以长度计算的项目，采用"米、千米"（m、km）；

⑤ 以自然单位计算的项目，采用"个、套、樘、台……"；

⑥ 无法确定具体数量的项目，采用"项、系统……"。

(5) 工程量

工程量的计算应按各专业工程量计量规范中的规定，所有工程量均以实际完成的净值计取，在施工过程中的各种损耗等，均应在单价中考虑。对计量规范中未包括的项目，允许编制人按规定作相应补充，并报省级或行业造价管理机构备案。

表 3－3　分部分项工程和单价措施项目清单与计价表

工程名称：　　　　　　　　　　　　　　标段：　　　　　　　　　　　　　　第　页共　页

<table>
<tr><th rowspan="3">序号</th><th rowspan="3">项目编码</th><th rowspan="3">项目名称</th><th rowspan="3">项目特征描述</th><th rowspan="3">计量单位</th><th rowspan="3">工程量</th><th colspan="3">金额/元</th></tr>
<tr><th rowspan="2">综合单价</th><th rowspan="2">合价</th><th>其　中</th></tr>
<tr><th>暂估价</th></tr>
<tr><td></td><td></td><td></td><td></td><td></td><td></td><td></td><td></td><td></td></tr>
<tr><td></td><td></td><td></td><td></td><td></td><td></td><td></td><td></td><td></td></tr>
<tr><td></td><td></td><td></td><td></td><td></td><td></td><td></td><td></td><td></td></tr>
<tr><td colspan="7">本页小计</td><td></td><td></td></tr>
<tr><td colspan="7">合　　计</td><td></td><td></td></tr>
</table>

表 3－4　综合单价分析表

工程名称：　　　　　　　　　　　　　　标段：　　　　　　　　　　　　　　第　页共　页

<table>
<tr><td colspan="2">项目编码</td><td colspan="3"></td><td colspan="2">项目名称</td><td colspan="2"></td><td colspan="2">计量单位</td><td></td><td>工程量</td><td></td></tr>
<tr><td colspan="14">清单综合单价组成明细</td></tr>
<tr><td rowspan="2">定额编号</td><td rowspan="2">定额项目名称</td><td rowspan="2">定额单位</td><td rowspan="2">数量</td><td colspan="5">单　　价</td><td colspan="5">合　　价</td></tr>
<tr><td>人工费</td><td>材料费</td><td colspan="2">机械费</td><td>管理费和利润</td><td>人工费</td><td>材料费</td><td colspan="2">机械费</td><td>管理费和利润</td></tr>
<tr><td></td><td></td><td></td><td></td><td></td><td></td><td colspan="2"></td><td></td><td></td><td></td><td colspan="2"></td><td></td></tr>
<tr><td></td><td></td><td></td><td></td><td></td><td></td><td colspan="2"></td><td></td><td></td><td></td><td colspan="2"></td><td></td></tr>
<tr><td></td><td></td><td></td><td></td><td></td><td></td><td colspan="2"></td><td></td><td></td><td></td><td colspan="2"></td><td></td></tr>
<tr><td colspan="2">人工单价</td><td colspan="7">小计</td><td></td><td></td><td colspan="2"></td><td></td></tr>
<tr><td colspan="2">元/工日</td><td colspan="7">未计价材料费</td><td colspan="5"></td></tr>
<tr><td colspan="9">清单项目综合单价</td><td colspan="5"></td></tr>
<tr><td rowspan="6">材料费明细</td><td colspan="5">主要材料名称、规格、型号</td><td>单位</td><td colspan="2">数量</td><td>单价/元</td><td>合价/元</td><td colspan="2">暂估单价/元</td><td>暂估合价/元</td></tr>
<tr><td colspan="5"></td><td></td><td colspan="2"></td><td></td><td></td><td colspan="2"></td><td></td></tr>
<tr><td colspan="5"></td><td></td><td colspan="2"></td><td></td><td></td><td colspan="2"></td><td></td></tr>
<tr><td colspan="5"></td><td></td><td colspan="2"></td><td></td><td></td><td colspan="2"></td><td></td></tr>
<tr><td colspan="8">其他材料费</td><td>—</td><td></td><td colspan="2">—</td><td></td></tr>
<tr><td colspan="8">材料费小计</td><td>—</td><td></td><td colspan="2">—</td><td></td></tr>
</table>

表 3-5　综合单价调整表

工程名称：　　　　　　　　　　　　　标段：　　　　　　　　　　　　　第　页共　页

序号	项目编码	项目名称	已标价清单综合单价/元					调整后综合单价/元				
			综合单价	其　中				综合单价	其　中			
				人工费	材料费	机械费	管理费和利润		人工费	材料费	机械费	管理费和利润
造价工程师(签章)：　发包人代表(签章)： 日期：								造价人员(签章)：　承包人代表(签章)： 日期：				

3.3.7　措施项目清单

措施项目是指为完成工程施工，在施工准备和施工实施过程中，发生的技术、安全、环保等方面的项目。措施项目必须根据现行国家计量规范的规定编制，并应根据工程项目的实际情况列项。措施项目清单的编制需要考虑多种因素，除工程本身的因素外，水文、气象、环境、安全等因素均应在考虑范围内。

由于计价方式的差别，措施项目分为两类：一类称为总价项目，另一类称为单价项目。

以《房屋建筑与装饰工程量计算规范》GB 50854 为例，措施项目包括脚手架工程，混凝土模板及支架(撑)，垂直运输，超高施工增加，大型机械设备进出场及安拆，施工排水、降水，安全文明施工及其他措施项目等。措施费中有些是可以单独计算工程量的，这些措施项目称为单价措施项目，如脚手架工程，混凝土模板及支架(撑)，垂直运输，超高施工增加，大型机械设备进出场及安拆，施工排水、降水等，宜采用与分部分项工程量清单相同的计价方式，并与分部分项工程一起计入“分部分项工程和单价措施项目清单与计价表”(见表 3-3)。

另外一些措施项目，是不能计算工程量的，称为总价措施项目，如安全文明施工费、夜间施工增加费、二次搬运费、冬雨季施工增加费、已完工程及设备保护费等，应根据招标文件及投标时拟定的施工组织设计或施工方案自主确定，其中的安全文明施工费必须按国家或省级、行业建设主管部门的规定计算，不得作为竞争性费用。以“项”为计量单位单独编制，计入“总价措施项目清单与计价表”(见表 3-6)。

表 3-6　总价措施项目清单与计价表

工程名称：　　　　　　　　　　　　　标段：　　　　　　　　　　　　　第　页共　页

序号	项目编码	项 目 名 称	计算基础	费率/%	金额/元	调整费率/%	调整后金额/元	备注
		安全文明施工费						
		夜间施工增加费						

续表

序号	项目编码	项目名称	计算基础	费率/%	金额/元	调整费率/%	调整后金额/元	备注
		二次搬运费						
		冬雨季施工增加费						
		已完工程及设备保护费						
合计								

3.3.8 其他项目清单

其他项目清单是指除分部分项工程量清单、措施项目清单以外的，因为招标人要求而发生的，与工程项目有关的其他费用项目，包括暂列金额、暂估价、计日工、总承包服务费等，应根据工程特点按有关计价规定估算，不足部分，可根据工程具体情况进行补充，并计入“其他项目清单与计价汇总表”（见表3-7）。

表3-7 其他项目清单与计价汇总表

工程名称： 标段： 第 页共 页

序号	项目名称	金额/元	结算金额/元	备注
1	暂列金额			明细详见表3-8
2	暂估价			
2.1	材料（工程设备）暂估价/结算价			
2.2	专业工程暂估价/结算价			
3	计日工			
4	总承包服务费			
5	索赔与现场签证			
合计				

（1）暂列金额

暂列金额主要用于在招标阶段尚不能预见、不能确定的因素，包括设备、材料及服务的采购，可能发生的项目变更、现场签证，以及合同约定其他调整合同价款的情况，它主要是由于成本控制、工程款支付等产生的，最终目的是及时合理支付工程款项，有效确定和控制工程造价。此金额由招标人确定，确定的依据可以是项目审批部门批复的金额，也可以是根据项目情况和经验预测的金额，无论何种依据，目标都是尽可能接近最终的结算价格。该金额由所有投标人

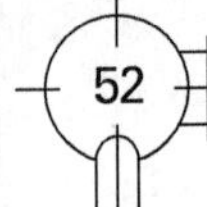

计入其投标总价。

表 3-8　暂列金额明细表

工程名称：　　　　　　　　　　标段：　　　　　　　　　　第　页共　页

序号	项　目　名　称	计量单位	暂定金额/元	备　注
1				
2				
3				
4				
合　计				

(2) 暂估价

暂估价是指投标人在工程量清单中必然发生支付但暂时不能确定价格的内容，包括材料暂估价、设备暂估价和专业工程暂估价。发包人在工程量清单中给定的材料、设备暂估价，如属于依法必须招标的，应由发包人和承包人双方以招标方式选择供应商，确定价格，并相应调整合同价款；如不属于依法必须招标的，应由承包人按合同约定采购，经发包人确认后，调整合同价款。同样，发包人在工程量清单中给定的专业工程暂估价，如属于依法必须招标的，应由发包人和承包人双方以招标方式选择专业分包人，并相应调整合同价款；如不属于依法必须招标的，应按相关条款的规定确定专业工程价款，并依此调整合同价款。

暂估价可以以综合单价或综合价的形式体现，专业工程的暂估价应按不同专业、内容分别计列。

表 3-9　材料(工程设备)暂估单价及调整表

工程名称：　　　　　　　　　　标段：　　　　　　　　　　第　页共　页

序号	材料(工程设备)名称、规格、型号	计量单位	数量		暂估/元		确认/元		差额±/元		备注
			暂估	确认	单价	合价	单价	合价	单价	合价	

表 3-10　专业工程暂估价及结算价表

工程名称：　　　　　　　　　　标段：　　　　　　　　　　第　页共　页

序号	工　程　名　称	工程内容	暂估金额/元	结算金额/元	差额±/元	备　注

续表

序号	工 程 名 称	工程内容	暂估金额/元	结算金额/元	差额±/元	备 注

(3) 计日工

计日工是指在施工过程中,承包人完成发包人提出的工程合同范围以外的零星项目或工作,按合同中约定的单价计价的一种方式。计日工对完成的零星工作所消耗的资源数量(人工工时、材料数量、施工机械台班)进行计量,并形成单价。

表 3-11 计 日 工 表

工程名称: 标段: 第 页共 页

编号	项 目 名 称	单位	暂定数量	实际数量	综合单价/元	合价/元	
						暂定	实际
一	人工						
1							
2							
人工小计							
二	材料						
1							
2							
材料小计							
三	施工机械						
1							
2							
施工机械小计							
四、企业管理费和利润							
总 计							

(4) 总承包服务费

总承包服务费是指总承包人为配合协调发包人进行的专业工程发包,对发包人自行采购的材料、工程设备等进行保管以及提供施工现场管理、竣工资料汇总整理等服务所需的费用。

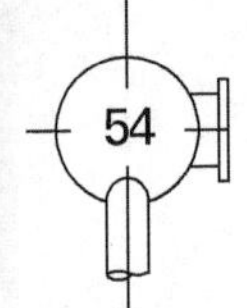

表 3-12　总承包服务费计价表

工程名称：　　　　　　　　　　　　　　标段：　　　　　　　　　　　　　　第　页共　页

序号	项　目　名　称	项目价值/元	服务内容	计算基础	费率/%	金额/元
1	发包人发包专业工程					
2	发包人提供材料					
	合　计					

3.3.9　规费、税金项目清单

规费项目清单应包括：社会保险费(养老保险费、失业保险费、医疗保险费、工伤保险费、生育保险费)、住房公积金，工程排污费。

税金项目清单应包括：增值税、城市维护建设税、教育费附加、地方教育附加。

规费和税金必须按国家或省级、行业建设主管部门的规定计算，不得作为竞争性费用。

表 3-13　规费、税金项目计价表

工程名称：　　　　　　　　　　　　　　标段：　　　　　　　　　　　　　　第　页共　页

序号	项 目 名 称	计 算 基 础	计算基数	计算费率/%	金额/元
1	规费	定额人工费			
1.1	社会保险费	定额人工费			
(1)	养老保险费	定额人工费			
(2)	失业保险费	定额人工费			
(3)	医疗保险费	定额人工费			
(4)	工伤保险费	定额人工费			
(5)	生育保险费	定额人工费			
1.2	住房公积金	定额人工费			
1.3	工程排污费	依据工程所在地环境保护部门收取标准，按实计入			
2	税金	分部分项工程费＋措施项目费＋其他项目费＋规费－按规定不计税的工程设备金额			
		合　计			

3.4 计价模式的差异与联系

工程定额计价与工程量清单计价是两种不同的计价模式，它们的差异性主要体现在：

(1) 价格的表现形式不同

工程定额计价和工程量清单计价分别采用工料单价和综合单价，这两种价格的组成内容存在差异。同时，工程定额计价的结果往往是以总价的形式表现的，而工程量清单计价则采用单价的形式，即单价相对固定，工程量发生变化，除另有约定外，一般也不对单价进行调整。

(2) 投资的组成不同

工程定额计价是先计算出直接工程费，再按一定的百分比，计算出其他直接费、间接费和利润，得到工程费用。而工程量清单计价的工程造价是由分部分项工程项目、措施项目、其他项目和规费、税金项目的费用组成的。

(3) 合同价调整的处理方式不同

在招标项目实施过程中，工程定额计价是通过现场签证、设计变更等方式实现对合同价的调整的，需要准备的资料较多，程序也比较复杂。而工程量清单计价对合同的调整（主要是对中标后签订的以中标价格为主的合同暂定价的调整）则相对比较简单。一旦中标后，工程量清单的单价相对固定，只需与实际工程量相乘即可获得总价，除计算简便外，操作程序也比较便捷。

除此之外，两种计价模式在执行的标准、项目的设置、工程量计算规则等方面均有差异，但这并不代表它们是相互排斥的，由于我国工程定额体系是经过几十年的工程经验积累形成的，体现了社会平均消耗水平，有其科学性和客观性，往往作为工程量清单计价的数据基础。特别是在目前我国工程项目建设市场，企业大都缺少体现自身实力的企业定额，国家、地区或行业的定额就成为共同的，也是消耗水平相对比较合理的报价基础。而通过工程定额计价后，以工程量清单计价为主，对其与工程量清单计价在工程内容、计算规则、计量单位等差异进行调整，最终形成工程量清单计价的结果，是目前最常用的一种做法，也是两种计价模式最具代表性的相互融合。

3.5 工程造价信息

无论是传统的工程定额计价模式，还是反映建设项目市场价格的工程量清单计价模式，工程计价均须基于一定的标准和依据，主要包括不同阶段的设计图纸和设计说明、施工组织方案、施工技术措施方案、相关的规章规程、工程定额、工程量清单计价规范、工程造价信息和其他有关的文件等。

3.5.1 工程造价信息的定义

作为工程计价主要依据之一的工程造价信息，从广义上，可以定义为与工程计价有关的所有资料，包括标准规范、政策文件、工程定额等，从狭义上，则可以定义为由工程造价管理机构通过搜集、整理、测算并发布的有关项目建设的人工、材料、施工机具台班、设备等的价格信息，以及各类工程造价指数、指标。

为了让工程造价信息得到合理地使用，防止出现引用时间、范围等方面的错误，有必要对其按一定的原则和方法进行区分和归纳，建立科学合理的工程造价信息的分类管理体系。主要分类包括：

(1) 按反映的工程造价信息的时点，可以分为过去的工程造价信息、现在的工程造价信息和未来的工程造价信息。工程造价信息的收集和发布应明确时间点，既可以防止时间上的不当引用，也有利于进行同类信息在时间变化上的纵向比较。

(2) 按管理形式的差异，可以分为系统化的工程造价信息和非系统化的工程造价信息。目前，全国各地方、行业的造价管理机构大多结合自身需要和特点，定期或不定期地发布相关的工程造价信息，这些工程造价信息的发布有信息搜集的主体、固定的发布载体、明确的发布内容，属于系统化的工程造价信息。

(3) 按反映的经济视角，可以分为宏观工程造价信息和微观工程造价信息。这两类工程造价信息通常也是由不同权限的管理部门发布的，比如由国家统计局发布的GDP(国内生产总值)，就是一个典型的宏观指标，它反映了一个国家(或地区)所有常驻单位，在一定时期内，生产的全部最终产品和服务价值的总和，常被认为是衡量国家(或地区)经济状况的指标。

3.5.2 工程造价信息的特点

从应用上，工程造价信息主要指三方面的内容：价格信息、已完工程信息和工程造价指数。这些工程造价信息在建设项目的定价过程中，起着非常重要的作用。它们具有以下共同的特点：

(1) 专业性。建设项目的不断专业化是工程造价信息专业性的前提和基础，无论是石油化工、长输管线，还是水利工程、民用建筑，所需要的信息都有它的专业性，由不同的地方或行业造价管理部门提供和发布，具有一定的权威性。

(2) 地域性。工程造价信息地域性的特点主要表现在两个方面：一方面建设项目所涉及的设备和材料的种类、规格是非常庞大的，而我国地域广阔，同样的材料可能由于长距离的运输造成较大的价格差异。在工程实践中，建设项目的施工很难做到全部就近采购，除了部分地方材料以外，需要充分考虑运输等各方面的因素。另一方面，同样的建筑材料可能因为地域不同，造成价格差别很大，比如，大部分的建筑材料由于高度竞争，往往经济发达地区的价格要低于欠发达地区的价格。因此，有必要特别关注工程造价信息的地域性特征，对建设项目设备和材料采购做一个统筹计划。

(3) 多样性和相对稳定性。我国建设项目市场的管理仍处于改革探索阶段，地方、行业等造价管理部门发布的工程造价信息的内容、形式也在不断地完善，在当前体现出多样性的特点。此外，同一部门发布的信息经过长期的积累，其内容、渠道等已经具有了一定的稳定性，有助于获取和分析比较价格的变动趋势。

(4) 动态性。工程造价信息是有时效性的，需要定时或不定时地更新，才能真正地反映出建设市场的价格变化情况。这种更新的时间间隔，多数以月、季为单位，由于信息的类别有所变化，当市场出现较大幅度波动时，这个时间间隔也会相应缩短。

3.5.3 价格信息

价格信息是指包括人工工资、建筑装修材料、各种安装材料、施工辅材、施工机械等的最新市场价格。各行业、地方工程造价管理部门均会定期(月、季)公布,这些数据基本分为两大类:一种是信息价,是经过一定的归纳、整理和加工处理的数据,具有一定的代表性,代表了一定期间内价格的平均水平。另一种是市场价,通常由专业厂商提供,仅代表了某一时间段、一定范围内的价格,此类价格较前者范围更大,对工程计价有一定的参考作用,但也要注意识别选用。

表 3-14 ××市商品混凝土信息价

序 号	名 称 规 格	单 位	价格(不含税)/元
1	非泵送混凝土 C20 5-16 石子坍落度 6 cm±1	m^3	552
2	非泵送混凝土 C25 5-16 石子坍落度 6 cm±1	m^3	562
3	非泵送混凝土 C30 5-16 石子坍落度 6 cm±1	m^3	572
4	非泵送混凝土 C35 5-16 石子坍落度 6 cm±1	m^3	592
…	…	…	…

表 3-15 ××石油化工类非标准设备价格信息

序号	名称及材质	单位	信息价		备 注
			含税价	不含税价	
一	容器类				
1	常压容器				1. 当产品主体分片出厂时,按表减价15% 2. …
(1)	碳钢 Q235	元/吨	10 300	8 879	
(2)	碳钢 Q345R	元/吨	10 910	9 405	
(3)	不锈钢 0Cr18Ni9(304)	元/吨	34 950	30 129	
(4)	不锈钢 0Cr18Ni10Ti(321)	元/吨	38 951	33 579	
…	…	…	…	…	
二	塔类				
1	一、二类塔器				
(1)	碳钢空塔 Q235R	元/吨	11 854	10 219	1. 用 Q345R 代替 Q235 时,加价 12% 2. …
(2)	碳钢筛板塔 Q235R	元/吨	13 211	11 389	
(3)	碳钢泡罩塔 Q235R	元/吨	13 405	11 556	
(4)	碳钢浮阀塔 Q235R	元/吨	13 261	11 432	
…	…	…	…	…	

3.5.4 已完工程信息

已完工程信息是指已完工程的各种造价信息,包括工程概况、造价指标、主要人材机消耗量、费用分析等，选取的工程往往具有一定的代表性，数据也比较详细，可以作为相似拟建项目估算工程造价的依据。

表 3－16　某高层住宅工程概况

项目名称		内容
工程名称		××住宅小区
工程分类		民用建筑-高层住宅
工程地点		××市××路
建筑物功能及规模		居住用房
开工日期		××年××月××日
竣工日期		××年××月××日
建筑面积/平方米		××　其中：地上 ×× ，地下 ××
建筑和安装工程造价/万元		1 694.30
平方米造价/(元/平方米)		2 460.50
结构类型		剪力墙
层数/层		地上 11 ，地下 0
建筑高度(檐口)/米		35.40
层高/米		其中：首层 3.00 ，标准层 3.00
建筑节能		聚苯乙烯塑料板外墙保温系统，挤塑聚苯乙烯屋面保温层
抗震设防烈度/度		7
基础	类型	PHC 预应力管桩，桩承台条形基础
	埋置深度/米	2.6
计价方式		工程量清单计价
合同类型		固定单价合同
造价类别		结算价
编制依据		《建设工程工程量清单计价规范》、××市预算定额及相关文件
价格取定期		××年××月

表 3－17　某高层住宅工程特征

项目名称			特征描述
建筑工程	土(石)方工程		大开挖
	桩与地基基础工程		PHC 预应力管桩 Φ400(80)(专业分包，造价未计)，桩承台条形基础
	砌筑工程	外墙类型	190 厚外墙砂加气砌块
		内墙类型	190 厚，100 厚内墙加气砼砌块

续表

项目名称		特征描述
建筑工程	混凝土及钢筋混凝土工程	C30泵送砼，HBP235、HRB335电渣压力焊和绑扎
	厂库房大门、特种门、木结构工程	—
	金属结构工程	护窗栏杆、钢梯、零星铁件
	屋面及防水工程	陶粒砼找坡，合成高分子防水涂料二度，水泥砂浆找平层，1.5厚三元乙丙丁基橡胶防水卷材，40厚细石砼找平
	防腐、隔热、保温工程	25厚外墙聚苯乙烯塑料板保温，35厚挤塑聚苯乙烯屋面保温隔热板
	其他工程	外立面塑料线条、上人孔盖板
装饰装修工程	楼地面工程	电梯厅和走道为花岗岩地面，楼梯地面为同质地砖，其他为整体细石砼面层
	墙柱面工程	公共部位：墙面满批建筑腻子刷中级乳胶漆；非公共部位：墙面满批建筑腻子
	天棚工程	满批建筑腻子
	门窗工程	铝合金门窗、防盗门、防火门
	油漆、涂料、裱糊工程	内墙公共部位中级乳胶漆，外墙中级涂料
	其他工程	—
安装工程	电气工程	配电箱、用户配电箱、灯具、开关、插座、配管穿线、防雷接地
	给排水工程	钢塑复合管、PP-R、U-PVC、大便器、洗涤盆、阀门、潜水泵
	燃气工程	镀锌钢管
	消防工程	消火栓、镀锌钢管、塑铜线
	通风空调工程	换气扇
	智能化系统工程	电话、电视、安保、建筑设备监控系统配管线
	电梯工程	2台垂直电梯
	其他工程	

表3-18　某高层住宅工程造价指标汇总

序号	项目名称	造价/万元	平方米造价/(元/平方米)	造价比例/%
1	分部分项工程	1 430.22	2 077.00	84.41
1.1	建筑工程	735.83	1 068.58	43.43
1.2	装饰装修工程	441.41	641.01	26.05
1.3	安装工程	252.98	367.40	14.93
2	措施项目	105.40	153.08	6.22
3	其他项目	158.71	230.47	9.37
合计		1 694.30	2 460.55	100.00

表 3-19　某高层住宅分部分项工程造价指标

序　号	项　目　名　称	造价/万元	平方米造价/(元/平方米)	造价比例/%
1	建筑工程	1 470.63	1 068.58	43.43
1.1	土(石)方工程	4.62	6.71	0.27
1.2	桩与地基基础工程	—	—	—
1.3	砌筑工程	52.58	76.36	3.10
1.4	混凝土及钢筋混凝土工程	605.95	879.98	35.76
1.5	厂库房大门、特种门、木结构工程	—	—	—
1.6	金属结构工程	9.35	13.57	0.55
1.7	屋面及防水工程	20.35	29.55	1.20
1.8	防腐、隔热、保温工程	41.07	59.64	2.42
1.9	其他工程	1.91	2.77	0.11
2	装饰装修工程	441.41	641.01	26.05
2.1	楼地面工程	59.95	87.08	3.54
2.2	墙柱面工程	52.01	75.50	3.07
2.3	天棚工程	4.29	6.23	0.25
2.4	门窗工程	257.47	373.91	15.20
2.5	油漆、涂料、裱糊工程	48.11	69.88	2.84
2.6	其他工程(大堂精装修)	19.58	28.43	1.16
3	安装工程	252.98	367.40	14.93
3.1	电气工程	71.41	103.73	4.22
3.2	给排水工程	55.04	79.95	3.25
3.3	燃气工程	1.76	2.55	0.10
3.4	消防工程	13.57	19.71	0.80
3.5	通风空调工程	0.99	1.43	0.06
3.6	智能化系统工程	24.00	34.85	1.42
3.7	电梯工程(安装)	86.22	125.20	5.09
3.8	其他工程	—	—	—
合　计		1 430.22	2 077.00	84.41

注：本工程未包括预应力砼管桩造价。

表 3-20　某高层住宅措施项目造价指标

序　号	项　目　名　称	造价/万元	平方米造价/(元/平方米)	造价比例/%
1	安全防护文明施工措施费	6.20	9.02	0.37
1.1	环境保护	0.33	0.46	0.02
1.2	文明施工	1.43	2.09	0.08
1.3	临时设施	3.23	4.71	0.19
1.4	安全施工	1.21	1.76	0.07
2	大型机械进出场及安拆	1.23	1.78	0.07
3	现浇砼与钢砼构件模板	68.22	99.09	4.03
4	脚手架	11.00	15.97	0.65
5	垂直运输机械	11.00	15.97	0.65
6	基坑支撑	—	—	—
7	打拔钢板桩	—	—	—
8	打桩场地处理	—	—	—
9	基础排水、降水	0.88	1.28	0.05
10	其他措施费	6.86	9.99	0.41
合　计		105.40	153.08	6.22

表 3-21　某高层住宅其他项目造价指标

序　号	项　目　名　称	造价/万元	平方米造价/(元/平方米)	造价比例/%	备　注
1	暂列金额项目	—	—	—	
2	专业工程暂估价项目	—	—	—	
3	室外工程	157.61	228.87	9.30	
4	总承包服务费	1.10	1.61	0.06	
合　计		158.71	230.47	9.37	

表 3-22　某高层住宅工程造价费用分析

序号	项 目 名 称	造价/万元	平方米造价/(元/平方米)	占造价比例/%					
				人工费	材料费	机械费	间接费	利润	税金
1	建筑工程	735.83	1 068.58	—	—	—	—	—	—
1.1	基础工程	23.58	34.25	—	—	—	—	—	—
1.2	地上工程	712.25	1 034.33	—	—	—	—	—	—
1.3	地下工程	—	—	—	—	—	—	—	—

续表

序号	项目名称	造价/万元	平方米造价/(元/平方米)	占造价比例/%					
				人工费	材料费	机械费	间接费	利润	税金
2	装饰装修工程	441.41	641.01	—	—	—	—	—	—
3	安装工程	252.98	367.40	—	—	—	—	—	—
3.1	电气工程	71.41	103.73	—	—	—	—	—	—
3.2	给排水工程	55.04	79.95	—	—	—	—	—	—
3.3	燃气工程	1.76	2.55	—	—	—	—	—	—
3.4	消防工程	13.57	19.71	—	—	—	—	—	—
3.5	通风空调工程	0.99	1.43	—	—	—	—	—	—
3.6	智能化系统工程	24.00	34.85	—	—	—	—	—	—
3.7	电梯工程	86.22	125.20	—	—	—	—	—	—
3.8	其他工程	—	—	—	—	—	—	—	—
4	措施项目	105.40	153.08	—	—	—	—	—	—
5	其他项目	158.71	230.47	—	—	—	—	—	—
合　计		1 694.3	2 460.55	—	—	—	—	—	—

表 3-23　某高层住宅主要消耗量指标

序　号	项　目　名　称		单　位	消 耗 量	百平方米消耗量
1	人工	建筑	工日	7 467.50	108.44
		装饰	工日	9 260.00	134.48
		安装	工日	4 202.00	61.02
		小计	工日	20 929.50	303.94
2	钢筋		千克	509 298.60	7 396.15
3	钢模板		千克	17 161.08	249.22
4	其他钢材		千克	10 620.00	154.23
5	木模板		平方米	—	—
6	水泥		千克	144 621.65	2 100.23
7	黄砂		千克	380 515.42	5 525.93
8	石子		千克	4 895.65	71.10
9	砌块		立方米	642.74	9.33
10	商品砼		立方米	3 318.19	48.19
11	商品砂浆		立方米	—	—

续表

序　号	项　目　名　称		单　位	消 耗 量	百平方米消耗量
12	防火门		平方米	253.81	3.69
13	屋面防水材料		平方米	868.75	12.62
14	墙体保温材料		平方米	6 481.77	94.13
15	外墙装饰	玻璃幕墙	平方米	—	—
		石材	平方米	—	—
		涂料	平方米	7 991.39	116.05
		面砖	平方米	—	—
16	电线		米	45 502.00	660.79
17	电线管(含易弯塑料管)		米	23 032.00	334.48
18	电缆		米	728.00	10.57
19	桥架		米	—	—
20	线槽		米	267.00	3.88
21	母线槽		米	—	—
22	灯具		套	880.00	12.78
23	风管		平方米	—	—
24	钢管	电气	米	294.00	4.27
25		管道	米	242.00	3.51
26	给水管	钢塑复合(铜管)等	米	252.00	3.66
		PPR	米	2 561.00	37.19
		UPVC	米	—	—
27	PVC 排水管		米	2 284.00	33.17
28	卫生器具(套)		套	66.66	0.97

表 3-24　某高层住宅主要工程量指标

1. 建筑工程主要工程量指标

序号	项　目　名　称		单　位	工 程 量	百平方米工程量
1	土(石)方工程		立方米	1 840	26.72
2	桩基工程	PHC 预应力管桩	米	专业分包	
		钢管桩	立方米	—	—
		砼方桩	立方米	—	—
		灌注桩	立方米	—	—
		其他	立方米	—	—

续表

序号	项目名称		单位	工程量	百平方米工程量
3	砌筑工程	砖基础	立方米	48.84	0.71
		外墙砌体	立方米	83.52	1.21
		内墙砌体	立方米	482.58	7.01
4	混凝土工程	基础(除地下室)	立方米	329.85	4.79
		地下	立方米	—	—
		地上	立方米	2 939.3	42.69
5	钢筋工程		吨	504.26	7.32
6	模板工程		平方米	20 676	300.26
7	门窗工程	门(防火门)	平方米	253.81	3.69
		窗	平方米	专业分包	
		其他	平方米	—	—
8	楼地面工程	块料面层	平方米	327.61	4.76
		整体面层	平方米	6 121.22	88.89
		其他	平方米	—	—
9	屋面工程	屋面防水	平方米	851.72	12.37
		隔热保温	平方米	688.94	10.00
10	外装饰工程	幕墙	平方米	—	—
		涂料	平方米	7 834.7	113.78
		块料	平方米	—	—
		外保温	平方米	6 354.68	92.28
		其他	平方米	—	—
11	内装饰工程	内墙饰面	平方米	3 820	55.47
		天棚	平方米	675	9.80
		内保温	平方米	—	—
		其他	平方米	—	—
12	金属结构工程		吨	7.43	0.11

2. 安装工程主要工程量指标

序号	项目名称		百平方米工程量		
1	电气	变配电	变压器总容量/kVA	变压器/台	柜、屏、盘、箱/台
			—	—	—

续表

序号	项目名称		百平方米工程量						
1	电气	动力	管/m	线/m	线槽、桥架/m	母线槽/m	电动机/台	配电柜、屏、盘、箱/台	
			—	—	—	—	—	0.03	
		照明	管/m	线/m	线槽、桥架/米	母线槽/米	灯具/套	配电箱/台	
			201.2	609.19	12.39	—	12.66	1.59	
		电缆	电力电缆/m			控制电缆/m			
			10.32			—			
		架空线	线/km	电杆/根		路灯/套			
			—	—		—			
		防雷接地	避雷针/支	避雷带/m	引下线/m	接地母线/m		接地极/根	
			—	3.08	4.04	5.78		—	
2	给排水		给水管/m	排水管/m	泵/台	卫生器具/套			
						洗脸(涤)盆	浴缸	大便器	小便器
			39.21	45.52	—	0.96		0.96	—
3	燃气		管/m			灶、热水器/套			
			3.47			—			
4	消防	水消防	管/m	线/电缆/m	泵/台	消火栓箱/套		喷淋头/个	
			2.68	—		0.33		—	
		电消防	管/m	线(缆)/m		探测器/个		设备/台	
			8.76	21.89		0.06		—	
5	通风空调	通风	风管展开面积/m^2			风机/台		除尘设备/台	
			—			—		—	
		空调	管/m			风机盘管/台		空调机组/台	
			—			—		—	
6	智能化系统	管线	管/m	线槽/m	线/m	电缆/m			
			68.92	10.57	599.73	1.84			
		通信网络	终端/个						
			5.67						
		建筑设备监控	终端/个						
			—						

续表

<table>
<tr><th>序号</th><th colspan="2">项目名称</th><th colspan="3">百平方米工程量</th></tr>
<tr><td rowspan="6">6</td><td rowspan="6">智能化系统</td><td rowspan="2">有线电视</td><td colspan="3">终端/个</td></tr>
<tr><td colspan="3">1.87</td></tr>
<tr><td rowspan="2">智能识别管理</td><td colspan="3">终端/个</td></tr>
<tr><td colspan="3">—</td></tr>
<tr><td rowspan="2">安全防范</td><td colspan="3">终端/个</td></tr>
<tr><td colspan="3">0.03</td></tr>
<tr><td rowspan="2">7</td><td colspan="2" rowspan="2">电梯</td><td>总台数/(台/幢)</td><td>层数/(层/幢)</td><td>停靠站/(站/幢)</td></tr>
<tr><td>2</td><td>11</td><td>11</td></tr>
</table>

3.5.5 工程造价指数

工程造价指数是指一定时间内体现价格变化因素对工程造价影响程度的一种指标，反映的是指数报告期与基期相比的价格变动的趋势，包括各种单项价格指数，设备、工器具价格指数、建筑安装工程价格指数和建设项目或单项工程造价指数等。

3.5.5.1 工程造价指数的分类

工程造价指数是一种统计指数，从不同的角度可以进行不同的分类。

(1) 按其所反映的现象范围不同，可以分为个体指数和总指数。

个体指数反映的是个别变量变动情况的指数，如报告期内某个价格变动明显的材料价格指数等。总指数是综合了所有变量变动情况的指数，如工业总产量指数等。

(2) 按其所编制的方法不同，可以分为综合指数和平均数指数。

综合指数是通过确定的方式，把不能直接加总的不同使用价值的商品的总体转化为可以同度量，并采用科学方法计算出两个时期的总量指标而形成的指数。平均数指数是综合指数的变形，是从个体指数出发，计算加权平均数编制的总指数。

(3) 按其所采用的基期不同，可以分为定基指数和环比指数。

指数是一个动态对比的概念，作为对比参照的基础期，即基期。而相对基期，所要分析的时期，称为报告期。定基指数是报告期的指数均以同一固定的基期作为比较对象计算的，反映的是某一社会经济现象相对于固定基期的变动程度。环比指数是指报告期的指数均以前一时期作为基期比较对象计算的，反映的是某一社会经济现象相对于上一期的变动程度。定基指数和环比指数均可以按时间顺序形成一个指数数列，用以研究某一社会经济现象的变动情况和趋势。

(4) 按其所发布时限的长短，可以分为时点造价指数、月造价指数、季造价指数和年造价指数等。

3.5.5.2 工程造价指数的形式

各种工程造价指数出于不同的使用目的，可以有不同的表现形式。

(1) 单项价格指数

反映的是各类工程的人工费、材料费、施工机具使用费的报告期价格对基期价格的变化程度，也包括了其他直接费指数、工程建设其他费用指数等。单项价格指数属于个体指数，编制过程比较简单，使用也比较简单，可用于对已完工程项目数据的调整，作为取得拟建项目投资额的基础。

(2) 设备、工器具价格指数

对于建设项目而言，设备、工器具价格指数往往是由不同规格、不同品种组成的，因此可以用总指数和综合指数的形式表现。

(3) 建筑安装工程价格指数

包括了人工费指数、材料费指数、施工机具使用费指数、其他直接费指数等，因此也是一个综合指数。而通过对各个个体指数加权平均的简化处理，又可以表现为平均数指数。

(4) 建设项目或单项工程造价指数

包括了设备、工器具价格指数、建筑安装工程价格指数、工程建设其他费用指数等，是一个总指数。与建筑安装工程价格指数一样，也可以通过加权平均的简化处理，表现为平均数指数。

当然，上述的所有指数如果按期限长短来分类的话，都可以表现为时点造价指数、月指数、季指数和年指数等。

3.5.5.3 工程造价指数的编制

(1) 单项价格指数

单项价格指数可以直接用报告期与基期价格相比后得到。其计算公式为

$$单项价格指数 = P_n / P_0 \tag{3-12}$$

式中 P_n——各种单项报告期价格；

P_0——各种单项基期价格。

(2) 设备、工器具价格指数

由于设备、工器具价格指数是一个用综合指数形式表示的总指数，考虑到设备、工器具的种类繁多，从简化计算角度，计算该指数时可选择其中数量大、价格高、变动显著的主要设备、工器具的购置数量和单价进行计算。其计算公式为

$$设备、工器具价格指数 = \frac{\sum(报告期设备、工器具购置数量 \times 报告期单价)}{\sum(基期设备、工器具购置数量 \times 基期单价)} \tag{3-13}$$

(3) 建筑安装工程价格指数

建筑安装工程价格指数也是一种综合指数，包括了人工费、材料费、施工机械使用费、措施费和间接费等各项个体指数的综合影响，从简化计算角度，可以通过各项个体指数的加权平均，用平均数指数的形式表示。其计算公式为

$$\begin{array}{c}建筑安装\\工程造价指数\end{array} = \frac{报告期建筑安装工程费}{\dfrac{\begin{array}{c}报告期\\人工费\end{array}}{人工费指数} + \dfrac{\begin{array}{c}报告期\\材料费\end{array}}{材料费指数} + \dfrac{\begin{array}{c}报告期施工\\机具使用费\end{array}}{\begin{array}{c}施工机具\\使用费指数\end{array}} + \begin{array}{c}其他\\直接费\end{array} + 间接费 + 利润} \tag{3-14}$$

(4) 建设项目或单项工程造价指数

建设项目或单项工程造价指数也是一种综合指数，包括了设备、工器具价格指数，建设安装工程造价指数，工程建设其他费用指数等的综合影响，从简化计算角度，可以通过平均指数的形式表示。其计算公式为

$$\text{建设项目或单项工程指数}=\frac{\text{报告期建设项目或单项工程造价}}{\dfrac{\text{报告期设备、工器具费用}}{\text{设备、工器具价格指数}}+\dfrac{\text{报告期建筑安装工程费用}}{\text{建筑安装工程价格指数}}+\dfrac{\text{报告期工程建设其他费用}}{\text{工程建设其他费用价格指数}}+\text{预备费}+\text{增值税}+\text{资金筹措费}+\text{流动资金}} \tag{3-15}$$

3.5.6 工程造价信息的动态管理

工程造价信息管理是一个对工程信息的收集、处理、储存、发布和应用等一系列工作的总称，是一个动态管理的过程，目的是使工程造价信息的使用者能及时、准确地获得所需的信息。为了实现工程造价信息动态化管理的目的，应从以下几个方面入手。

(1) 加强工程造价信息的规范化、标准化管理，包括信息流程的规范、针对不同层次管理者的信息的有效性处理、信息发布的格式化和时限性等，从而保证工程造价信息对决策的支持度和有效性。

(2) 继续改革现行的工程定额计价模式，加大工程量清单计价的使用范围，逐步建立和规范通过市场竞争形成工程造价的机制。对于不同投资主体投资的建设项目要逐步实现同一模式的管理办法。

(3) 改革传统的项目建设组织方式，建立完善以工程造价咨询机构和工程造价人员(如造价工程师)为主体的现代管理体系，达到工程造价市场的专业化运作。

(4) 加强工程造价信息化建设，从技术上形成对工程造价信息的动态管理。

3.6 石油化工建设项目工程计价的特点

我国的石油化工行业，作为国家基础建设的“大户”，通过多年的摸索、实践，已经在工程计价方面建立了一套包括定额计价和工程量清单计价两种模式在内的完整计价体系，该计价体系是一个较为庞大和完整的系统工程：在编制标准上，涵盖了可行性研究投资估算编制办法、设计概算编制办法、项目后评估编制办法等；在计价依据上，包括了建筑工程概算指标和预算定额、安装工程概算指标和预算定额、费用定额等；在价格管理上，定期发布主要设备、主要材料参考价和非标准设备信息价、定期发布经济评价的相关参数、利用专业网站发布采购参考价等。总之，为适应石油化工建设项目不同类型、不同规模、不同阶段的建设需要，形成了一个相对比较完善的体系，以下几点典型地体现出其行业特点。

(1) 在全国范围内较早地建立了比较完整的专业工程计价体系

大致可以分为：

① 项目前期工程计价体系。包括可行性研究投资估算编制办法、可行性研究技术经济的参数与数据、建设项目投资参考指标、典型工程标准设计造价参考指标等。

② 新建、改扩建项目计价体系。包括设计概算编制办法、概算定额、概算指标、预算定额、费用定额、工程量清单计价办法、油气田建设工程工程量清单计价办法等。

③ 检修、维护项目计价体系。包括检维修概算定额、检维修预算定额、检维修消耗量定额、检维修工程计价依据、检维修费用定额等。

④ 特殊项目计价体系。包括长距离运输管线、热电厂、大型地下水封石洞油库、井下作业、加油站建设等。

上述的体系文件，在项目建设程序上，涵盖了从项目决策、设计、承发包、施工、结算、后评价等全过程，在包含内容上，包括了行业上、中、下游产业链，以及石油化工建设的特殊领域。这给行业造价管理提供了一个有章可循的标准，有助于造价管理的规范有序。

(2) 建立了具有自身特色的工程造价管理机构

石油化工行业的各个协会和行业内各大主要的集团公司都建立了具有自身特色的工程造价管理机构，配备了具有较强实践经验和理论知识的专业人员队伍，为计价体系的不断调整、更新、补充、完善提供了最有力的人才和制度保障。以中国石化集团有限公司为例，其编制的《石油化工安装工程预算定额(2007 版)》发布后，在截至 2017 年的约 10 年时间内，历经了五次重大变化，主要是根据市场变化情况，对定额中的人工、机械、施工机具使用费、措施费和相应的综合取费，以及适应营改增政策等的调整，每次调整都综合测算了该次调整对定额整体水平的影响，并从宏观上对此影响的程度加以控制，保证定额水平在反映市场的同时，保持一定的稳定性，体现出定额对市场的能动影响。

(3) 石油化工行业是国内较早采用总承包模式进行项目建设的行业之一

经过多年的摸索和实践，其造价体系、造价管理模式的确定和建立，也为适应总承包模式下设计、采购、施工的管理界面界定和权责的明确等要求，做出了针对性的设置和调整。比如，主要材料费(未计价材料)通常作为安装工程费的一部分，但在总承包模式下执行，又通常作为采购的主要内容之一，而且，营改增政策全面推广以后，采购和施工适用的税率也不相同。为更清晰地界定采购和施工的工作界面，石油化工建设项目将安装工程费分列为主要材料费和安装费两项，将主要材料费作为采购承包商的内容之一，将安装费计入施工。又比如，为了适应石油化工建设项目专业设备采购的要求，单列了设备采购技术服务费，由设计方配合采购进行一定的技术服务工作，如请购书文件的编写、参加设备技术谈判、对设备供应商的报价进行技术评审、签订技术协议等。

第四章　建设项目决策和设计阶段工程造价的确定

4.1　项目决策阶段

4.1.1　项目决策

项目决策是指对工程建设项目的选择和投资方案的确定，它是工程项目建设的一个重要阶段。在国内，项目决策通常是指从项目策划至可行性研究为止的前期阶段。该阶段通过对拟建项目的建设必要性、可行性、经济性和风险性等进行调研和论证，最终决定是否进行项目建设以及采用何种方案进行项目建设，以达到获取最大经济效益和社会效益的目的。除个别特例外，项目决策阶段虽然在整个项目期中所占的时间相对较短，投入也相对较少，但对项目实施结果的影响程度，包括对项目造价的影响程度却是最大的，往往会达到90%以上。因此项目决策对于建设项目成败与否起着决定性作用，也直接影响了项目的经济效益和社会效益，国家或区域型的建设项目甚至可能对国民经济和国计民生产生重大影响，做好项目决策对项目建设至关重要。

4.1.2　投资估算

4.1.2.1　投资估算的定义

投资估算是指在项目决策阶段，综合项目建设的市场条件、技术要求、环境因素、设备选型、建设规模等各方面因素，对拟建项目的总投资进行的估算。投资估算的成品文件称为投资估算书，它涉及项目规划、项目建议书、可行性研究等不同阶段，主要包括项目建议书阶段投资估算和可行性研究阶段投资估算。

投资估算作为建设项目前期决策的重要依据之一，对其准确性的要求是毋庸置疑的，而影响投资估算准确性的因素是错综复杂的，涉及各个方面，主要包括：

(1) 项目的建设内容以及国家有关规定

在项目决策阶段，就应该合理确定拟建项目的建设内容、建设规模、建设地点和建设标准等，因为这些都将对项目建成后的投资效益产生直接的影响。而制约这些内容的因素来自各个方面，包括市场、环境、技术、设备先进性等。比如建设内容，拟建项目是否符合国家产业政策、环保的相关要求，市场竞争情况如何，项目建成后对市场可能产生的影响等都需要综合考量。再比如对建设地点的选择，根据项目产品的种类和方案，是优先选择原料所在地还是靠近市场，或优先考虑人才市场的分布等。投资估算必须充分考量各方面的因素，通过对不同方案的经济比选，达到最优化的目的。

（2）项目建设地的物价水平以及相关的估算指标等基础资料

我国幅员广阔，经济发展不平衡现象普遍存在，加上各地方不同的区域发展战略和政策导向，使得同样的项目在不同的建设地点会有差异，且这种差异有时是明显的。投资估算不能生硬地照搬经验，硬套工程造价数据，而要通过充分地调研，结合项目建设地的物价水平、相关部门发布的估算指标等基础信息，合理地确定造价水平。

（3）建设项目资金的筹集方式

目前，国内建设项目的筹资渠道呈现出一种多样化的局面，一般有国内资金和国外资金两大来源。国内资金来源包括银行贷款，在国内证券市场发行债券、股票等，国内外汇市场融资和其他投资等。国外资金来源包括国外投资者投资、国外银行贷款、融资性贸易、国外证券市场筹资等。对于建设项目来说，有较多选择的筹资渠道利弊参半，是一把双刃剑。投资者应根据建设项目的实际情况，合理安排、精心测算，选择最为经济合理的组合筹资方式来筹集建设资金。

（4）项目建设期间的价格、利率、汇率等动态因素的可能变化

建设项目的实施往往是一个较长的过程，在竣工决算完成之前，其投资总额也是一个动态变化的过程，要充分关注项目建设期间各种因素的变动可能对工程造价产生的影响，包括价格指数、利率、汇率等，都可能在短时间内对工程造价产生重大的影响，在投资估算中必须充分考虑这方面的风险因素，做足投资准备，确保投资估算的质量。

根据建设项目的实施过程，项目决策一般分为以下几个阶段，需要完成相应的投资估算。

（1）投资机会研究

投资机会研究也称投资机会鉴别，是进行可行性研究之前的准备性调查研究阶段，该阶段要完成对目标拟建项目的相关背景、投资条件、市场状况等初步的调查研究和分析预测。

（2）初步可行性研究

经决策机构研究认为项目投资意向初步可行后，需进一步对拟建项目进行粗略技术经济分析的行为，称为初步可行性研究。该阶段是判断是否可进行下一步工作的依据。

（3）可行性研究

指在前期调查的基础上，通过各类分析，对目标建设方案、技术方案和生产经营方案进行的综合评价。它是对多种因素、多个目标系统进行的分析研究、评价和决策的过程。该阶段完成的投资估算经审查批准后，对工程设计概算起控制作用。

4.1.2.2 投资估算的作用

投资估算作为项目决策阶段重要文件之一，不仅影响到可行性研究工作的质量和经济评价分析的最终结果，还限制了下一阶段工程造价的编制工作，其重要性是显而易见的。主要有以下几点原因：

（1）投资估算是项目投资决策的重要依据，对后期项目的规划起着重要的指导作用。

（2）项目投资估算对设计过程中的工程造价有限制作用，投资估算确定的工程造价一旦经审查批准，即为项目投资的最高限额，且不得随意突破。

（3）投资估算可作为资金筹措及贷款的依据。建设单位可依据经批准的投资估算向银行申请贷款。

（4）投资估算是核算建设项目固定资产投资额及编制固定资产投资计划的重要依据。

4.1.2.3 投资估算的编制依据

建设项目投资估算的编制依据是指在编制投资估算时所参考的工程量和价格，以及价格

参数、税率、利率、汇率等数据选定的整编资料，主要包括以下内容：

(1) 国家、行业、地方政府的相关法律、法规和规定。

(2) 行业部门、项目所在地工程造价管理机构或行业协会编制的投资估算编制办法、投资估算指标、概算指标(定额)、工程建设其他费用定额、综合单价、价格指数和其他造价文件等。

(3) 工程勘察、设计文件、图示计量或有关专业提供的主要设备清单和主要工程量等。

(4) 类似工程的各类技术经济指标和参数。

(5) 工程所在地的同期人工、材料、机械、建筑、工艺及附属设备等的市场价格和有关费用。

(6) 政府有关部门、金融机构、行业发布的价格指数、利率、汇率、税率等相关参数。

(7) 其他技术资料等。

4.1.2.4　投资估算的编制内容

完整的投资估算通常包括文字说明和图表两部分，不仅需要对建设项目的基本情况、投资估算的主要依据等作出说明，还需要对投资的合理性等作出评价。

(1) 投资估算编制说明

投资估算编制说明一般包括以下内容：

① 工程概况。包括拟建项目的生产规模、选用的工艺技术路线、建设周期、项目是新建还是改扩建以及相应的公用工程等的依托条件等。

② 编制范围。说明项目投资估算的编制范围，即在建设项目总投资估算中包括和不包括的内容和费用。

③ 编制原则和方法。按照费用的构成形式，项目投资估算的编制可按概算法或形成资产法两种方式进行。两者的区别在于费用的归类，按照概算法，工程造价由工程费用、工程建设其他费用和预备费三部分构成；按照资产形成法，工程造价由形成固定资产的费用、形成无形资产的费用、形成其他资产的费用和预备费四部分组成。

④ 编制依据。指在编制投资估算时进行工程量和价格确定的基础资料，包括国家的法律、法规，项目主管单位的批复文件，设备、材料的计价原则、方法和时间点，进口设备、材料的初步报价文件或参考价格等依据，建筑安装工程费取费的原则及方法，利率、汇率等参数与数据，编制投资估算参考的有关资料以及其他需要说明的事项。

⑤ 主要技术经济指标。主要指投资组成说明，其中包括外币金额。

⑥ 存在问题及有关事项说明。

(2) 投资估算分析

投资估算分析应包括以下几个方面：

① 投资比例分析。是指对指定内容投资比例的合理性分析。如对于石油化工建设项目，要对主要生产装置即主体工程和其配套设施及附属工程占总投资的比例进行分析，还要对主要生产装置中各单位工程(专业工程)占工程费用的比例进行分析。

② 影响投资的主要因素分析。根据项目的投资估算情况，分析主要因素对其财务状况和盈利情况的影响。

③ 风险和竞争力分析。与类似项目比较，分析其竞争力与市场前景。

(3) 投资估算表

投资估算表按项目实施阶段要求进行编制，根据工程性质不同分别编制相应要求的投资估算表，具体需涵盖工程造价、增值税、资金筹措费、流动资金等内容。

① 按概算法编制的投资估算表。使用该方法编制的工程造价由工程费用、工程建设其他费和预备费等组成。其中工程费用又由建筑工程费、设备购置费、安装工程费构成。工程建设其他费因行业和项目不同计列时有所区别，预备费包括基本预备费和价差预备费。编制格式参见表4-1。

表4-1 投资估算表(概算法) 单位：万元

序号	工程或费用名称	建筑工程费	设备购置费	安装工程费	工程建设其他费用	合计	其中：外币	比例/%
1	工程费用							
1.1	主体工程							
1.1.1	…							
1.2	辅助工程							
1.2.1	…							
1.3	公用工程							
1.3.1	…							
1.4	服务工程							
1.4.1	…							
1.5	厂外工程							
1.5.1	…							
1.6	…							
2	工程建设其他费用							
2.1	…							
3	预备费							
3.1	基本预备费							
3.2	价差预备费							
4	增值税							
5	资金筹措费							
6	流动资金							
7	建设项目总投资							

② 按形成资产法编制的投资估算表。使用该方法编制的工程造价由形成固定资产的费用、形成无形资产的费用、形成其他资产的费用和预备费四部分组成。固定资产费用包含项目投产时将直接形成固定资产的建设投资，包括工程费用和工程建设其他费中按规定将形成固定资产的费用；无形资产费用是指直接形成无形资产的费用，主要包括专利及专有技术使用费等；其他资产费用包括了生产准备等费用。编制格式参见表4-2。

表4-2　投资估算表(形成资产法)

单位：万元

序号	工程或费用名称	建筑工程费	设备购置费	安装工程费	工程建设其他费用	合计	其中：外币	比例/%
1	固定资产费用							
1.1	工程费用							
1.1.1	…							
1.1.2	…							
1.2	固定资产其他费用							
1.2.1	…							
2	无形资产费用							
2.1	…							
3	其他资产费用							
3.1	…							
4	预备费							
4.1	基本预备费							
4.2	价差预备费							
5	增值税							
6	资金筹措费							
7	流动资金							
8	建设项目总投资							

4.1.2.5　投资估算的编制步骤

投资估算的编制主要包括以下几个步骤。

(1) 估算静态投资部分

包括估算单项工程的建筑工程费用、设备及工器具购置费、安装工程费，在汇总而成的工程费用基础上，估算固定资产其他费、无形资产投资、其他资产投资和基本预备费。

(2) 估算动态投资部分

该阶段主要以静态投资估算为基础计算价差预备费和建设期资金筹措费。

(3) 估算流动资金

(4) 汇总建设项目总投资

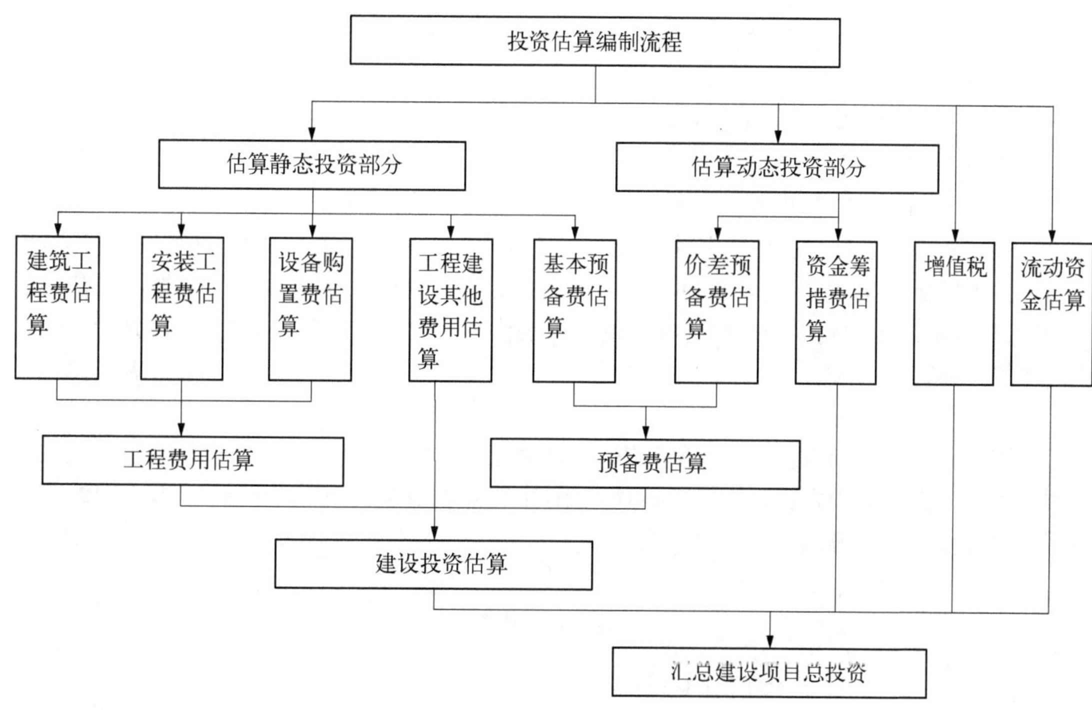

图 4-1　建设项目投资估算的编制步骤

4.1.2.6　投资估算的编制方法

从建设项目投资估算编制流程可以看出，决策阶段的投资估算主要包括静态投资部分估算、动态投资部分估算、增值税估算和流动资金估算等。

1. 静态投资部分的估算方法

静态投资的估算方法有很多，如资金周转率法、生产能力指标法、系数估算法、比例估算法、指标估算法等，这些方法各有特点，计算简便性和估算精度各不相同，应根据具体的项目阶段、适用条件和范围，有区别地加以选择。

(1) 资金周转率法

资金周转率法是一种根据资金周转率来测算投资额的估算办法。计算公式为

$$\text{资金周转率}=\frac{\text{年销售额}}{\text{总投资额}}=\frac{(\text{产品年产量}\times\text{产品单价})}{\text{总投资额}} \tag{4-1}$$

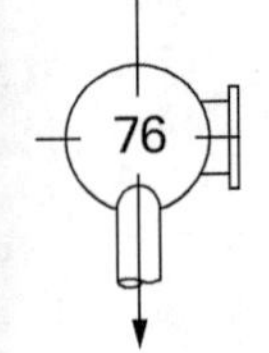

$$总投资额=\frac{产品年产量\times产品单价}{资金周转率} \tag{4-2}$$

显而易见，这种方法将项目总投资额与项目建成后的销售收入视为简单的线性关系，虽然比较简便，计算速度快，但准确度较低。

(2) 单位生产能力指数法

单位生产能力指数法是根据已建成的同类项目单位生产能力和投资额之间的线性关系，粗略估算类型相同但生产能力不同的拟建项目的静态投资额的方法。计算公式为

$$C_2=\left(\frac{C_1}{Q_1}\right)\cdot Q_2\cdot f \tag{4-3}$$

式中 C_1——已建同类建设项目的投资额；

C_2——拟建建设项目的投资额；

Q_1——已建同类建设项目的生产能力；

Q_2——拟建建设项目的生产能力；

f——包括不同时期、地点、单价、费用变更等在内的综合调整系数。

这种方法将建设项目投资与其生产能力简单地视为一种线性关系，因此计算简便快速，但相对准确度较低。实际上，建设项目单位生产能力的投资会随着生产规模的增加而减少。因此，该方法只适用于拟建项目与已建项目的建设规模和建设时间等条件完全相似的情况，建议生产规模比值在 0.5～2。

(3) 生产能力指数法

生产指数法又称指数估算法，是单位生产能力指数法的一种改良，其原理是基于已建成的同类项目生产能力和投资额之间的非线性关系，来粗略估算类型相同但生产能力不同的拟建项目的静态投资额的方法。计算公式为

$$C_2=\left(\frac{C_1}{Q_1}\right)^x\cdot Q_2\cdot f \tag{4-4}$$

式中 C_1——已建同类建设项目的投资额；

C_2——拟建建设项目的投资额；

Q_1——已建同类建设项目的生产能力；

Q_2——拟建建设项目的生产能力；

x——生产能力指数；

f——包括不同时期、地点、单价、费用变更等在内的综合调整系数。

这种方法将建设项目投资与其生产能力的关系看作非线性相关，且随着生产规模的增加，其单位造价呈下降趋势。生产能力指数法的关键是生产能力指数 x 的确定，需要结合行业特点，通过大量的实际案例计算佐证。正常情况下，x 的取值应该在 0 和 1 之间，生产率水平不同、项目性质不同，都会影响 x 的取值。如果已建同类项目与拟建项目的规模比值在 0.5～2 时，x 的取值近似为 1；如果已建同类项目与拟建项目的规模比值在 2～50，且生产规模的扩大仅依靠增大设备规模来实现时，x 的取值为 0.5～0.7；如果依靠增加同样规模设备的数量来实现时，x 的取值为 0.8～0.9。目前，石油化工行业中的大型企业集团均由其专门的工程造价管理部门定期发布典型装置的生产能力指数。

(4) 系数估算法

系数估算法是指基于拟建项目的主体专业工程费用或者主要设备购置费，以其他工程费与其之间的百分比作为系数，计算拟建项目静态投资的方法，也称为因子估算法。

① 设备系数法。设备系数法是指以拟建建设项目的设备购置费为基数，以已建成的同类项目的建筑安装工程费和工程建设其他费用占设备购置费的百分比，求出拟建项目的相应费用，并以此为基数计算出其他有关费用，从而得到拟建建设项目的静态投资额。计算公式为

$$C=E\cdot(1+f_1k_1+f_2k_2+f_3k_3+\cdots)+Q \tag{4-5}$$

式中 C——拟建建设项目投资额；

E——拟建建设项目按实时实地价格计算的设备购置费；

$f_1,f_2,f_3\cdots$——由时间因素等引起的定额、价格、费用标准等变化，且与费用内容k_1，k_2，$k_3\cdots$相对应的综合调整系数；

$k_1,k_2,k_3\cdots$——已建成的同类建设项目中建筑安装工程费及工程建设其他费占设备购置费的比例；

Q——拟建项目的其他费用。

② 主体专业系数法。主体专业系数法是指以拟建建设项目中与生产能力直接相关的、投资比例较大的工艺设备投资为基数，参照已建同类项目的相关数据，计算出拟建项目各专业工程占工艺设备的比例，进一步得出各专业的投资额，并以此为基数计算出其他有关费用，从而得到拟建建设项目的静态投资额。计算公式为

$$C=E\cdot(1+f_1k_1'+f_2k_2'+f_3k_3'+\cdots)+Q \tag{4-6}$$

式中 C——拟建建设项目投资额；

E——拟建建设项目按实时实地价格计算的工艺设备费；

$f_1,f_2,f_3\cdots$——由时间因素等引起的定额、价格、费用标准等变化，且与费用内容(专业)k_1'，k_2'，$k_3'\cdots$相对应的综合调整系数；

k_1'，k_2'，$k_3'\cdots$——已建成的同类建设项目中各专业投资额占工艺设备费的比例；

Q——拟建项目的其他费用。

③ 朗格系数法。朗格系数法是实行项目投资估算常用的方法，它的原理与其他系数估算法相同，是以设备购置费为基数，乘适当系数分别推算建设项目投资额中的直接成本和间接成本，并汇总得到项目静态投资额。计算公式为

$$C=E\cdot\left(1+\sum K_i\right)\cdot K_c \tag{4-7}$$

式中 C——拟建建设项目投资额；

E——拟建建设项目按实时实地价格计算的设备购置费；

K_i——建筑物、管线、仪表等直接成本的估算系数；

K_c——管理费、合同费、应急费等间接成本的估算总系数。

朗格系数 K 即静态投资额与设备购置费的比值。计算公式为

$$K=\left(1+\sum K_i\right)\cdot K_i \tag{4-8}$$

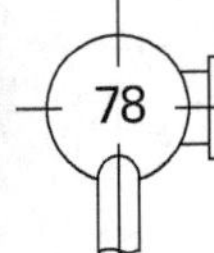

系数估算法目前仍然是建设项目决策阶段投资估算最常用的方法之一，其具有计算简便等特点，有着无可替代的优势。特别是对于石油化工建设项目，同类装置的设备购置费所占的比例，以及电气、自控仪表、建筑工程等各专业所占的比例，都是有一定规律可循的，只要准确把握不同类型的系数或比例，估算的精度就可以提高。

(5) 比例估算法

比例估算法是以已建同类建设项目主要生产设备占整个项目投资的比例为基数，先逐项估算出拟建项目的主要生产设备投资，再按主要生产设备的投资比例估算拟建项目静态投资的方法。计算公式为

$$C=\frac{1}{K}\sum_{i=1}^{n}(Q_i P_i) \tag{4-9}$$

式中 C——拟建建设项目投资额；

K——已建同类建设项目主要生产设备投资占项目投资的比例；

n——拟建建设项目主要生产设备的种类数；

Q_i——第 i 种设备的数量；

P_i——第 i 种设备单价。

比例估算法与朗格系数法、设备系数法、主体专业系数法等系数估算法一样，都是基于已建同类项目和经验系数或比例，完成建设项目静态投资的估算方法，精度仍然不是很高。主要原因是投资估算的精度取决于已建同类项目这样一个基础样本，对样本的规模，建设地区自然条件、经济条件、气候条件、劳动力市场等有较高的要求。此外，很难科学地确定这些内容的调整系数也是一个主要原因。

(6) 指标估算法

指标估算法相比上述的估算方法，是相对精度较高的一种方法，主要用于可行性研究阶段的投资估算。它是利用各种具体的投资估算指标，如元/米、元/平方米、元/立方米、元/吨等，乘相应的长度、面积、体积、重量等工程量，计算出建筑工程、给排水工程、电气工程、采暖通风工程等各单位工程的投资，在此基础上，汇总出单项工程投资，再估算工程建设的其他费用等，最终得到建设项目的总投资。

这种方法计算也较为简便，但由于在项目决策阶段，具体工程量存在着一定的不确定性，会最终影响投资估算的精度。

2. 动态投资部分的估算方法

动态投资估算包括价差预备费的估算和资金筹措费的估算。详见“第二章　建设项目总投资构成”。

4.2 项目设计阶段

4.2.1 项目设计

建设项目经过投资决策阶段后，即进入另一个关键阶段：设计阶段。我国现行的项目设计一般包括按初步设计和施工图设计两个阶段，称为“两阶段设计”，分别对应的工程经济成果

文件是设计概算和施工图预算。当遇到技术难度较高，缺少可借鉴经验的复杂项目时，可按照初步设计、技术设计和施工图设计三个阶段进行，即“三阶段设计”，分别对应的经济文件是设计概算、修正概算和施工图预算。设计阶段的工程计价与决策阶段一样，对建设项目建成后能否产生良好的经济效益和社会效益，起着至关重要的作用，具体如下：

(1) 设计阶段的工程计价，可以通过对决策阶段的投资估算文件的分析优化，使工程造价更加合理，加强建设资金的高效利用。

(2) 设计阶段的工程计价，较决策阶段在费用划分上更细，有利于在项目实施过程中及时发现差异，分析造成差异的原因，从而采取针对性更强的措施消除差异。

(3) 设计阶段的工程计价，对整个建设项目造价的影响度往往能达到50%以上，因此也是全过程造价控制的关键。

4.2.2 设计概算

4.2.2.1 设计概算的定义

设计概算是指在初步设计或扩大初步设计阶段，由设计单位根据初步设计或者扩大初步设计的相关资料，计算拟建项目全部建设费用及其构成的经济文件。设计概算的成果文件称为设计概算书，简称设计概算，是初步设计文件的重要组成部分。设计概算原则上必须在批准的项目决策投资估算的控制范围内完成，其具体内容包括编制说明、单位工程概算、单项工程综合概算、工程建设其他费用概算、建设项目总概算等。与决策阶段的投资估算一样，设计概算书一经相关部门批准后，即成为项目实施后阶段控制该项目总投资额的主要依据，不得随意突破。

4.2.2.2 设计概算的作用

设计概算是建设项目实施过程中的一个重要文件，其主要作用是控制下个阶段的投资，具体表现为：

(1) 设计概算是制订和控制建设项目投资的依据

设计概算应涵盖建设项目从立项、可行性研究、设计阶段、施工阶段、试运行至竣工验收的全部费用。经批准后确认的设计概算为建设项目投资的最高限额，不得随意修改或调整，且竣工结算金额不得超过施工图预算，施工图预算金额不得超过设计概算。通过每一个阶段环环相扣的控制环节，确保对投资计划的严格执行和有效控制。

(2) 设计概算是进行投资方案经济效益分析，选择最优方案并编制建设计划的依据

设计单位以设计概算的结果作为重要依据，从而进行多方案技术评审和设计优化，提高项目经济效益和质量。

(3) 设计概算是编制招标控制价和投标报价的依据

以设计概算为基础进行招投标的工程，招标单位可以将设计概算作为招标控制价及评估商务标和确定中标单位的依据。同时投标单位也可以将设计概算作为依据编制投标文件。

(4) 设计概算是签订建设工程承包合同的依据

建设工程的合同价款的确定应以设计概、预算价格为依据，总承包合同金额不能超出设计概算的相应投资额。

(5) 设计概算是向银行贷款的依据

银行依据经批复的设计概算和年度投资计划按进度发放贷款，并实行严格的监督控制，对超支部分在未经批准前不予拨款，且银行贷款总额不得超过设计概算金额。

(6) 设计概算是评估建设项目投资状况的依据

完成竣工决算后,可与设计概算进行对比分析,判断项目实施的好坏和资金使用情况,验证设计概算的准确性,从而提高造价工作的质量。

4.2.2.3 设计概算的编制依据

设计概算的编制必须符合国家、地方和上级主管部门的相关规定,其编制依据包括:

(1) 国家、行业和地方政府有关建设和造价管理的法律、法规、规章、规程、标准等。

(2) 相关文件和费用资料:① 初步设计或扩大初步阶段的设计图纸、设计说明书、设备清单和材料表等;② 批准的可行性研究报告(建设项目设计任务书)和主管部门的有关规定;③ 国家或省、市、自治区现行的建筑安装工程间接费定额和有关费用标准;④ 工程所在地区的土地征购、房屋拆迁、青苗补偿等费用和价格资料;⑤ 建设工程所在地区的人工工资标准、材料预算价格、施工机械台班预算价格、标准设备和非标准设备价格资料、现行的设备原价及运杂费率、各类造价信息和指数;⑥ 资金筹措方式或资金来源;⑦ 正常的施工组织设计及常规施工方案;⑧ 项目涉及的有关文件、合同、协议等。

(3) 施工现场的资料。造价人员应根据实际情况对概算做出相应的修正,包括项目所在地水文、地理地貌、气象等自然条件,交通、经济、人文等社会条件,技术工艺选定等。

4.2.2.4 设计概算的编制内容

设计概算文件由单位工程概算、单项工程概算和建设项目总概算三级文件构成。

(1) 单位工程概算

单位工程是指具有独立设计文件,能够独立组织施工,但不能独立发挥生产能力或使用功能的工程项目,是单项工程的组成部分。单位工程概算是以初步设计文件为依据,按照规定的依据、程序和方法,计算单位工程造价的文件,是编制单项工程综合概算(或项目总概算)的依据及组成部分。单位工程概算按内容分为建筑工程概算和安装工程概算两类。建筑工程概算包括土建工程概算、给排水工程概算、采暖工程概算、通风工程概算、空调工程概算、电气照明工程概算、工艺管道工程概算、特殊构筑物工程概算等,建筑工程设计概算编制办法有概算定额法、概算指标法、类似工程系数法等;安装工程概算包括机械设备及安装工程概算、电气设备及安装工程概算等,安装工程概算的编制办法有概算指标法、设备价值百分比法等。

(2) 单项工程概算

单项工程是指有独立设计文件,建成后能够独立发挥生产能力或功能的工程项目,它是建设项目的组成部分,是具有独立存在意义的完整工程。单项工程概算,又称单项工程综合概算,是以初步设计文件为依据,在单位工程概算的基础上汇总形成的成果文件,是建设项目总概算的组成部分。

单项工程概算表除一般包括的编制说明、单项工程概算表等内容外,当建设项目只有一个单项工程时,还应包括工程建设其他费用、预备费、增值税、资金筹措费和流动资金等。

编制说明应说明内容:

① 工程概况。描述项目性质、特征、生产规模、建设周期、选址、主要工程量等情况。

② 编制依据。罗列概算编制所依据的国家、部门、行业的有关规定、现行的费用指标等。

③ 编制方法。

④ 主要设备、材料的台件数。

⑤ 工程费用计算表。包括建筑工程费用计算表、安装工程费用计算表、其他工程相关的工程费用计算表等。

⑥ 进口设备材料的相关费用及费率取定依据。包括进口设备材料国外运输费、国外运输保险费、关税等。

⑦ 国内设备材料的相关费用及费用计取的依据。包括国内设备材料运杂费及其他相关税费等。

⑧ 其他。

(3) 建设项目总概算

建设项目总概算是以初步设计文件为依据，在单项工程概算的基础上汇总计算形成建设项目概算总投资的成果文件，它包括了各单项工程概算、工程建设其他费用概算、预备费、增值税、资金筹措费用和流动资金概算等。建设项目总概算包括：① 封面、签署页、目录；② 编制说明。编制说明内容同单项工程概算文件；③ 总概算表；④ 单项工程概算表和建筑安装单位工程概算表；⑤ 主要建筑安装材料汇总表。

4.2.2.5 设计概算的编制步骤

概算文件由单位工程概算、单项工程概算、建设项目总概算三级构成。

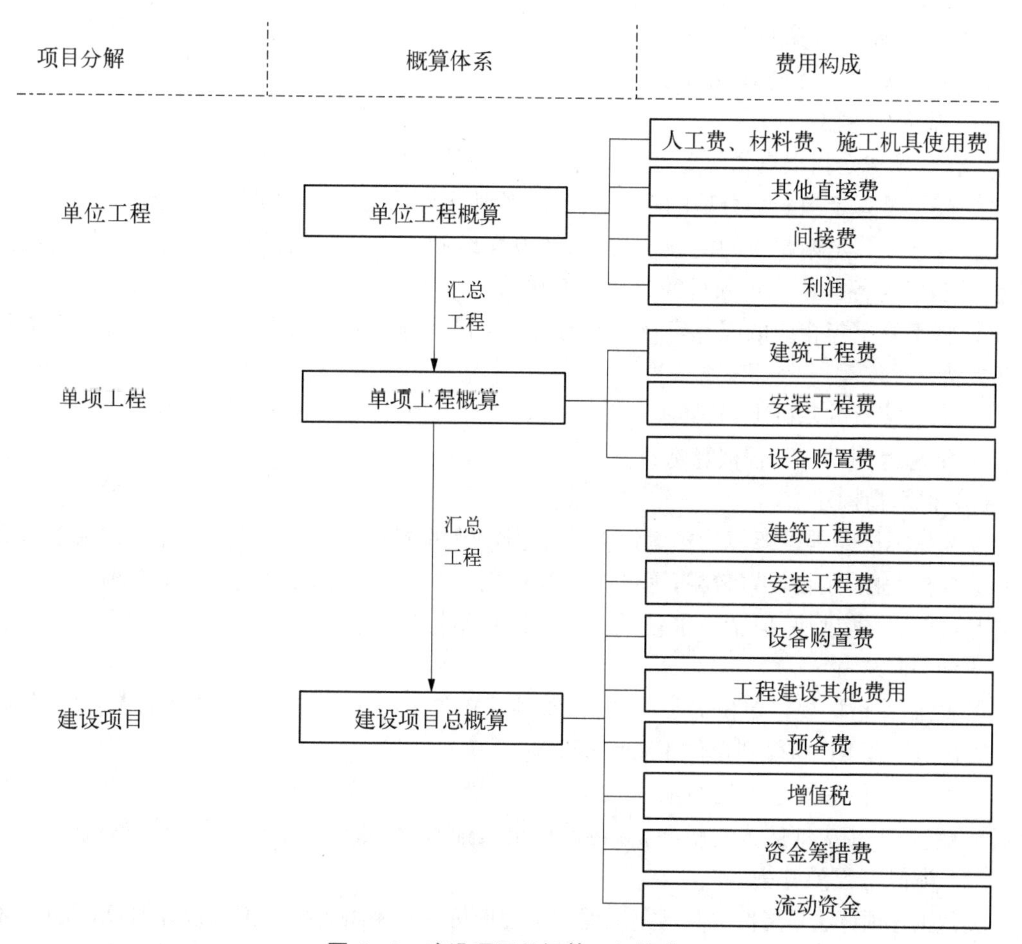

图 4-2 建设项目总概算三级构成

概算文件的编制是一个按顺序逐级汇总的过程，因此，作为基础的单位工程概算的编制准确性就成为整个概算文件的关键。而影响设计概算准确性的因素也是千差万别的，主要包括以下几方面：

(1) 设计因素

设计是否合理对整个建设项目投资具有重大影响，正确合理的布局能显著减少建筑工程量、设备材料采买量、施工工期、运营成本等。除此之外，工艺的选择也会影响设计概算的金额。由于工艺设计方案在可行性研究阶段已经确定，为可供选择的最优方案，因此需要设计人员在设计阶段严格执行，科学合理地研究并提出具体的工艺流程和生产技术，以及由此确定其建设规模、标准和生产方案、原材料供应、项目定员等。

(2) 设备材料的选择

设备材料的选择不仅影响工程质量、项目使用寿命、防灾抗震水平，还对工程造价有很大影响。因此在设计阶段就应充分考虑优化，在合理范围内坚持国产化、适用性、经济性等原则，从而有效控制工程造价。

(3) 设计单位及设计人员水平

为做出更合理更具经济效益的设计概算，需要设计人员对相关专业知识、市场行情有所了解，充分优化工程量及价格，使设计概算最优化。

4.2.2.6　设计概算的编制方法

1. 单位工程概算的编制方法

(1) 概算定额法

概算定额法是指根据概算定额编制单位工程概算的方法，其步骤如下：

① 按照概算定额分部分项的顺序和计算规则，计算得出相应分项的工程量。

② 根据概算定额相应的定额子目，以及概算编制时点规定的调整系数、市场价格或其他调整方法，确定各分项工程项目的概算定额单价。

③ 将工程量与相应的概算定额单价相乘，得到该分项的直接费，逐项汇总后得到单位工程直接费。

④ 在直接费的基础上，按照概算定额规定，分别计算出其他直接费、间接费和利润。

⑤ 汇总得到单位工程概算造价。

(2) 概算指标法

概算指标法是根据概算指标编制单位工程概算的方法。相对于概算定额法，由于概算指标的综合扩大性，子目设置较粗，因此本方法适用于初步设计深度不够，不能准确计算工程量的情况，其计算速度快，但精度也较低。由于概算指标编制方法的差异，概算指标法相应也有以下两种编制步骤：

① 以概算指标规定单位的工程造价，乘拟建单位工程工程量，得出单位工程直接工程费，再计算出其他费用，即得到单位工程的概算造价。

② 以概算指标规定单位的工程人材机消耗量，乘拟建单位工程工程量，得出单位工程人材机消耗量，乘相应地区人材机单价，再计算出其他费用，即得到单位工程的概算造价。

(3) 类似工程预算法

类似工程预算法是指按类似已完工程的工程造价资料来编制拟建工程设计概算，适用于有类似已完工程的造价资料且没有可用概算定额或概算指标的情况。该方法的关键是必须对类似工程的造价资料进行调整，包括建筑结构差异的调整和由于地区、时点等因素造成的单价调整等。

(4) 设备价值百分比法

又称安装设备百分比法，是计算安装工程费时常用的方法。适用于初步设计深度不够，设备无详细参数信息，只有出厂价格的情况，可根据相关管理部门发布或已完类似工程数据或编制人自身经验，按设备价格的百分比计算安装费用。

2. 单项工程概算的编制方法

单项工程概算是以其所包含的建筑工程、设备和安装工程等单位工程概算为基础汇总编制的。在建设项目仅有一个单项工程的情况下，单项工程综合概算即总概算，还应加上建设项目其他费用(包括工程建设其他费用、预备费、增值税、资金筹措费、流动资金等)。

表 4-3 建设项目单项工程概算表

单位：万元

序号	概算编号	工程或费用名称	设计规模和主要工程量	概算价格					比例/%	其中：外币
				建筑工程费	安装工程费	设备购置费	其他费	合计		
1		工程费用		***	***	***	***	***	***	***
1.1		主体工程		***	***	***	***	***	***	
1.1.1	*	***		***	***	***	***	***		
1.1.2	*	***		***	***	***	***	***		
1.2		辅助工程		***	***	***	***	***	***	
1.2.1	*	***		***	***	***	***	***		
1.2.2	*	***		***	***	***	***	***		
1.3		配套工程		***	***	***	***	***	***	
1.3.1	*	***		***	***	***	***	***		
1.3.2	*	***		***	***	***	***	***		
**		***		***	***	***	***	***		
2		增值税		***	***	***	***	***		
		其中：国内部分		***	***	***	***	***		
		进口部分		***				***		

3. 建设项目总概算的编制方法

建设项目总概算是设计文件的重要组成部分，是对整个建设项目从筹建到竣工交付使用所花费的全部费用计算的文件。它是由各单项工程概算、工程建设其他费用、预备费、增值税、资金筹措费、流动资金组成，按照相关主管部门规定的统一格式进行编制的文件。建设项目总概算文件包括：编制说明、总概算表、各单项工程概算表、工程建设其他费用概算表、预备费计算表、增值税汇总表等。

表 4-4　建设项目总概算汇总表

单位：万元

序号	概算编号	工程或费用名称	设计规模和主要工程量	概算价格					比例/%	其中：外币
				建筑工程费	安装工程费	设备购置费	其他费	合计		
		总概算(含增值税)								
		总概算(不含增值税)								
一		建设投资								
1		工程费用		***	***	***	***	***	***	***
1.1		主体工程		***	***	***	***	***	***	
1.1.1	*	***		***	***	***	***	***		
1.1.2	*	***		***	***	***	***	***		
1.2		辅助工程		***	***	***	***	***	***	
1.2.1	*	***		***	***	***	***	***		
1.2.2	*	***		***	***	***	***	***		
1.3		配套工程		***	***	***	***	***	***	
1.3.1	*	***		***	***	***	***	***		
1.3.2	*	***		***	***	***	***	***		
**		***		***	***	***	***	***		
2		工程建设其他费用					***	***	***	
2.1		土地使用费					***	***		
2.2		建设管理费					***	***		
2.3		可行性研究费					***	***		
2.4		专项评价费					***	***		
2.5		研究试验费					***	***		
2.6		勘察设计费					***	***		
2.7		场地准备费和临时设施费					***	***		
2.8		引进技术和进口设备材料其他费					***	***		
2.9		特殊设备安全监督检验费					***	***		
2.10		市政公用配套设施费					***	***		
2.11		联合试运转费					***	***		
2.12		工程保险费					***	***		

续表

序号	概算编号	工程或费用名称	设计规模和主要工程量	概算价格					比例/%	其中：外币
				建筑工程费	安装工程费	设备购置费	其他费	合计		
2.13		专利及专有技术使用费					***	***		
2.14		生产准备费					***	***		
3		预备费					***	***	***	***
		基本预备费					***	***		***
		价差预备费					***	***		
二		增值税		***	***	***	***	***	***	
三		资金筹措费					***	***	***	
四		流动资金					***	***	***	

4.3 施工图预算

4.3.1 施工图预算的定义

施工图预算是在施工图设计完成后、工程开工前，根据已审定的施工图纸，在施工方案或施工组织设计已确定的前提下，按照国家或省、市、自治区或行业主管部门发布的现行预算定额、费用标准、设备材料价格等有关规定，各项取费标准、建设地区的自然及技术经济条件等资料，对建设项目投资进行计算汇总。

4.3.2 施工图预算的作用

施工图预算作为工程建设程序中一个重要的技术经济文件，在工程项目建设实施过程中具有十分重要的作用。

4.3.2.1 施工图预算对建设单位的作用

(1) 施工图预算是设计阶段控制投资及合理分配资金的依据

施工图预算是设计阶段对工程建设所需资金计算较为精确的文件，是拟建工程项目的计划成本，是建设单位筹集建设资金的依据。建设单位可根据施工图预算合理安排建设资金计划，确保资金的有效使用及现金流的正常流通，保证项目的顺利进行。

(2) 施工图预算是进行工程招标的依据

在进行工程项目招标时，建设单位或接受其委托的专业公司可根据已有的施工图进行建筑安装工程费的准确计算,从而得出招标的控制价,也可作为标底。

(3) 施工图预算可作为确定合同价款、拨付工程款及进行竣工结算的基础。

4.3.2.2 施工图预算对施工单位的作用

施工图预算对施工单位的作用主要包含以下几个方面:

(1) 施工图预算是施工单位进行投标报价的基础。施工单位可根据施工图预算,结合企业的综合实力和投标策略,确定最终的投标报价。

(2) 施工图预算是施工单位安排调配施工力量,组织材料供应的依据。在施工准备阶段,施工单位可对施工图预算中的工、料、机消耗情况进行分析,合理组织人工、材料、施工机具的供应,编制进度计划,更有效高质地完成建设任务。

(3) 施工图预算是施工单位控制工程成本的依据。根据施工图预算确定的中标价格是施工单位上报进度款的依据,施工单位只有合理安排施工计划,有效利用各项资源,才能最大限度地控制成本,获得良好的经济效益。

(4) 施工图是进行"两算"对比的依据。施工企业可以通过施工图预算和施工预算的对比分析,找出差距,采取相应措施。

4.3.3 施工图预算的编制依据

(1) 国家、拟建项目当地省、市、自治区和行业有关工程建设与造价管理的法律、法规及规定。

(2) 和拟建项目相关的所有设计资料。如经过审查批准的施工图设计文件,经过会审的施工组织设计和施工方案等文件。

(3) 项目所在地施工现场的气候、水文、地址情况等自然条件及经济、交通、人文等社会条件。

(4) 项目相关技术经济参考文件。如预算定额、地区设备材料价格、工程造价信息、取费规定等。

(5) 其他技术资料。

4.3.4 施工图预算的编制内容

施工图预算由建设项目总预算、单项工程预算和单位工程预算组成。单位工程预算包括建筑工程预算和安装工程预算,单项工程预算由各单位工程预算汇总而成,建设项目总预算由各单项工程综合预算汇总而成。建设项目总预算是反映施工图设计阶段建设项目总投资的造价文件。施工图预算的结果应在已经审查批准的设计概算金额范围内。

施工图预算可根据拟建项目的实际情况采用二级或三级预算编制形式。当拟建项目只有单个单项工程时,采用二级预算编制形式,内容包括封面、签署页及目录、编制说明、总预算表、单位工程预算表、其他费用计算表等;当拟建项目由多个单项工程组成时,需采用三级预算编制形式,内容包括封面、签署页及目录、编制说明、总预算表、单项工程预算表、单位工程预算表、其他费用计算表等。

4.3.5 施工图预算编制步骤

(1) 编制前准备。该阶段主要收集资料,熟悉图纸和编制依据规定等文件,了解施工组织设计和施工现场的情况。

(2) 计算工程量。该阶段先将单位工程划分到若干相应的分项工程，并与定额规定的项目一致，工程量的列项应严格按照相应定额的计算规则执行，分项子目按照一定顺序逐项计算，避免漏算或复算。

(3) 套用预算定额单价。套用定额时需注意所列子目的单位是否一致，若不一致，需要进行换算。

(4) 计算设备购置费及主材费。设备购置费及主材费可通过询价、定额、工程造价信息等渠道获得。

(5) 按规定计取其他费用并汇总。根据规定选取相应的费率和计费基数计算出单位工程其他直接费、间接费、利润、工程建设其他费用等，得出单位工程预算造价。

(6) 复核。

(7) 填写封面及编制说明。内容完成后需在封面填写工程编号、项目名称、预算总造价等，并按顺序将封面、编制说明、预算费用汇总表、材料汇总表、工程预算分析表装订成册，即完成单位施工图预算的编制工作。

施工图预算编制是一项综合性很强的工作，影响预算准确性的因素也多种多样，整体上可以归纳为以下几种。

(1) 施工图的准确性

因为施工图预算是以施工图为基准进行编制的，因此施工图的准确性直接影响了预算的准确性。由于建设项目大多复杂，施工过程难以完全把握，因此设计很难全面反映，难免会出现错误或变更，从而影响了施工图预算的准确性。

(2) 市场的影响

因为建设项目往往规模庞大且工期冗长，而施工图预算的编制多依据当下的价格指数，且由于建设项目涉及的材料品种繁多，竞争激烈，大量的设备材料采购受市场价格因素制约，如果市场价格行情发生波动，对工程造价将产生颇大的影响。

(3) 政策的调整

建设项目实施过程中不可避免会受到国家和地方相关政策的影响，也会对预算的准确性产生重大影响，如国家环保政策变化，标准规范要求提升等。

(4) 工程造价人员自身的素质

施工图预算编制是一个比较烦琐的过程，工程量较大，对工程造价人员专业水平的要求很高。如果对定额和工程量计算规则不够熟悉，极易出现错算、漏算的情况，从而对预算准确性造成影响。

4.3.6 施工图预算的编制方法

4.3.6.1 建筑安装工程费计算

单位工程施工图预算包括建筑工程费、安装工程费、设备购置费。施工图预算既可用于设计阶段，也可用于招标投标，目前较为常用的方法有工料单价法和综合单价法，即对应两个阶段通常采用的不同计价模式。

(1) 工料单价法

工料单价法是一种定额计价方法，指以分部分项工程量乘对应的分部分项单价，汇总为单位工程直接工程费。在此基础上加上间接费和利润形成单位工程预算造价。工料单价法又分为预算单价法和实物量法,两者存在差异,前者是汇总分部分项单价形成工程直接费;后者是汇总分部分项人材机消耗的工程量,再分别乘当地当时的单价,形成工程直接费。计算公式表达为

$$直接费=\sum(工程量\times 预算定额子目工料单价)+其他直接费 \tag{4-10}$$

运用工料单价法编制施工图预算的基本步骤如下。

① 准备工作。

a) 整理编制施工图预算的依据。依据主要包含当地现行建筑安装定额、取费依据、当地施工设备材料的预算价格及市场价格等。

b) 熟悉基础设计资料。该阶段主要熟悉工程概况、检查并熟悉图纸。

c) 了解施工组织设计和施工现场情况。该阶段需全面了解施工组织设计和施工方案,并分析各分部分项工程的详细情况。

② 列项并计算工程量。

a) 根据工程内容和定额项目,列出需计算工程量的分部分项工程。

b) 根据图纸计算出分部分项工程量。

c) 调整计算结果,使之与定额中的相应子目的计量单位保持一致。

③ 套用定额预算单价。计算出工程量后,与定额基价相乘得出合价并计入合价栏。计算时应注意,分项工程中使用材料与预算单价材料表中不一致时不可直接套用,应按实际使用材料价格换算预算单价。分项工程由于工艺更改造成实际消耗量跟定额消耗量不同时,一般调量不调价。

④ 计算直接费。直接费为分部分项工程人材机费与措施费之和。措施费中可直接计量的措施项目与分部分项工程费计算方法一致;需综合取费的措施项目则需用相应费用乘相应费率得出。

⑤ 编制工料分析表。按照各分项工程或措施项目,从定额中查出各子目消耗的各项材料和人工数量,再分别乘该子目的工程量,得出各分项工程或措施项目工料消耗量。最后加以汇总,得到单位工程人工、材料消耗数量。

⑥ 计算主材费并调整直接费。一些定额基价含量并不完全,因此需要单独计算价差后一并计入直接费。

⑦ 按规定计取其他费用,并汇总造价。

⑧ 复核。

⑨ 填写封面、编制说明。

(2) 综合单价法

为了适应快速报价的要求,除人工费、材料费和施工机具使用费外,将间接费和利润也作为单价的组成内容的单价称为综合单价。

$$综合单价=\sum(直接费+间接费+利润) \tag{4-11}$$

综合单价法,又称为全费用单价,是与工程量清单计价模式相对应的一种施工图预算编制方法,其单价是综合计算后得出的,并应考虑必要的风险费用。采用综合单价法编制施工图预

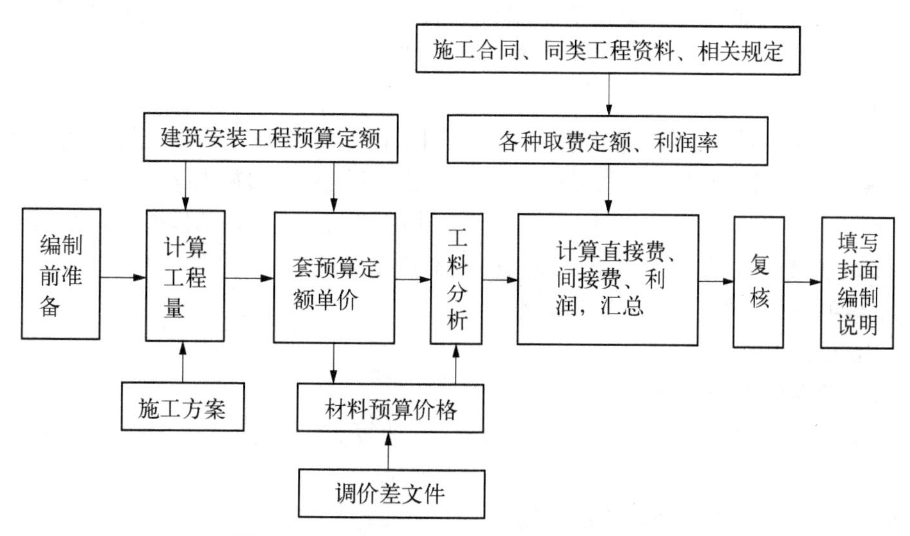

图 4-3　工料单价法施工图预算的编制步骤

算的步骤与采用工料单价法基本一致，只是在计算价格时直接采用综合单价进行计算。

运用综合单价法编制施工图预算的基本步骤如下。

① 分部分项工程费的计算。建筑安装工程分部分项工程费由各子目工程量乘其对应的综合单价汇总而成。各子目的工程量按预算定额的专业及子目划分及其计算规则计算。综合单价应包含直接费、间接费和利润。

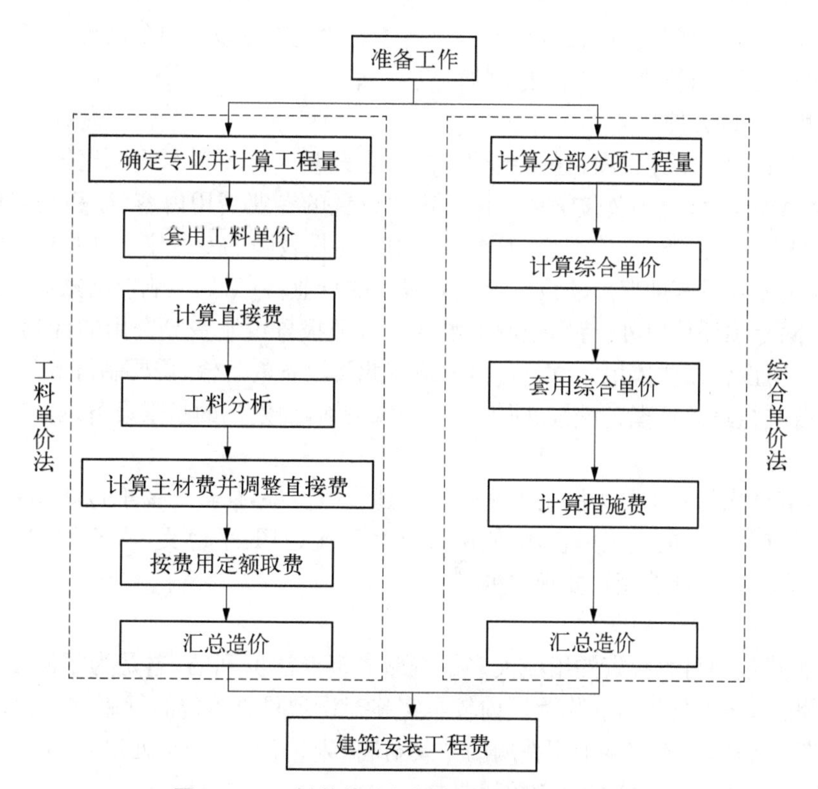

图 4-4　工料单价法与综合单价法的计价程序

② 综合单价的计算。综合单价应根据相应预算定额子目的消耗量及编制预算时的市场价格确定。其他直接费、间接费和利润则应根据相关定额配套的费用定额或取费依据及市场水平等综合确定。

③ 其他直接费的计算。其他直接费主要指项目的措施费,如冬雨季施工增加费、夜间施工增加费、二次搬运费、检验试验费、工程定位复测费、场地清理费、临时设施费等,其中可以计量的措施费与分部分项工程费的计费方法相同,需综合计取的措施项目费用应用基数乘相关费率取得。

④ 整理汇总数据后即得出建筑安装工程施工预算费用。

(3) 工料单价法与综合单价法的对比

两种方法的对比见图 4-4。

4.3.6.2 设备购置费的计算

设备购置费由设备原价和设备运杂费构成。计算方法及内容可参照本书第二章相关内容。

4.3.6.3 单项工程施工图预算的编制

建筑安装工程费和设备购置费组成了单位工程施工图预算,而各单位工程施工图预算、工程建设其他费用、预备费、增值税、资金筹措费、流动资金,共同汇总形成了单项工程施工图预算。

4.4 石油化工项目决策和设计阶段工程计价的特点

石油化工建设项目往往具有很强的行业特点,如建设周期长、投资巨大、施工工艺繁杂、危险系数高、与国家宏观经济发展息息相关等。由于石油化工建设项目的特殊性,导致其在决策和设计阶段的工程计价存在一些个性化的特点。

(1) 费用内容设置的特点

首先,由于石油化工建设项目的专业性,在专业设置上有较多专业性比较强的费用内容,如工业炉、金属储罐、催化剂及化学药剂等。这些设置的专业费用内容,往往是其他定额和指标不具备的,无法满足工程计价需要,而需要采用针对性较强的专业定额和指标。

其次,在工程建设其他费用的设置上也有鲜明的行业特点,如为响应国家对建设项目环保要求的提升,除专项评估以外,特别强调了水资源认证报告编制费等费用的计列;又如石油化工建设项目所用设备往往体积大、重量大,为适应此类设备的运输,需要制订专门的运输方案,对途经的区域进行路面处理、桥梁加固等一些特殊措施,而发生的超限设备运输特殊措施费也需要单列等。

最后,是信息化的要求。为满足数字化工厂建设的需要,往往需要承包商或委托更为专业的承包商完成有关信息的交互集合,如使用 SVPV 系统、SPF 平台及 AVEVA 平台等,以满足数字化交付的要求,此项费用也要求单列。

(2) 费用罗列方式的特点

石油化工建设项目总投资的组成大多是按形成资产法罗列的,这是为了满足编制资产清册的需要。此外,石油化工行业作为国内较早实施建设项目总承包的行业,在石油化工建设项目投资的估算中将原属于安装工程费用的主要材料(未计价材料)单列出来,并将它界定为采购费用内容,满足了采购和施工分交的需要。

表 4－5 石油化工建设项目单项工程概算表

单位：万元

		总 概 算 表(独立单项工程例表)		文件号：******	
				单位：万元	
				设计阶段	
编制		项目名称		设计阶段	
校核		概算类别		专业名称	
审核		主项名称		分项名称	

序号	单元号或主项号	工程或费用名称	规模或主要工程量	概算价格/万元						占投资/%	含外币金额/万美元	备注
				设备购置费	主要材料费	安装费	建筑工程费	其他费	合计			
		总概算		***	***	***	***	***	***	***	***	
		总概算(不含税)		***	***	***	***	***	***	***	***	
一		建设投资		***	***	***	***	***	***	***	***	
(一)		固定资产投资		***	***	***	***	***	***	***	***	
1		工程费		***	***	***	***		***	***		
1.1		总图					***		***	***		
1.1.1		场地平整	平方米				***		***			
1.1.2		道路	平方米				***		***			
***		***	*				***		***			
1.2		建筑物					***		***	***		
1.2.1		压缩机厂房	平方米				***		***			
1.2.2		泵房	平方米				***		***			
***		***	*				***		***			

续表

序号	单元号或主项号	工程或费用名称	规模或主要工程量	概算价格/万元						占投资/%	含外币金额/万美元	备注
				设备购置费	主要材料费	安装费	建筑工程费	其他费	合计			
1.3		构筑物			***	***	***		***	***		
1.3.1		地基处理部分					***		***			
1.3.2		钢结构	吨		***	***			***			
1.3.3		框架	立方米				***		***			
***		***	*				***		***			
1.4		静置设备		***	***	***			***	***	***	
1.4.1		反应器类	台/吨	***		***			***			
1.4.2		塔器类	台/吨	***		***			***			
1.4.3		热交换器类	台/吨	***		***			***			
1.4.4		容器类	台/吨	***		***			***			
***		***	*	***		***			***			
1.5		机械设备		***		***			***	***	***	
1.5.1		泵	台	***		***			***			
1.5.2		压缩机	台	***		***			***			
1.5.3		起重设备	台	***		***			***			
1.5.4		专用设备	台	***		***			***			
1.6		工业炉		***	***	***			***	***	***	
1.6.1		** 炉	座	***	***	***			***			
1.6.2		辅助燃烧室	座	***	***	***			***			
1.6.3		余热回收系统	座	***	***	***			***			

续表

序号	单元号或主项号	工程或费用名称	规模或主要工程量	概算价格/万元						占投资/%	含外币金额/万美元	备注
				设备购置费	主要材料费	安装费	建筑工程费	其他费	合计			
1.7		金属储罐			***	***			***	***		
1.7.1		拱顶储罐	立方米/吨		***	***			***			
1.7.2		内浮顶储罐	立方米/吨		***	***			***			
1.7.3		外浮顶储罐	立方米/吨		***	***			***			
***		***	*		***	***			***			
1.8		工艺管道			***	***			***	***	***	
1.8.1		碳钢管道	米/吨		***	***			***			
1.8.2		不锈钢管道	米/吨		***	***			***			
1.8.3		阀门	台		***	***			***			
***		***	*		***	***			***			
1.9		电气		***	***	***			***	***		
1.9.1		变配电设备	台	***	***	***			***			
1.9.2		动力配线	台/米	***	***	***			***			
1.9.3		照明	套	***	***	***			***			
***		***	*	***	***	***			***			
1.10		电信		***	***	***			***	***		
1.10.1		电话系统		***		***			***			
1.10.2		无线通信系统		***	***	***			***			
1.10.3		扩音对讲系统		***	***	***			***			
***		***	*	***	***	***			***			

续表

序号	单元号或主项号	工程或费用名称	规模或主要工程量	概算价格/万元						占投资/%	含外币金额/万美元	备注
				设备购置费	主要材料费	安装费	建筑工程费	其他费	合计			
1.11		自控仪表		***	***	***			***	***	***	
1.11.1		控制系统	台/件	***		***			***			
1.11.2		温度仪表		***		***			***			
1.11.3		压力仪表		***		***			***			
***		***	*	***	***	***			***			
1.12		工厂信息管理系统		***	***	***			***	***		
1.12.1		基础设施		***	***	***			***			
1.12.2		应用系统		***	***	***			***			
13		给排水		***	***	***	***		***	***		
1.13.1		碳钢管道	米/吨		***	***			***			
1.13.2		铸铁管道	米/吨		***	***			***			
1.13.3		不锈钢管道	米/吨		***	***			***			
1.14		采暖通风		***	***	***			***	***		
1.14.1		采暖	台	***	***	***			***			
1.14.2		通风	台	***	***	***			***			
1.14.3		空调	台	***	***	***			***			
1.15		热工		***	***	***			***	***		
1.15.1		锅炉	台/吨	***	***	***			***			
1.15.2		发电机组	台/吨	***		***			***			
1.15.3		专用设备	台	***		***			***			

续表

序号	单元号或主项号	工程或费用名称	规模或主要工程量	概算价格/万元						占投资/%	含外币金额/万美元	备注
				设备购置费	主要材料费	安装费	建筑工程费	其他费	合计			
1.16		分析化验		***		***			***	***		
1.16.1		分析化验仪器		***		***			***			
17		催化剂及化学药剂		***		***			***	***		
1.17.1		催化剂		***		***			***			
1.17.2		化学药剂		***		***			***			
1.17.3		填料		***		***			***			
1.18		劳动安全卫生		***					***	***		
1.19		特定条件下费用				***	***		***	***		
1.20		安全生产费				***	***		***	***		
1.21		工器具及生产用家具购置费		***					***	***		
2		固定资产其他费						***	***	***		
2.1		土地使用费						***	***			
2.2		工程建设管理费						***	***			
2.3		工程建设监理费						***	***			
2.4		环境监理费						***	***			
2.5		临时设施费						***	***			
2.6		前期准备费						***	***			
2.7		环境影响评价费及验收费						***	***			
2.8		安全预评价费及验收费						***	***			

续表

序号	单元号或主项号	工程或费用名称	规模或主要工程量	概算价格/万元						占投资/%	含外币金额/万美元	备注
				设备购置费	主要材料费	安装费	建筑工程费	其他费	合计			
2.9		职业病危害预评价及控制效果评价费						***	***			
2.10		水土保持评价及验收费						***	***			
2.11		地质灾害危险性分析及安全完整性评价						***	***			
2.12		节能评估费						***	***			
2.13		可研性研究报告编制费						***	***			
2.14		水资源论证报告编制费						***	***			
2.15		工程勘察费						***	***			
2.16		工程设计费						***	***			
2.17		工程数字化交付费						***	***			
2.18		进口设备、材料国内检验费						***	***			
2.19		特种设备安全检验检测费						***	***			
2.20		超限设备运输特殊措施费						***	***			
2.21		设备采购技术服务费						***	***			
2.22		设备材料监造费						***	***			
2.23		工程保险费						***	***			
2.24		研究试验费						***	***			
2.25		联合试运转费用						***	***			

续表

序号	单元号或主项号	工程或费用名称	规模或主要工程量	概算价格/万元						占投资/%	含外币金额/万美元	备注
				设备购置费	主要材料费	安装费	建筑工程费	其他费	合计			
(二)		无形资产投资						***	***	***	***	
1		土地使用权出让金及契税						***	***			
2		特许权使用费						***	***		***	
(三)		其他资产投资						***	***	***	***	
1		生产人员准备费						***	***			
2		出国人员费						***	***		***	
3		外国技术人员来华费						***	***			
4		图纸资料翻译复制费						***	***			
(四)		预备费						***	***	***	***	
1		基本预备费						***	***		***	
2		价差预备费						***	***			
二		增值税		***	***	***	***	***	***	***	***	
三		资金筹措费							***	***	***	
四		流动资金							***	***	***	

单位：万元

表 4-6 石油化工建设项目总概算表

		总 概 算 表(全厂工程例表)							文件号：******			
									单位：万元			
									设计阶段			
编制		项目名称							设计阶段			
校核		概算类别							专业名称			
审核		主项名称							分项名称			
序号	单元号或主项号	工程或费用名称	规模或主要工程量	概算价格/万元						占投资/%	含外币金额/万美元	备注
				设备购置费	主要材料费	安装费	建筑工程费	其他费	合计			
		总概算		***	***	***	***	***	**	***	***	
		总概算(不含税)		***	***	***	***	***	**	***	***	
一		建设投资		***	***	***	***	***	**	***	***	
(一)		固定资产投资		***	***	***	***	***	**	***	***	
1		工程费		***	***	***	***	***	**	***	***	
1.1		工艺生产装置		***	***	***	***		**		***	
1.1.1		*** 装置		***	***	***	***		**		***	
1.1.2		*** 装置		***	***	***	***		**		***	
1.1.3		*** 装置		***	***	***	***		**		***	
1.2		配套系统		***	***	***	***		**	***		
1.2.1		总图运输		***	***	***	***		**			
1.2.2		储运工程	平方米	***	***	***	***		**			
(1)		罐区	平方米		***	***	***		**			

续表

序号	单元号或主项号	工程或费用名称	规模或主要工程量	概算价格/万元						占投资/%	含外币金额/万美元	备注
				设备购置费	主要材料费	安装费	建筑工程费	其他费	合计			
(2)		加压泵站	*	***	***	***	***		**			
(3)		装卸台		***	***	***	***		**			
(4)		火炬	平方米	***	***	***	***		**			
(5)		工艺外管	平方米		***	***	***		**			
1.2.3		公用工程	*	***	***	***	***		**			
(1)		给排水工程		***	***	***	***		**			
		循环水厂	*	***	***	***	***		**			
		污水处理厂	吨	***	***	***	***		**			
		加压泵站	立方米	***	***	***	***		**			
		消防水管网	*		***	***	***		**			
		给排水管网	*		***	***	***		**			
(2)		供热工程		***	***	***	***		**			
		动力站		***	***	***	***		**			
		热电站		***	***	***	***		**			
		软化水处理设施		***	***	***	***		**			
		凝结水站		***	***	***	***		**			
		供热外管			***	***	***		**			
(3)		供配电及电信		***	***	***	***		**			

续表

序号	单元号或主项号	工程或费用名称	规模或主要工程量	概算价格/万元						占投资/%	含外币金额/万美元	备注
				设备购置费	主要材料费	安装费	建筑工程费	其他费	合计			
		总变电所		***	***	***	***		**			
		配电所		***	***	***	***		**			
		电话站		***	***	***	***		**			
		全厂供电线路			***	***	***		**			
		户外照明			***	***	***		**			
1.2.4		辅助设施										
(1)		空分		***	***	***	***		**			
(2)		空压		***	***	***	***		**			
(3)		制冷站		***	***	***	***		**			
(4)		维修		***	***	***	***		**			
1.2.5		生产管理设施										
(1)		生产管理中心		***	***	***	***		**			
(2)		工厂信息管理系统		***	***	***	***		**			
(3)		中心控制室		***	***	***	***		**			
(4)		中心化验站		***	***	***	***		**			
(5)		环境检测站		***	***	***	***		**			
1.3		厂外工程		***	***	***	***		**	***		
1.3.1		输油(气)管线			***	***	***		**			

续表

序号	单元号或主项号	工程或费用名称	规模或主要工程量	概算价格/万元						占投资/%	含外币金额/万美元	备注
				设备购置费	主要材料费	安装费	建筑工程费	其他费	合计			
1.3.2		水源工程		***	***	***	***		**	***		
1.3.3		供电线路			***	***	***		**			
1.3.4		铁路			***	***	***		**			
1.3.5		废渣堆埋场					***		**			
1.4		特定条件下费用				***	***		**	***		
1.5		工器具及生产用家具购置费		***					**	***		
2		固定资产其他费						***	**	***		
2.1		土地使用费						***	**			
2.2		工程建设管理费						***	**			
2.3		工程建设监理费						***	**			
2.4		环境监理费						***	**			
2.5		临时设施费						***	**			
2.6		前期准备费						***	**			
2.7		环境影响评价费及验收费						***	**			
2.8		安全预评价费及验收费						***	**			
2.9		职业病危害预评价及控制效果评价费						***	**			
2.10		水土保持评价及验收费						***	**			

续表

序号	单元号或主项号	工程或费用名称	规模或主要工程量	概算价格/万元						占投资/%	含外币金额/万美元	备注
				设备购置费	主要材料费	安装费	建筑工程费	其他费	合计			
2.11		地质灾害危险性分析及安全完整性评价						***	**			
2.12		节能评估费						***	**			
2.13		可研性研究报告编制费						***	**			
2.14		水资源论证报告编制费						***	**			
2.15		工程勘察费						***	**			
2.16		工程设计费						***	**			
2.17		工程数字化交付费						***	**			
2.18		进口设备、材料国内检验费						**	**			
2.19		特种设备安全检验检测费						**	**			
2.20		超限设备运输特殊措施费						**	**			
2.21		设备采购技术服务费						**	**			
2.22		设备材料监造费						**	**			
2.23		工程保险费						**	**			
2.24		研究试验费						**	**			
2.25		联合试运转费用						**	**			
（二）		无形资产投资						**	**	***	***	

续表

序号	单元号或主项号	工程或费用名称	规模或主要工程量	概算价格/万元						占投资/%	含外币金额/万美元	备注
				设备购置费	主要材料费	安装费	建筑工程费	其他费	合计			
1		土地使用权出让金及契税						**	**			
2		特许权使用费						**	**		***	
(三)		其他资产投资						**	**	***	***	
1		生产人员准备费						**	**			
2		出国人员费						**	**		***	
3		外国技术人员来华费						**	**			
4		图纸资料翻译复制费						**	**			
(四)		预备费						**	**	***	***	
1		基本预备费						**	**		***	
2		价差预备费						**	**			
二		增值税		***	***	***	***	**	**	***	***	
三		资金筹措费						***	**	***	***	
四		流动资金							**	***	***	

第五章　建设项目经济评价

5.1　概述

建设项目的可行性研究主要包括技术可行性论证与经济可行性论证两大内容。而经济可行性是通过经济评价来评判其经济合理性及可行性，因此，经济评价作为项目可行性研究的一个重要考量手段，为项目的评判决策提供科学依据。

项目经济评价分为财务评价（也称财务分析）与国民经济评价。财务评价根据国家最新财税制度和现行价格体系，从项目投资角度分析，计算项目财务收益与成本，预测项目的抗风险能力，并根据其盈利能力、偿债能力及抗风险能力，判别项目的财务可行性。国民经济评价是从国家和社会整体角度出发考察项目的效益与费用，仅进行盈利能力评价，通过计算项目对国民经济的净贡献，据以判别项目在经济上是否合理。

一般来说，在财务评价基础上完成国民经济评价，财务评价和国民经济评价结论都可行的项目则视为项目可行，都不可行的予以否定；财务评价结论可行，国民经济评价结论不可行的项目，通常予以否定。因此，国民经济评价也可以独立进行，在项目财务评价之前进行。对某些急需的、涉及国计民生的建设项目，若国民经济评价结论可行，财务评价结论不可行，则应重新评估各项参数条件，重新考虑方案、优选方案，必要时可向相关部门提出采取经济优惠措施的建议，使项目具有财务生存能力。

5.1.1　经济评价的依据及目的

经济评价的目的是为建设项目的科学决策提供依据。因此，项目的经济评价的结果与结论显得尤为重要。根据国家和地方经济的发展战略及行业发展规划，可行性研究在做好技术路线论证比选、市场需求预测、选址等工程技术研究的基础上，计算项目的经济效益和成本费用，通过不同方案的比较，从财务角度对拟建项目的经济可行性和合理性给予充分的分析论证，作出全面的经济评价，为项目的决策提供科学的依据。财务评价是项目经济评价的重要组成部分，根据最新国家现行财税制度和现行价格体系，分析、计算项目直接发生的财务效益和费用，编制财务报表，计算评价指标，考察项目的盈利能力、清偿能力以及抗风险能力等财务状况，判别项目在经济上的可行性。

5.1.2　经济评价应遵循的原则及方法

5.1.2.1　经济评价应遵循的原则

国家发改委、建设部联合发布的建设项目经济评价方法与参数明确规定了经济评价应遵循下列原则。

(1) 动态分析与静态分析相结合，以动态分析为主

相比静态分析，动态指标分析强调资金的时间因素，在时间因素作用下，根据等值计算原理，用复利计算方法将不同时间点发生的效益费用的流入和流出折算成同一时点的价值，反映未来时期的发展变化情况，为不同方案及项目的经济比较提供了相同的基础。如内部收益率、净现值等指标。

静态指标具有相对简单、直观、使用方便的特点，但没有考虑效益费用不同时点的时间价值因素，评价过程中可根据工作阶段和深度要求的不同，计算静态指标，如使用投资利润率、净资产利润率、销售利润率等进行辅助分析。

(2) 定量分析与定性分析相结合，以定量分析为主

项目在建设和生产运营过程中存在诸多经济因素，从本质上讲，经济评价就是要求对这些经济因素，通过效益和费用的计算给出明确、综合的可度量化指标，从而进行项目的经济分析和比较。评价指标应力求确切体现项目建设、生产运营的两个方面，即项目在效益方面，如销售收入等的所得，与在费用方面，如投资、经常性投入等所耗费之间的关系。但是对于项目分析中一些不能精确度量分析的部分，则应进行客观准确的定性描述，并与定量分析结合在一起进行评价。总的来讲，力求以定量分析为主。

(3) 全过程经济效益分析与阶段性经济效益分析相结合，以全过程分析为主

经济评价要求考量建设项目全过程(整个计算期)的经济效益。整个计算期，包括建设期和生产运营期。强调项目评价是从项目起始的建设投入、试生产、正常运营至运营终止结束的全过程的经济评价，将能够考量项目整个计算期内经济效益的内部收益率、净现值等指标作为测算指标，并作为项目取舍的判别依据。

(4) 宏观效益分析与微观效益分析相结合，以宏观效益分析为主

对建设项目个体本身进行经济评价，项目获利多少、能否生存、是否具有抗风险能力，这些都属于微观效益分析；对于涉及国计民生的项目，需考量项目的建设和运营对整个社会及国民经济有多大贡献以及需要国民经济付出多大代价，属于宏观效益评价。建设项目评价分为财务评价(微观效益评价)与国民经济评价(宏观效益评价)两个层次。若财务评价与国民经济评价结论出现冲突时，以国民经济评价结论为主。对某些财务评价不可行，国民经济评价可行的项目，可重新评估，优化方案，必要时可提出申请采取经济优惠措施的建议。

(5) 价值量分析与实物量分析相结合，以价值量分析为主

项目评价中，要设立若干价值指标和实物指标，要强调人、财、物等资产的经济属性，着重把人力、物力及时间因素等量货币化为资金价值因素，以便于在评价中对不同项目或方案都用统一的价值指标进行比较分析，并用以判别项目或方案的可行性。

(6) 预测分析与统计分析相结合，以预测分析为主

进行经济评价时，将建设项目现有状况水平作为评价的基础，在现状基础上需对某些不确定因素和风险性作出预测分析。

5.1.2.2　经济评价内容与方法的运用

建设项目类型、性质、目标及行业特点都会影响评价内容和评价参数的选择，但不同类型项目的评价方法与遵循的原则应是一致的，评价人员应根据不同类型项目的特点和要求来选择评价内容与评价参数。

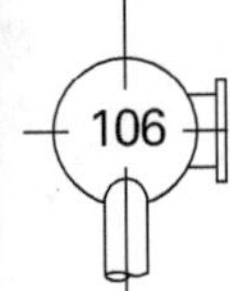

(1) 一般项目

对于一般项目,项目申请报告、项目的可行性研究对其立项与否非常重要,而财务分析又是这些前期立项报告的重要组成部分,通过对项目实施及运营后投入、产出测算评价,财务分析结果会对项目的立项及科学决策产生重大影响,因此,财务分析在项目立项阶段的前期工作中必不可少。由于这类项目投入、产出品的市场价格基本上能反映其真实价值,当财务分析的结果能满足其决策需要时,国民经济评价可不进行。

(2) 特殊项目

对于那些政府审批或核准项目,关系国计民生、对市场能否有效配置资源等效果明显的项目,需要从国家利益的角度来考察项目,并以能反映投入、产出各项资源真实价值的影子价格来计算项目的经济效益与费用,通过国民经济评价分析得出项目是否对整个社会经济有益的结论。对于特别重大项目,除财务评价和国民经济评价外,还应专门考察项目对区域经济或宏观经济的影响。

5.2 财务评价

5.2.1 财务评价的主要内容与步骤

在项目前期,经过市场调研、选址、工艺技术方案比选、环保方案比选等一系列工作后,确定项目建设方案,估算建设投资及融资筹措,财务评价是在上述工作都确定的前提下,进行财务可行性研究。财务评价有以下主要内容与步骤。

(1) 财务评价前的准备。熟悉拟建项目的基本情况,包括项目建设必要性、建设条件、市场调研情况、投资环境及相关的法律法规内容、项目采用的工艺及技术方案等。

(2) 收集整理和选取财务评价的基础数据与参数。包括主要投入物(含项目建设投入、外购原辅材料、外购燃料动力、人工等)与产出物的财务价格、主要原材料和产品价格体系选取及依据、税种税率、利率、汇率、计算期、实施进度、固定资产折旧率、无形资产和其他资产摊销年限、生产负荷及基准收益率等主要基础数据和参数。

(3) 计算营业(销售)收入,估算成本费用。

(4) 编制财务评价报表,主要包括:财务现金流量表、利润和利润分配表、财务计划现金流量表、资产负债表、借款偿还计划表等。

(5) 计算财务评价指标,进行盈利能力分析和偿债能力分析。

(6) 进行不确定性分析,包括敏感性分析、盈亏平衡分析和概率分析。

(7) 编写财务评价报告。

5.2.2 财务评价基础数据与参数选取

财务评价的基础数据与参数选取是否合理直接影响财务评价的结论,在进行财务分析计算之前,应做好这项基础工作。

5.2.2.1 财务价格

财务评价采用的价格是用来测算拟建项目未来的效益与费用的,财务价格涉及的价格体系主要包括固定价格体系、实价体系及时价体系三种。同时涉及两类价格:即固定价格(基价)和变动价格(实价和时价)。

财务评价全过程包括建设期和生产经营期,由于这两个时期投入产出情况不同,因此,应采用不同的财务价格对待。基于在建设投资估算中已经包含了价差预备费,因此建设投资的投入可采用固定的价格。生产运营期的投入品(包括外购原辅材料、外购燃料动力等)和产出品,应根据具体情况选用固定价格或者变动价格进行财务评价。

基价,也称为固定价格,是以基年价格水平表示,以后年份中不考虑价格变动的价格。在项目生产运营期内不考虑价格相对变动和通货膨胀的影响,在整个生产运营期内都使用同一固定价格作为预测价格,以其计算产品销售收入和原材料、燃料动力费用。

变动价格,是指在项目生产运营期内考虑价格变动的预测价格。变动价格又分为两种情况,一是只考虑价格相对变动引起的变动价格,即实价;二是既考虑价格相对变动,又考虑通货膨胀因素引起的变动价格,即时价。两者关系为:

$$实价=时价/(1+通货膨胀率) \tag{5-1}$$

$$实价上涨率=[(1+时价上涨率)/(1+通货膨胀率)]-1 \tag{5-2}$$

当时价上涨率高于通货膨胀率时,该物品的实价上涨率会大于0,如该物品的相对价格保持不变,实价上涨率为0时,则实价=基价(固定价格)。

(1) 财务价格的取价原则

国内项目财务评价使用的财务价格,是以现行价格体系(市场价格)为基础的预测价格。

进行盈利能力分析时,一般采用实价,计算不含通货膨胀因素的财务内部收益率等盈利性指标,不反映通货膨胀因素对盈利能力的影响。进行偿债能力分析时,当预测计算期内可能存在较为严重的通货膨胀,应采用时价计算偿债能力指标,反映通货膨胀因素对偿债能力的影响。

(2) 财务评价时财务价格计取的简化处理

建设期间,建设投资估算中通过计列价差预备费来体现价格总水平变动。

在简化情况下,由于运营期期限较长,在前期研究阶段难以对以后运营期间物价上涨水平进行合理预测,因此,一般预测至建设期末或经营期初的价格,作为预测价格,运营期各年采用同一价格。项目运行期内盈利能力分析与偿债能力分析可采用同一套价格,即预测价格。

石油化工建设项目财务测算价格是指对于建设项目涉及产品链前端,包括原油、成品油及初级石化产品,项目效益测算以中国产业经济最活跃的东海岸地区石油化工产品平均3~5年的历史价格为基础,辅以GDP(国民生产总值)、市场供求状况等各种价格影响因素,通过价格预测模拟系统,预测原料及产品在未来市场环境中的平均市场价格,作为项目测算的预测价格。由相关管理部门定期发布,分别给出了布伦特原油基准油价为40美元、50美元、60美元及80美元情形下的原油、成品油及对应的初级石化产品价格体系,作为项目经济效益评价的预测价格。

其他行业(医药、精细化工等)大都以现行市场价格作为预测价格。

一直以来,项目运营期内投入与产出采用的价格可以含增值税价格,也可以不含增值税价格。但自2016年5月1日起,我国"营改增"的全面实施,作为价内税的营业税退出税收体系,取而代之的是作为价外税的增值税,全面实施价税分离。因此,为和税收制度改革相匹配,一般情况下,财务分析建议以不含税价格作为测算价格,由于货品实施价税分离,如不加备注,货品的价格即可认为是不含税价格，如需用含税价格，必须加以备注。

5.2.2.2 税费

财务评价中合理计算各种税费，是正确计算项目效益与费用的重要基础。在“营改增”实施前，财务评价涉及的税费主要有增值税、营业税、资源税、消费税、所得税、城市维护建设税和教育费附加、关税、土地使用税税率等。但从 2012 年进行营业税改征增值税试点后，我国开始在部分领域实施“营改增”，自 2016 年 5 月 1 日起，我国营业税全面改征增值税，营业税税种全面退出。因此，相应涉及的税费也有所调整，进行财务评价时应说明税种、税基、税率（根据财税部门最新公布）、计税额等。

(1) 增值税

增值税是对生产、销售商品或者提供劳务的纳税人就其生产经营过程中实际发生的增值额征税的税种，实行抵扣原则，即产品销售环节和原料、辅料、燃料动力等采购环节均发生增值税，项目应缴纳的增值税为销项税减进项税。我国从 2009 年 1 月 1 日起，企业购进（包括捐赠、实物投资）或自制（包括改扩建、安装）固定资产发生的进项税额，可根据《中华人民共和国增值税暂行条例》和《中华人民共和国增值税暂行条例实施细则》的有关规定从销项税中抵扣。

自 2016 年 5 月 1 日起，我国营业税全面改征增值税，对一般纳税人实行 17%、13%、11%、6%、0 五档税率，自 2017 年 7 月 1 日起，根据财税〔2017〕37 号文关于《简并增值税税率有关政策的通知》精神，纳税人销售或进口农产品、自来水、天然气、石油液化气、农机、农药等原适用表 5-1 第 2 项应税行为的，取消 13%的增值税税率，扣除率调整为 11%，使一般纳税人增值税税率由原来五档简化为 17%、11%、6%、0 四档税率。2018 年 5 月 1 日起，根据财税 2018〔32〕号文《关于调整增值税税率的通知》，纳税人发生增值税应税销售行为或者进口货物，原适用 17%和 11%税率的，税率分别调整为 16%、10%。纳税人购进农产品，原适用 11%扣除率的，扣除率调整为 10%。原适用 17%税率且出口退税率为 17%的出口货物，出口退税率调整至 16%。原适用 11%税率且出口退税率为 11%的出口货物、跨境应税行为，出口退税率调整至 10%。纳税人购进用于生产销售或委托加工 16%税率货物的农产品，按照 12%的扣除率计算进项税额。

表 5-1　近年增值税计税方法及增值税税率变化情况

<table>
<tr><th rowspan="2">序号</th><th rowspan="2">应 税 行 为</th><th rowspan="2">增值税
计税方法</th><th colspan="3">增值税税率</th></tr>
<tr><th>2017/7/1 前</th><th>2017/7/1 后</th><th>2018/5/1 后</th></tr>
<tr><td>1</td><td>纳税人销售或者进口货物除第 2、第 3 项规定外</td><td rowspan="2">销项税—进项税</td><td>17%</td><td>17%</td><td>16%</td></tr>
<tr><td>2</td><td>(1) 粮食、食用植物油；
(2) 自来水、暖气、冷气、热水、煤气、石油液化气、天然气、沼气、居民煤炭制品；
(3) 图书、报纸、杂志；
(4) 饲料、化肥、农药、农机、农膜；
(5) 农产品；
(6) 音像制品、电子出版物；
(7) 二甲醚、食用盐；
(8) 国务院规定的其他货物</td><td>13%</td><td>11%</td><td>10%</td></tr>
</table>

续表

序号	应 税 行 为	增值税计税方法	增值税税率		
			2017/7/1前	2017/7/1后	2018/5/1后
3	纳税人出口货物,国务院另有规定的除外	销项税－进项税	0	0	0
4	纳税人提供加工、修理修配劳务		17%	17%	16%
5	提供增值电信服务、金融服务、现代服务(租赁服务除外)、生活服务、转让土地使用权以外的其他无形资产		6%	6%	6%
6	提供交通运输、邮政、基础电信、建筑、不动产租赁服务、销售不动产转让土地使用权		11%	11%	10%
7	提供有形动产租赁服务		17%	17%	10%
8	境内单位和个人发生跨境应税行为,具体范围由财政部和国家税务总局另行规定		0	0	0

对小规模纳税人,通常情况下,适用3%的征收率,部分项目适用5%的征收率。

表5-2 小规模纳税人增值税计税方法与征收率

序 号	应 税 行 为	增值税计税方法	增值税征收率
1	小规模纳税人销售产品	全部销售所得×征收率	3%
2	小规模纳税人销售不动产(不含自建)	(取得的全部价款和价外费用－该项不动产购置的原价)×征收率	5%
3	小规模纳税人销售不动产(自建)	取得的全部价款和价外费用×征收率	5%
4	小规模纳税人出租其取得的不动产(不含个人出租住房)	出租收入×征收率	5%

(2) 消费税

消费税是以消费品(或者消费行为)的流转额为课税对象的税种。

在我国境内生产、委托加工、进口应税消费品的单位和个人,以及国务院确定的销售应税消费品的其他单位和个人为消费税的纳税人,均应按《中华人民共和国消费税暂行条例》的规定申报缴纳消费税。消费税税额用于计算消费税。

纳税人生产的应税消费品,在纳税人销售时纳税。纳税人自产自用的应税消费品,用于连续生产应税消费品的,不纳税;用于其他方面的,在移送使用时纳税。委托加工的应税消费品,除受托方为个人外,由受托方在向委托方交货时代收代缴税款。委托加工的应税消费品,委托方用于连续生产应税消费品的,所纳税款准予按规定抵扣。进口的应税消费品,在报关进口时纳税。

消费税目前实行从价定率、从量定额及复合计征的办法计算应纳税额。计算公式如下。

从价定率计算:　　应纳税额＝销售额×比例税率　　(5-3)

从量定额计算:　　应纳税额＝销售数量×定额税率　　(5-4)

复合计征计算：　　应纳税额＝销售额×比例税率＋销售数量×定额税率　　(5－5)

式中，销售额为纳税人向购买方收取的全部价款和价外费用。

在石油化工建设项目财务评价中，成品油一般按销售量乘定额税率计征方法计算消费税。

目前，在应税消费品中只有白酒、卷烟实施复合计征办法，黄酒、啤酒，石油化工中汽油、柴油、航空煤油、石脑油、溶剂油、润滑油、燃料油实行从量定额计征，其他产品实行从价定率的计税办法。常用的石油化工产品消费税税额如表5－3所示。

表5－3　石油化工产品消费税税额表

序　号	项　　目	标准税额/(元/升)	计量换算标准/(升/吨)	实际税额/(元/吨)
1	无铅汽油	1.52	1 388	2 109.9
2	柴油	1.20	1 176	1 411.2
3	航空煤油	1.20	1 246	1 495.2
4	石脑油	1.52	1 385	2 105.2
5	溶剂油	1.52	1 282	1 948.6
6	润滑油	1.52	1 126	1 711.5
7	燃料油	1.20	1 015	1 218.0

(3) 城市维护建设税和教育费附加

① 城市维护建设税

城市维护建设税税率用于计算城市维护建设税(简称城建税)，城建税是以增值税、消费税为税基乘相应的税率计算。计算公式如下。

按流转税计：城建税＝(增值税额＋消费税额)×城建税税率　　(5－6)

对进口产品，由海关代征增值税、消费税，但不征收城建税。对出口产品退还增值税、消费税的，不退还已纳的城建税；对于增值税、消费税实行先征后返、先征后退、即征即退办法的，除另有规定外，不退(返)还已纳的城建税。

石油化工建设项目按以流转税额计征的办法计算城建税，城建税税率按照距离城市的远近设有三档税率，目前大部分按7%的税率计征城建税。

根据财税〔2010〕103号文《关于对外资企业征收城市维护建设税和教育费附加有关问题的通知》精神，2010年12月1日前，对中外合资经营企业和外资企业暂缓征收城建税。2010年12月1日后，对外商投资企业，外国企业及外籍个人征收城市维护建设税(如表5－4所示)。

表5－4　城市维护建设税税率表

项　　目	按流转税额计
市区	7%
县、镇	5%
市区、县、镇以外	1%

② 教育费附加

教育费附加征收率、地方教育费附加征收率均用于计算项目教育费附加，教育费附加是以增值税、消费税为税基乘相应的征收率计算。计算公式如下。

按流转税计：教育费附加＝(增值税额＋消费税额)×(教育费附加征收率＋地方教育附加征收率) (5－7)

对进口产品，由海关代征增值税、消费税，但不征收教育费附加。

对出口产品退还增值税、消费税的，不退还已纳的教育费附加；对于增值税、消费税实行先征后返、先征后退、即征即退办法的，除另有规定外，不退(返)还已纳的教育费附加。

根据上述文件精神，2010 年 12 月 1 日前，对中外合资经营企业和外资企业暂缓征收教育费附加。2010 年 12 月 1 日后，对外商投资企业，外国企业及外籍个人征收教育费附加(如表 5－5 所示)。

表 5－5　教育费附加费率表

项　　目	按流转税额计
教育费附加征收率	3%
地方教育费附加征收率	2%

(4) 资源税

资源税是对在中华人民共和国境内开采自然资源的纳税人征税的税种。原来大都按应课税矿产的产量乘单位税额计算，从 2014 年 12 月 1 日开始，根据财税总局关于煤炭、天然气、原油等资源税改革通知，对煤炭、天然气、原油、稀土、钨、钼 6 个资源品种，实施资源税从价计征办法。根据财税〔2016〕53 号文《关于全面推进资源税改革的通知》，清费立税，取消原来征收的矿产资源补偿费，并入资源税，2016 年 7 月 1 日起，对大多数资源品种，资源税全面实施从价计征的改革。石油化工建设项目相关的资源资源税调整情况如表 5－6 所示。

表 5－6　石油化工建设项目相关资源税税率

品　　种	计　税　方　法	税　　率
原　油	销售额为基准(从价计征)	6%
天然气	销售额为基准(从价计征)	6%
煤　炭	销售额为基准(从价计征)	2%～10%

纳税人开采的原油、天然气等资源自用于连续生产的，不缴纳资源税，自用于其他方面的视同销售，依然需缴纳资源税。

(5) 企业所得税

我国境内的企业和其他取得收入的组织为企业所得税的纳税人，按应纳税所得额乘以所得税税率计算。计算公式为

企业所得税纳税额＝应纳税所得额×所得税税率 (5－8)

式中

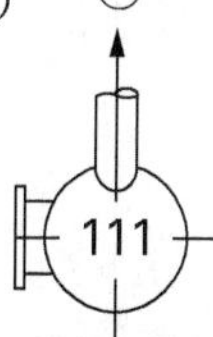

$$应纳税所得额=营业(销售)收入总额-准予扣除项目 \tag{5-9}$$

企业所得税税率：25%(一般税率)，15%(特殊优惠税率)。

营业(销售)收入总额，是指企业在生产经营活动以及其他行为中取得的各项收入的总和。包括纳税人来源于中国境内、境外的生产经营收入和其他收入。

准予扣除项目，是指纳税人在生产经营活动中，所发生的费用支出必须严格区分经营性支出和资本性支出。资本性支出不得在发生当期直接扣除，必须按税法法规规定分期折旧、摊销或计入有关投资的成本。应严格遵循权责发生制原则、费用配比原则、费用与应税收入相关性原则、费用金额确定性原则、合理性原则。

准予扣除项目包括：生产成本、期间费用(销售/营业费用、管理费用、和财务费用)、销售税金及附加、损失(纳税人生产经营过程中各项营业外支出、已发生的经营亏损和投资损失等其他损失)。

准予扣除项目的具体范围和标准：

① 借款利息支出

纳税人在生产、经营期间，向金融机构借款的利息支出，按照实际发生数扣除；向非金融机构借款的利息支出，包括纳税人之间相互拆借的利息支出，按照不高于金融机构同类、同期贷款利率计算的数额以内的部分，准予扣除。利息支出，是指固定资产竣工决算投产后发生的各项贷款利息支出。固定资产在尚未竣工决算投产前的利息，应全部计入固定资产原值，不得扣除。

② 工资、薪金支出

企业实际发生的合理的职工薪金可在税前扣除，包括工资、薪金支出[基本工资、奖金、津贴、补贴(含地区补贴、物价补贴和误餐补贴)、年终加薪、加班工资以及与任职或者受雇有关的其他支出]。

③ 职工工会经费、职工福利费、职工教育经费

企业所得税法规定，上述三项经费分别按照计税工资总额的最新规定比例2%、14%、2.5%计算扣除。

④ 公益、救济性的捐赠

根据《中华人民共和国企业所得税实施条例》规定，纳税人用于公益、救济性的捐赠，在年度利润总额的12%以内的部分，准予扣除。

⑤ 企业业务招待费、广告费最高不得超过当年营业(销售)收入的企业所得税法规定比例，在比例内的，准予扣除。

5.2.2.3 固定资产折旧年限与无形资产摊销年限

根据《中华人民共和国企业所得税实施条例》规定，企业固定资产按规定计算的折旧，准予企业所得税前扣除，如按直线法折旧的企业，固定资产折旧的最低年限见表5-7至表5-10。

表5-7 固定资产折旧年限

序　号	项　目	最低折旧年限/年
1	房屋、建筑物	20
2	飞机、火车、船、机器、机械及其他生产设备	10
3	与生产经营活动有关的器具、工具、家具等	5

续表

序　　号	项　　目	最低折旧年限/年
4	飞机、船、火车以外的运输工具	4
5	电子设备	3

表 5-8　石油化工建设项目固定资产分类折旧年限表

分　　类	项　　目	折旧年限/年
油气集输设施	长输油气管线：原油管线	28
	天然气管线、成品及半成品管线、化工管线、其他管线	20
	油气储存设施：原油储罐	28
	天然气储罐	14
	成品油储罐、化工储罐、其他储罐	18
	管道储运专用设备：输油泵、输油加热炉、天然气压缩机、站内工艺管网、其他设备	20
运输设备	运输设备：载货汽车、牵引汽车、专用汽车	8
	铁路运输设备、机车、铁路货车	14
	船舶：地质调查船、拖轮、油水轮、浮吊、挖泥船、打桩船、驳船、工程船、交通艇、货轮、其他船舶	12
	物探船、多用途工作船	18
	其他运输设备：自卸车、铲(叉)车、电瓶车、集装箱及其他运输设备	10
机器设备	石油专用设备：地质物探钻机、水井钻机、水平钻机、其他钻机(车)	12
	井下作业机(车)、固井配套设备、压裂酸化配套设备、清蜡车、中高压压风机(车)、作业辅助车、其他钻采特车	10
	油井测试设备、录井设备、试井设备、地震勘探设备、大型石油钻机、中型钻机、石油专用加工设备	12
	海洋钻井平台	18

表 5-9　石油化工建设项目固定资产分类折旧年限表

分　　类	项　　目	折旧年限/年
机器设备	炼油生产装置	14
	基本有机化工原料生产装置	12
	合成树脂生产装置	12
	合成橡胶生产装置	12
	合成纤维原料生产装置	14

续表

分　类	项　　目	折旧年限/年
机器设备	合成纤维聚合物生产装置	14
	化学纤维设备	14
	化学纤维加工产品设备	14
	化肥生产装置	14
	其他生产装置	14
	动力设备：锅炉及辅助设备、原动机及辅助设备、其他动力设备	18
	变配电设备	20
	机修加工设备：金属切削机床、铸造设备、锻造设备、金属表面处理设备、木工机械、其他机修加工设备	12
	冶炼及热处理设备、金属切割、焊接设备	10
	通用机器设备：泵、风机、压缩机、制冷空调设备、真空获得及应用设备、分离机干燥设备、减速机及传动设备、包装设备、其他通用设备	12
	输送设备、消防安全器材、冷热交换设备、除尘清洁设备	10
	塔类	14
	起重设备：	12
	工程机械：挖掘机械、土方铲运机械、凿岩机械、钢筋混凝土机械、筑路机械、其他施工机械	12
	管道施工机械、沙漠沼泽施工机械	10
	自动化控制设备：工业控制系统(DCS)、自动化、半自动化仪表	10
其他设备	电子计算机及其外围设备：电子计算机、外储存器、显示终端设备、输入输出设备、软件、配套设备、电源设备、其他电子计算机及其外围设备	4
	通信设备：网络设备	6
	无线电通信设备、卫星通信设备、载波通信设备、电话通信设备、传真通信设备、其他通信设备	15
	传导设备：输电线路	30
	配电线路：	15
	通信线路	20
	工艺系统管网	14
	单点系泊(海上浮动装卸设备)	14
	其他传导设备	30
	测试及分析设备：科研装置、分析仪器设备、测试仪器、其他科研设备	10
	其他设备：办公设备、其他	5

表 5－10　石油化工建设项目固定资产分类折旧年限表

分　　类	项　　　目	折旧年限/年
房屋及建筑物	房屋：一般生产经营用房	30
	受腐蚀生产用房	20
	受强腐蚀生产用房	12
	非生产用房	40
	简易结构房	12
	一般建筑物：冷藏库	30
	冷却塔、专用铁路	20
	公路、道路及其他建筑物	25

无形资产按照直线法计算的摊销费用，准予所得税前扣除，摊销年限不得低于 10 年。

5.2.2.4　金融机构贷款利率

贷款利率是项目财务评价的重要基础数据，用以计算项目投资中借款资金所发生的利息。经国务院批准，自 2013 年 7 月 20 日起我国全面放开金融机构利率管制，中国人民银行规定金融机构的贷款利率原则上取消上、下限制，自 2015 年 10 月 24 日起执行的中国人民银行公布的最新的短期、长期贷款的基准利率如表 5－11 所示。

表 5－11　中国人民银行短期、长期贷款的利率

序　　号	项　　　目	名义利率/%
1	短期贷款(1 年之内，含 1 年)	4.35
2	中、长期贷款	
2.1	1～5 年(含 5 年)	4.75
2.2	5 年以上	4.90

国内主要商业银行及其他金融机构一般对借款人的短期及中长期贷款按季结息(即一年结息 4 次)，其他金融机构如有特殊规定的，按其规定执行。上述利率均为名义利率，实际操作中应根据结息时间的不同换算成有效年利率使用。

5.2.2.5　汇率

我国在 1994 年 1 月 1 日人民币汇率并轨以后，实行以市场供求为基础的单一、有管理的浮动汇率制，汇率由中国人民银行挂牌公布。财务评价汇率的取值，一般采用中国人民银行公布的当期外汇牌价的中间价。

5.2.2.6　项目计算期选取

财务评价计算期包括建设期和生产运营期。

建设期可以根据投资建设的合理工期或预计的建设总进度确定。生产运营期，即项目的寿命期，从项目正式投产到项目报废的全过程，是由项目的多种因素综合确定，包括装置或设备的经济使用寿命期、主要产品的生命周期、装置的折旧年限等，主要以装置或主要设备的经济寿命期因素为主。有些项目的运营寿命较长，公益性项目计算期可适当延长，但一般不宜超

过30年。对一些"永久性"项目,如国家水利工程项目,其主体工程是永久性工程,其计算期应根据评价要求确定。

5.2.2.7　项目实施进度

项目实施进度是指从做出投资决策(确定建设项目)到开始正常生产(达到设计能力)的这段时间。包括谈判和签订合同、项目设计、施工和试运转等若干阶段。在各个阶段还有筹措资金、订购设备和材料、建立构架、招收及培训员工,以及供应生产物资等有关施工准备和生产准备方面工作,这就需要作出合理又可行的实施进度安排。项目实施进度计划是项目经济计算和评价的基本依据之一。编制项目实施进度计划主要目的就是要确定实施时期所涉及的财务问题,以便在投产前和投产后有合理足够的资金筹措,使项目能够按计划如期实施。

5.2.2.8　生产负荷

生产负荷率是指项目投产后年度产品产量与设计生产能力之比,是指项目生产运营期内生产能力发挥程度,也称生产能力利用率,以百分比表示。一般应按项目投产期和投产后正常生产年份分别设定生产负荷率。

5.2.2.9　财务基准收益率(i_c)

财务基准收益率(i_c)是项目的财务内部收益率指标在财务上是否可行的判别依据及判别基准,是投资项目是否可接受的最低标准的收益水平要求,也用作计算财务净现值的折现率,是一个重要的经济参数。一些行业会发布本行业基准收益率,以其作为项目评判的基准收益率(如表5-12所示)。

表5-12　石油化建设项目财务税后基准收益率(参考值)

序　号	分 类 名 称	税后基准收益率
1	勘探开发	8%
2	炼油	10%
3	化工	
3.1	基础化工及煤化工	10%
3.2	新型材料	12%
3.3	精细化工	15%
4	基础设施(管道、仓储、码头设施等)	8%
5	新能源(生物质能源、太阳能等)	8%
6	公用工程	8%
7	节能环保产业	10%

如果没有行业规定,则由项目评价人员参考行业平均收益水平确定。合理确定基准收益率对投资决策非常重要,确定基准收益率的基础是资金成本的占用和放弃其他投资机会的成本,而投资风险和通货膨胀也是必须考虑的影响因素。

5.2.2.10　资本金收益率

可采用投资者的最低期望收益率作为判定资本金收益率的依据。

5.2.3 营业(销售)收入与成本费用估算

5.2.3.1 营业(销售)收入估算

营业(销售)收入是指销售产品、提供劳务或让渡资产使用权等经营活动中形成的经济利益总流入而取得的收入,分为主营业务收入和其他业务收入。对于销售多种产品和提供多项服务的,应分别估算各种产品主营收入及其他服务业务的收入。对品种繁多的产品或不便于罗列详细品种的产品,可采取统一折算为标准产品的方法,计算销售收入。不同于一般会计意义上核算,财务评价中核算销售收入时,假定当年生产出来的产品全部售出,不考虑当年产品存货结存,按当年生产量等于当年销售量的原则,编制销售收入、销售税金及附加估算表,见辅助报表5。

5.2.3.2 成本费用估算

成本费用是指项目运营中一定时期内为生产产品或提供服务所花费的全部费用。按成本计量单位划分,分为单位产品成本和总成本;按成本的形态划分,分为固定成本和可变成本;按财务评价的特定要求,分为总成本和经营成本。无论如何划分,都应遵循权责发生制原则,成本估算应与销售收入的计算口径对应一致,各项费用应划分清楚,防止重复计算或者低估费用支出。

(1) 总成本费用估算

总成本费用是指在一定时期(如一年)内因生产和销售产品发生的全部费用。总成本费用的构成及估算通常采用以下两种方法。

① 产品制造成本加企业期间费用估算法,计算公式为

$$总成本费用=制造成本(生产成本)+销售费用+管理费用+财务费用 \quad (5-10)$$

其中,

$$制造成本(生产成本)=直接材料费+直接燃料和动力费+直接工资+其他直接支出+制造费用 \quad (5-11)$$

表5-13 产品总成本费用的内容与估算方法

序号	名　称	内容或定义	估算方法
1	制造成本(生产成本)	包括各项直接支出费(直接材料、燃料及动力、直接工资和其他直接支出费)及制造费用	生产成本=直接材料费+燃料动力费+直接工资及其他福利支出+制造费用
1.1	直接材料费	一般包括原料及主要材料、辅助材料费	直接材料费=消耗定额×该种材料价格; 材料价格指材料的入库价,入库价=采购价+运费+途耗+库耗; 途耗指原材料采购后,入库前的运输途中的损耗,与运输方式、原材料包装形式、运输管理水平等因素有关; 库耗指原材料入库和出库间的差额,库耗与企业管理水平有关

续表

序号	名　称	内容或定义	估算方法
1.2	燃料及动力费		燃料费用的计算方法与原材料费用相同，动力费用＝消耗定额×动力单价； 动力供应有外购和自产两种情况，动力外购指向外界购进动力供企业内部使用，如向本地区热电站购进电力等，此时动力单价除供方提供的单价之外，还需增加本厂为该项动力而支出的一切费用，自产动力指厂内自设水源地、自备电站、自设锅炉房供蒸汽、自设冷冻站、自设煤气站等，如项目投资中没计入的，则各种动力均需按照成本估算的方法分别计算其单位车间成本，作为产品成本中动力的单价
1.3	直接工资和其他直接支出	直接工资是企业直接从事产品生产人员的工资、奖金、津贴和各种补贴，其他直接支出费指目前包括直接从事产品生产人员的职工福利费等	
1.4	制造费用	为组织和管理生产所发生的各项费用，包括生产单位(分厂、车间)管理人员工资、职工福利费、折旧费、维简费、修理费及其他制造费[办公费、差旅费、劳动保护费、水电费、租赁费(不包括融资租赁)、物料消耗费等]	
2	管理费用	是指企业行政管理部门为管理和组织经营活动发生的各项费用，包括：公用经费(工厂总部管理人员工资、职工福利费、差旅费、办公费、折旧费、修理费、物料消耗、低值易耗品摊销以及其他公司经费)、工会经费、职工教育经费、劳动保险费、董事会费、咨询费、顾问费、交际应酬费、税金(房产税、车船使用税、土地使用税、印花税等)、土地使用费、技术转让费、无形资产摊销、开办费摊销、研究发展费、环保费、保险费等	

续表

序号	名　　称	内容或定义	估　算　方　法
3	财务费用	为筹集资金而发生的各项费用，包括生产经营期间发生的利息收支净额、汇兑损益净额、外汇的手续费、金融机构的手续费以及因筹资发生的其他财务费用	
4	销售费用(营业费用)	为销售产品和提供劳务而发生的各项费用，企业在销售产品、自制半成品和提供劳务等过程中发生的各项费用以及专设销售机构的各项经费	
5	总成本费用	指项目在一定期间内(一般为一年)为生产和销售产品而发生的全部成本和费用	总成本 = 制造成本(生产成本) + 管理费 + 财务费 + 销售费

② 生产要素估算法，即汇总估算各种生产要素的费用，得到总成本费用。将生产及销售过程中消耗的外购原、辅材料，外购燃料及动力，全员人员(包括直接生产及其他相关部门)工资福利，外部提供的劳务或者服务，当期应计提的折旧和摊销，应付的财务费用及其他费用相加，估算得出总成本费用。采用这种估算方法，忽略了内部各生产环节成本的转移，较易划分可变成本和固定成本。计算公式为

总成本费用 = 外购原、辅材料，燃料及动力费 + 人员工资及福利费
+ 外部提供的劳务及服务费 + 修理费 + 折旧费
+ 矿山维简费(采掘、采伐项目计算此费用)
+ 摊销费 + 财务费用 + 其他费用　　(5-12)

(2) 经营成本估算

项目经济评价中的经营成本是评价特有的概念，作为项目运营期的主要现金流出，用于项目财务评价的现金流量分析。经营成本是指总成本费用扣除固定资产折旧费、矿山维简费、无形资产及其他资产摊销费和财务费用后的成本费用。计算公式为

经营成本 = 总成本费用 − 折旧费 − 维简费 − 无形资产及其他资产摊销费 − 财务费用　　(5-13)

(3) 固定成本与可变成本估算

总成本费用按成本性态分为固定成本和可变成本。固定成本是指不随产品产量及销售量的增减发生变化的各项成本费用，主要包括非生产人员工资、折旧费、无形资产及递延资产摊销费、修理费、办公费、管理费等。可变成本是指随产品产量及销售量增减而成正比例变化的各项费用，主要包括原材料、燃料、动力消耗、包装费和生产人员工资等。

在按生产要素估算法估算时，生产人员及非生产人员工资汇总为全员人员工资福利费项，在划分固定成本与可变成本时，可将该项简化划入固定成本。

借款利息包括属于固定成本的长期借款利息与属于半可变半固定成本的短期借款利息，为简化计算，在财务评价中通视为固定成本。

(4) 编制成本费用估算表

分项估算上述各种成本费用后，编制相应的成本费用估算表，包括总成本费用估算表和各分项成本估算表，见辅助报表 6 和 6.1、6.2。

5.2.4 编制项目财务评价报表

项目财务评价的主要内容，是在编制财务报表的基础上进行盈利能力分析、偿债能力分析和抗风险能力分析。

财务评价报表主要有财务现金流量表、利润和利润分配表、财务计划现金流量表、资产负债表、借款偿还计划表等。

(1) 财务现金流量表

现金流量仅以项目作为完整、独立的系统，正确体现项目在整个计算期(包括建设期和生产运营期)内现金的流入和流出。现金流量的计算与常规的会计盈利计算方法不同，其计算要点是现金收支按发生的时间列入相应的年份，并只计算现金收支，不计算非现金收支。

由于固定资产折旧只是项目内部的一种价值转移，而非实际现金支出，故在进行项目整个计算期内的动态评价时，固定资产投资应按其实际发生的时间，作为一次性支出计入现金流量，而不以折旧的方法进行逐年分摊。

现金流量表具体分为：

① 项目投资现金流量表，用于计算项目财务内部收益率及财务净现值等评价指标。

该表不分投资资金来源，以全部投资作为计算基础，用以计算项目融资方案前全部投资所得税前及所得税后财务内部收益率、财务净现值及投资回收期等指标，从而考察项目全部投资的盈利能力，为各个投资方案(融资前全部投资)建立共同的比较基础(见基本报表 1.1)。

② 项目资本金现金流量表，用于计算资本金收益率指标。

该表从投资者角度出发，以投资者的出资额作为现金流出，并在现金流出中考虑借款本金偿还和利息支付，用以计算自有资金财务内部收益率等评价指标，从而考察项目自有资金的盈利能力(见基本报表 1.2)。

③ 投资各方现金流量表，用于计算投资各方收益率指标(见基本报表 1.3)。

(2) 利润和利润分配表

该表是反映项目计算期内各年的利润总额、所得税及税后利润的分配情况，可用以计算投资利润率、投资利税率及资本金利润率等静态指标。

表中利润栏目反映项目计算期内各年的销售收入、总成本费用支出、利润总额情况；利润分配栏目反映所得税税后利润以及利润分配情况(见基本报表 2)。

(3) 财务计划现金流量表

用于反映项目建设期与生产运营期内各年的投资、融资及生产经营活动的资金流入、流出情况，考量各年现金资金是否平衡和余存需缺情况。通过计算累计盈余资金，体现了项目是否具有可持续的财务生存能力(见基本报表 3)。

(4) 资产负债表

用于综合反映项目建设期与生产运营期内各年年末资产、负债和所有者权益的增减变化及相互间勾稽关系，从而进行资本结构分析及计算资产负债率、流动比率、速动比率等偿付能力指标(见基本报表4)。

(5) 借款偿还计划表

用于反映项目建设期与生产运营期内各年借款的使用计划、还本付息，以及偿债资金来源，计算借款偿还期或者偿债备付率、利息备付率等指标(见辅助报表7)。

5.2.5 盈利能力分析

盈利能力分析是项目财务评价中的一项重要内容，是在编制现金流量表、利润和利润分配表、资产负债表等基础上，计算财务内部收益率、财务净现值、投资回收期、总资产报酬率、净资产收益率等指标。其中财务内部收益率为项目的主要营利性指标，其他指标可根据项目特点及财务评价的目的、要求等分别选用，进行辅助评价。

(1) 财务内部收益率(FIRR)

财务内部收益率是指项目在整个计算期内各年净现金流量现值累计等于零时的折现率，它是评价项目盈利能力的主要动态指标之一。表达式为

$$\sum_{t=1}^{n}(1+\mathrm{FIRR})^{-t}(\mathrm{CI}-\mathrm{CO})_t=0 \tag{5-14}$$

式中　CI——现金流入量；

CO——现金流出量；

$(\mathrm{CI}-\mathrm{CO})_t$——第 t 年的净现金流量；

n——计算期年数。

财务内部收益率可根据财务现金流量表中净现金流量折现值进行计算。按分析范围、角度和对象不同，财务内部收益率分为项目财务内部收益率、资本金收益率(即资本金财务内部收益率)和投资各方收益率(即投资各方财务内部收益率)。在财务评价中，根据计算求出的全部投资或资本金(投资者的实际出资)的财务内部收益率(FIRR)与行业的基准收益率或设定的折现率(i_c)比较，当 FIRR$\geqslant i_c$ 时，即认为该项目的盈利能力已满足最低要求，在财务上是可以考虑接受的。但该指标不能直接用于互斥方案比较，在互斥方案比较中要用差额(增量)投资内部收益率进行评判。

① 项目财务内部收益率

该指标是在不考虑资金来源即不考虑计算借款利息情况下，考察项目融资方案前且在所得税前整个项目的获利能力，供投资者进行项目方案比选和银行金融机构进行信贷决策时参考。

由于项目不同的融资渠道，其融资利率也会有所不同，不同性质的项目所享受的所得税税率与优惠政策也可能不同，故在计算项目财务内部收益率时，为了保持各个投资项目方案的可比性，不考虑利息支出和所得税支出的因素。

② 资本金收益率

是以项目资本金即投资者的实际出资为计算基础，考察所得税后资本金可能获得的收益水平。

③ 投资各方收益率

从投资者角度出发，以投资各方出资额为计算基础，考察投资各方可能获得的收益水平。

项目财务内部收益率(FIRR)的判别依据，一般采用各行业发布的基准收益率(i_c)或行业平均利润率，石油化工建设项目可采用行业发布的财务基准收益率(i_c)，当 FIRR$\geqslant i_c$ 时，即认为项目的盈利能力能够满足要求。资本金收益率和投资各方收益率应与出资方最低期望收益率对比，判断项目的收益水平。

(2) 财务净现值(FNPV)

财务净现值是指按行业基准收益率或设定的折现率 i_c 计算的项目计算期内各年净现金流量折现到建设期期初的现值之和。计算公式为

$$FNPV=\sum_{t=1}^{n}(CI-CO)_t(1+i_c)^{-t} \tag{5-15}$$

式中 CI——现金流入量；

CO——现金流出量；

$(CI-CO)_t$——第 t 年的净现金流量；

n——计算期年数；

i_c——设定的折现率。

财务净现值是评价项目盈利能力的动态评价指标，它反映项目在满足按行业基准收益率或设定折现率要求的盈利之外，获得的超额盈利的现值。财务净现值等于或者大于零，表明项目的盈利率达到或者超过按设定的折现率，项目盈利能力可行。

(3) 投资回收期(P_t)

投资回收期是指以项目的净收益抵偿项目全部投资所需要的时间，是考察项目投资回收能力的主要指标。投资回收期(以年为单位)一般从项目建设起始年算起。表达式为

$$\sum_{t=1}^{P_t}(CI-CO)_t=0 \tag{5-16}$$

投资回收期可根据现金流量表计算，现金流量表中累计现金流量(所得税前)由负值变为0时的时点，即项目所得税前的投资回收期。计算公式为

$$P_t=\frac{累计净现金流量开始}{出现正值的年份数}-1+\frac{上年累计净现金}{流量的绝对值}\Big/当年净现金流量值 \tag{5-17}$$

投资回收期越短，表明项目的盈利能力和抗风险能力越好。投资回收期的判别标准是基准投资回收期，其取值可根据行业水平或者投资者的要求设定。

(4) 投资利润率

投资利润率是指项目在运营期内正常生产年份的年利润总额(或年平均利润总额)与项目总投资的比例，是反映单位投资盈利能力的静态指标。若生产期内各年的利润总额变化幅度较大，应计算生产期年平均利润总额与项目总投资的比率。将项目投资利润率与同行业平均投资利润率对比，判断项目的获利能力和竞争能力。计算公式为

$$投资利润率=年利润总额或平均利润总额/项目总投资\times100\% \tag{5-18}$$

$$年利润总额=年产品营业(销售)收入-年产品销售税金及附加-年总成本费用 \tag{5-19}$$

年产品销售税金及附加 = 年消费税 + 年资源税 + 年城市维护建设税 + 年教育费附加 (5-20)

上述公式产品收入及成本中原、辅材料，外购动力费估算中采用不含增值税价格计算时采用，如采用含税价格计算时，年利润总额中还需扣除年增值税项。

项目总投资 = 工程造价 + 增值税 + 资金筹措费 + 流动资金 (5-21)

(5) 投资利税率

投资利税率是指项目达到设计生产能力后的一个正常年份的年利税总额或项目生产期内的年平均利税总额与项目总投资的比率。计算公式为

投资利税率 = 年利税总额或者年平均利税总额 / 项目总投资 (5-22)

年利税总额 = 年营业(销售)收入 - 年总成本费用 + 增值税 (5-23)

年利税总额 = 年利润总额 + 年销售税金及附加 + 增值税 (5-24)

投资利税率可根据利润和利润分配表中的有关数据计算求得。在财务评价中，特别对一些税大利小项目，用投资利润率指标往往不够全面。为了从国家财政收入角度衡量项目为国家创造的积累，将投资利税率与行业平均投资利税率对比，以判别单位投资对国家积累的贡献水平是否达到本行业的平均水平。

(6) 盈利能力分析其他主要指标

除了上面主要的盈利能力计算指标外，还有一些指标，在盈利能力分析中也会用到，现将这些指标一并列出，可以根据项目特点选择使用。

表 5-14 其他盈利指标汇总

序号	指标名称	内容定义	计算方法	用途或说明
1	净资产利润率	反映所有者投入企业资本的获利能力	净资产利润率 = 净利润/净资产额×100%	
2	销售利润率	反映企业销售收入的收益水平指标	销售利润率 = 净利润/销售净额×100%	
3	投资报酬率	用于衡量企业管理层对可用资源的适用效率指标	投资报酬率 = 净利润/总资产平均余额×100%	
4	资本利润率	对股份公司来说，就是股本利润率	资本利润率 = 净利润/实收资本(股本)总额×100%	
5	EBIT	息税前利润	EBIT = 营业(销售)收入 - 总成本费用 - 税金及附加 + 利息支出 或 EBIT = 净利润 + 利息支出 + 企业所得税	

续表

序　号	指标名称	内容定义	计算方法	用途或说明
6	EBITDA	息税折旧摊销前利润	EBITDA＝EBIT＋折旧＋摊销	
7	PAT	净利润,息税后收益	PAT＝EBIT－利息支出－所得税－少数股东权益	
8	FFO	营运资金	FFO＝PAT＋折旧	
9	ROACE	平均已占用资本回报率	ROACE＝税后经营利润/平均已占用资本×100％	税后经营利润＝EBIT×(1－所得税率) 已占用(投入)资本＝总资本－额外现金 平均已占用资本＝(期初已占用资本＋期末已占用资本)/2

5.2.6　偿债能力分析

项目偿债能力分析主要考察项目计算期内各年的财务状况及偿债能力。以前国内项目一般不编制资产负债表,主要通过财务平衡表(存在多种不同贷款条件的国内外借款时,还可以借助于借款还本付息计算表)计算国内固定资产投资借款偿还期,进行项目偿债能力分析。为更好体现企业资本金制度及企业自主权,根据新的财务会计制度,以资产负债表代替原来的资金平衡表。因此,财务评价中,要求国内项目与外商投资项目一样,除编制财务计划现金流量表外也要编制资产负债表。通常,要计算国内借款偿还期、资产负债率、流动比率和速动比率等指标。

项目偿债能力分析,要求通过有关财务报表,计算借款偿还期、利息备付率、偿债备付率等指标,评价项目借款偿债能力。如果采用最大能力还款的,需计算借款偿还期指标,可不再计算备付率等指标。

(1) 借款偿还期

借款偿还期是指在国家财政规定、中国人民银行最新公布的贷款利率及项目具体财务条件下,以项目投产后获得的可用于还款的资金还清借款本息所需时间,一般以年为单位表示。这项指标可由借款偿还计划表计算得到。

$$I_{\mathrm{d}} = \sum_{t=1}^{P_{\mathrm{d}}} R_{\mathrm{t}} \tag{5-25}$$

式中　I_{d}——建设投资中借款本金和资金筹措费之和;

P_{d}——借款偿还期;

R_{t}——t 年时可用于还款的资金。

$$借款偿还期(P_{\mathrm{d}}) = (借款偿还后开始出现盈余年份数 - 开始借款年份) + 当年偿还借款额 / 当年可用于还款的资金额 \tag{5-26}$$

该指标值应能满足贷款机构的期限要求。借款偿还期指标主要用来计算最大偿还能力，适用于项目前期阶段尚未约定借款偿还期限与方式的项目。对于已约定借款偿还期限的项目，应采用利息备付率和偿债备付率指标分析项目的偿债能力。

(2) 资产负债率

资产负债率反映项目各年所面临的财务风险程度及偿债能力的指标，是负债总额与全部资产总额之比。计算公式为

$$资产负债率 = 负债合计 / 资产合计 \times 100\% \quad (5-27)$$

项目计算期内各年的资产负债率可通过资产负债表逐年计算得到，该指标是衡量项目负债水平及财务风险程度的综合指标，既用来考量项目利用债权人提供资金进行经营活动的能力，也反映债权人发放贷款的安全程度。从债权人角度看，资产负债率越低，贷款安全保障程度越高。通常认为，资产负债率在60%以下较为安全，当资产负债率大于100%时，说明项目资不抵债，可视为达到破产临界值。

(3) 流动比率

流动比率是反映项目各年偿付流动负债能力的指标，是流动资产总额与流动负债总额之比。其计算公式为

$$流动比率 = 流动资产总额 / 流动负债总额 \times 100\% \quad (5-28)$$

项目经营期内各年的流动比率可通过资产负债表逐年计算得到，流动比率可用以衡量项目短期负债偿还能力。从债权人角度看，比率越高，债权保障程度越高。一般认为2倍(200%)以上较为适宜。

(4) 速动比率

流动比率是反映项目快速偿付流动负债能力的指标，是速动资产总额(即流动资产减去存货)与流动负债总额之比。计算公式为

$$速动比率 = (流动资产总额 - 存货) / 流动负债总额 \times 100\% \quad (5-29)$$

项目经营期内各年的速动比率可通过资产负债表逐年计算得到，速动比率是对流动比率的补充。一般认为1倍(100%)以上较为适宜。

流动比率、速动比率是衡量企业短期偿债能力的指标，过低，说明项目短期偿债能力较弱，可能无法及时偿还债务。反之，两者指标也不是越高越好，流动比率、速动比率如因为存货过高、应收账款膨胀而过高的话，则存货流动性、应收账款的变现能力都会影响指标真实性；而流动比率、速动比率如因现金过多而过高的话，说明项目没有充分利用资金，降低了资金使用效率。

(5) 利息备付率

利息备付率是指项目在借款偿还期内，各年可用于支付利息的税息前利润与当期应付利息费用的比值。计算公式为

$$ICR(利息备付率) = EBIT(税息前利润)/PI(当期应付利息费用) \quad (5-30)$$

式中 EBIT——税息前利润(利润总额加上计入总成本费用的利息费用)；

PI——当期应付利息是指计入总成本费用的全部利息。

ICR 指标通常按年计算。ICR 表示项目的利润偿付利息的保证倍率。正常情况下，ICR 一般应当大于 2，否则，可能表示付息能力保障程度不足。

(6) 偿债备付率

偿债备付率是指项目在借款偿还期内，各年可用于还本付息资金与当期应还本付息金额的比值。计算公式为

$$\text{DSCR(偿债备付率)} = (\text{EBITDA} - T_{AX})\text{(可用于还本付息的资金)} / \text{PD(当期应还本付息金额)} \quad (5-31)$$

式中 EBITDA——息税前利润加折旧摊销；

T_{AX}——企业所得税；

PD——当期应还本付息金额，包括当期应还贷款本金及计入成本的利息。

DSCR(偿债备付率)指标通常按年计算。偿债备付率表示可用于还本付息的资金偿还借款本息的保证倍率。正常情况下，偿债备付率一般应当大于 1。当指标小于 1 时，表示当年资金来源不足以偿付当期债务，需要通过短期借款偿付已到期债务。

5.2.7 不确定性分析

项目评价所采用的数据大部分基于预测，随着设计深度的增加及建设、运营期内外部环境的变化，对投资估算、成本的估算、市场预测、建设进度、利率汇率变化都存在一定程度的不确定性。为了分析这些因素的不确定性可能会对经济评价指标造成的影响，有必要进行不确定性分析，考察项目可能存在的风险及项目在财务上的可靠性。根据拟建项目的具体情况，可以有选择地进行敏感性分析、盈亏平衡分析。

5.2.7.1 敏感性分析

通过分析、预测项目主要不确定因素的变化对项目评价指标的影响，找出敏感性因素，分析评价指标对该因素的敏感程度，计算该因素达到临界值时项目的承受能力。

(1) 项目不确定因素

在项目的建设、投产、运营过程中，不确定因素主要来自以下几方面。

① 项目收入风险：包括产品产量(或提供的服务量)、财务评价中使用的预测价格等。

② 建设风险：包括设备、材料、人工价格、工程量及设备数量、取费标准等。

③ 融资风险：包括融资渠道、融资供应量及资金到位时间等。

④ 建设工期风险：包括工期延长等。

⑤ 运营成本费用风险：包括投入各种原辅料、燃料、动力预测价格及消耗量、成本其他费用、人工工资等。

⑥ 政策风险：包括由于财税政策变化引起税种、税率的变化、贷款利率的变化、汇率变化及通货膨胀等。

根据以上的不确定因素，一般财务评价可以将产品价格、产品产量(生产负荷)、主要原材料价格、建设投资、汇率变化等作为主要考察的不确定因素。

敏感性分析有单因素敏感性分析和多因素敏感性分析两种分析方法。单因素敏感性分析是对单一不确定因素变化的影响进行分析；多因素敏感性分析是对两个或两个以上互相独立的不确定因素同时变化的影响进行分析。可根据项目的具体情况选择进行。敏感性分析结果

用敏感性分析表和敏感性分析图表示。

(2) 编制敏感性分析表和绘制敏感性分析图

敏感性分析图如图 5-1 所示。图中每一条斜线的斜率反映内部收益率对该不确定因素的敏感程度,斜率越大敏感度越高。每条斜线与基准收益率线的相交点所对应的不确定因素变化率即该因素的临界点。

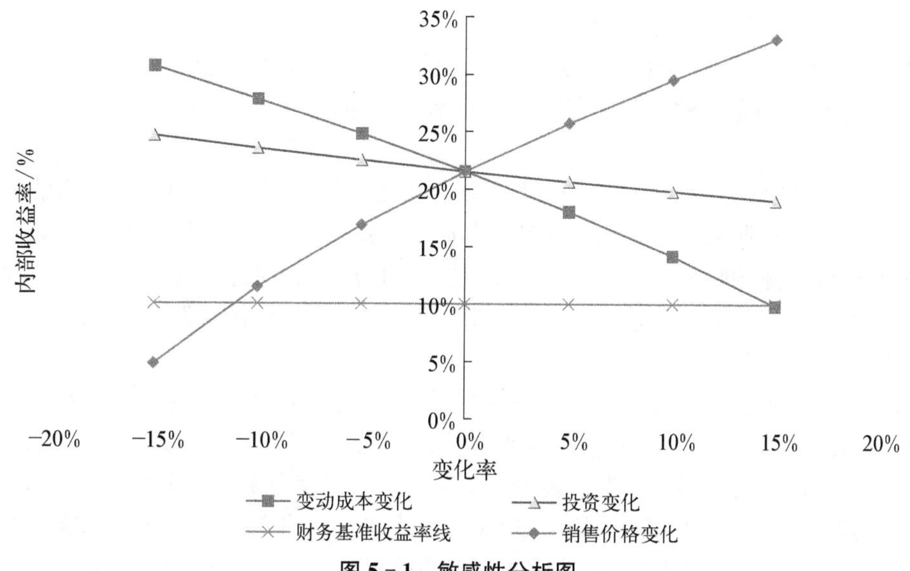

图 5-1　敏感性分析图

敏感性分析表如表 5-15 所示。表中所列的不确定因素是可能对评价指标产生影响的因素,分析时可选用一个或多个因素。不确定因素的变化范围可自行设定。可根据需要选定项目评价指标,其中最主要的评价指标是财务内部收益率。

表 5-15　敏感性分析表

序号	不确定因素	变化率/%	内部收益率	敏感系数	临界点/%
	基本方案				
1	产品产量(生产负荷)				
2	产品价格				
3	主要原材料价格				
4	建设投资				
5	汇率				

(3) 计算敏感度系数和临界点

① 敏感度系数

单因素敏感性分析可用敏感度系数表示，其表明某个项目评价指标对不确定因素的敏感程度。计算公式为

$$E = \Delta A / \Delta F \tag{5-32}$$

式中　ΔF——不确定因素的变化率，%；

ΔA——不确定因素发生 ΔF 变化率时，评价指标 A 的相应变化率，%；

E——评价指标 A 对于不确定因素 F 的敏感度系数。

② 临界点

临界点是指项目允许不确定因素向不利方向变化的极限值。超过极限，就会影响项目方案的取舍。例如当外购的原料价格上涨到某值时，财务内部收益率将刚好等于基准收益率，此点称为原料价格上涨的临界点。临界点可用临界点百分比或者临界值分别表示某一变量的变化达到一定的百分比或者一定数值时，项目的效益指标将从可行转变为不可行。

5.2.7.2　盈亏平衡分析

当投资、成本、销售量、产品价格等不确定因素的变化达到某一临界值时就会影响投资项目经济效果，盈亏平衡分析就是根据产量或销量、成本及利润的相互制约关系的综合分析，来预测利润、控制成本、判断经营状况。传统意义上的盈亏平衡分析实际上是在利润等于零时的一种特殊形式的临界点分析，即产品收入等于产品成本这一临界状态时，求取临界点所对应的产量或者销售量。盈亏平衡点越低，表示项目对不确定因素的承受能力越强，抗风险能力也越强。盈亏平衡点常用生产能力利用率或者产量表示。

用生产能力利用率表示的盈亏平衡点(BEP)为

$$\text{BEP}(\%) = \text{年固定总成本} \Big/ \left(\begin{matrix}\text{年营业} \\ \text{(销售)收入}\end{matrix} - \text{年可变成本} - \begin{matrix}\text{年销售税} \\ \text{金及附加}\end{matrix} \right) \times 100\% \tag{5-33}$$

用产量表示的盈亏平衡点 BEP(产量)为

$$\text{BEP(产量)} = \text{年固定总成本} \Big/ \left(\begin{matrix}\text{单位产品} \\ \text{销售价格}\end{matrix} - \begin{matrix}\text{单位产品} \\ \text{可变成本}\end{matrix} - \begin{matrix}\text{单位产品销售} \\ \text{税金及附加}\end{matrix} \right) \tag{5-34}$$

两者之间的换算关系为

$$\text{BEP(产量)} = \text{BEP}(\%) \times \text{设计生产能力。} \tag{5-35}$$

注：产品的销售价格与可变成本均为不含税价格。

盈亏平衡点应按项目投产后的正常年份计算，而按计算期内的平均值计算意义不大。

项目评价中常使用盈亏平衡分析图表示分析结果，如图 5-2 所示。

5.2.7.3　概率分析

敏感性分析可以帮助找到关键的不确定性因素，但不能回答这些不确定因素变化发生的概率。如果需要对不确定性因素进行深入分析，应采用概率分析等方法。

概率分析是运用概率方法和数理统计方法对风险概率进行分析的方法，对于风险因素如销售量、销售价格、产品成本、投资、建设工期等风险变量可能出现的各种状态及概率分布，计

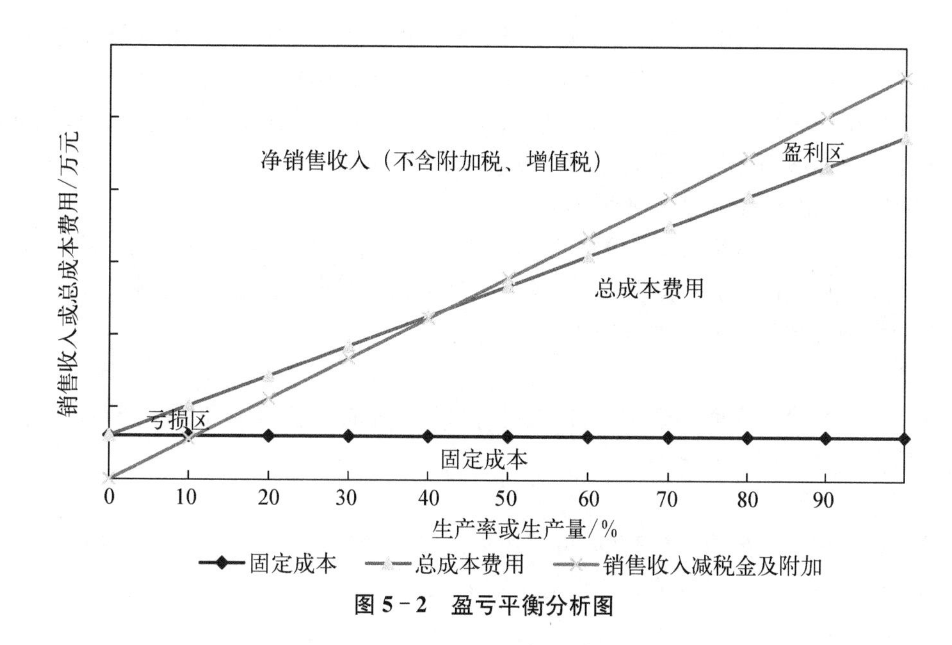

图 5-2　盈亏平衡分析图

算项目评价指标内部收益率(FIRR)、净现值(FNPV)等概率分布，从而确定项目偏离预期指标的程度和发生偏离的概率，判定项目的风险程度，为项目投资决策提供依据。

1. 概率分析步骤

(1) 选取一个或几个评价指标，一般将财务内部收益率(IRR)、财务净现值(NPV)等作为评价指标。

(2) 选定需要进行概率分析的风险因素，通常有产品价格、销售量、主要原材料价格、建设投资以及汇率等。根据各个项目具体情况，通过敏感性分析，选择最为敏感的因素进行概率分析。

(3) 预测风险因素变化的取值范围及概率分布，一般分为两种情况：一是单因素概率分析；二是多因素概率分析。

(4) 根据测定的风险因素值和概率分布，计算评价指标的相应取值和概率分布。

(5) 计算评价指标的期望值和项目可接受的概率。

(6) 分析计算结果，判断其合理性和可接受性，研究弱化风险和控制风险因素的措施。

2. 风险概率的分析方法

(1) 确定风险变量概率分布

① 离散概率分布

离散型随机变量的概率分布，是指根据分析人员的主观判断，只取有限个随机变量，并能以各种确定的概率值表示的概率分布情况。如原材料价格在项目寿命期内可能下降5%、10%、15%、20%，这是下降比例有限的情况。

产品市场需求假定出现低于预期值20%、低于预期值10%、等于或高于预期值10%四种状态，即认为市场需求是离散型随机变量。

② 连续概率分布

有些变量的取值范围为一个区间，无法按一定次序一一列举出来，这种变量称为连续变量。如市场需求量在某一数量范围内，假定在预期值的上下10%内变化，市场需求就是一个连续变量，它的概率分布用概率密度函数表示。常用的连续概率分布有正态分布、三角分布、阶梯分布、梯形分布(三角分布特例)、直线分布(阶梯分布特例)。概率分析就是要分析和研究随机变量的概率分布情况，并据以测得期望值与标准差，在项目评价中如进行概率分析时，一般只分析和研究离散型随机变量的概率分布情况。

(2) 风险因素概率分布的测定方法

概率分析的基础与概率分析的关键是风险因素的概率分布。包括以下几种测定方法：可根据评价需要，以及资料的可得性和费用条件来选择；也可通过专家调查法确定；或者用历史统计资料和数理统计分析方法进行测定。

(3) 概率分析法

根据测定的风险因素值和概率分布，即可计算评价指标相应取值和概率分布，计算评价指标的期望值和项目可接受的概率。

① 概率树分析

风险因素概率服从离散型分布的，可采用此法，概率树分析是在构造概率树的基础上，计算项目净现值的期望值和净现值大于或等于零的概率。

a. 构造概率树

理论上概率树分析适合于所有状态有限的离散变量，根据每个输入变量状态的组合计算项目评价指标，每种变量可能发生的各种状态的概率之和必须等于1，将所有风险变量的各种状态组合起来，分析计算每组状态下的评价指标及相应的概率，得到评价指标的概率分布，然后统计出评价指标低于或高于基准值的累计概率，计算评价指标的期望值、方差、标准值和离散系数。

b. 计算净现值的期望值

根据已计算的每种变量可能发生的各种状态下的概率分布与各种状态下的净现值分别相乘，得出加权净现值，再求和得出财务净现值的期望值。随机变量取值越多，相应的概率分布值越多，其加权平均值也就越接近于实际可能的值。

c. 净现值大于或等于零的概率计算

概率分析应求出净现值大于或等于零的概率，从该概率值的大小，估计项目承受风险的程度，累计概率值越接近1，说明项目的风险越小；反之，项目的风险越大。财务评价中如需概率分析的，多用此方法。

② 蒙特卡罗模拟法

蒙特卡罗模拟法，是用随机抽样的方法抽取一组满足输入变量的概率分布特征的数值，输入这组变量计算项目评价指标，通过多次抽样计算可获得评价指标的概率分布及累计概率分布、期望值、方差、标准差，计算项目可行或不可行的概率，从而估计项目投资所承担的风险。

此方法适用于随机变量的风险因素较多，或者风险因素变化值服从连续分布，不能用理论方法计算时，可采用此法。

5.2.8 改扩建项目财务评价特点

一般来说，改扩建项目是在原有企业的设施上进行的，是既有法人的项目。与新建项目(新设法人)相比具有以下特点：① 新建项目一般没有可利用资产，投入全部为新增；而改扩建项目或多或少利用了原有资产和资源，以增量调动存量，以较小的新增投入取得较大的增量效益。② 新建项目投入产出计算从零开始较易计算，增量即总量，效益费用识别容易。③ 改扩建项目实施前，大多原来已在生产经营，随着项目实施其状况还会发生变化，因此项目投入产出的增量总量识别较复杂。④ 建设期内改扩建项目的建设与原企业生产同步进行。⑤ 项目与原企业生产交织在一起，改扩建项目范围很难厘清，在分不清界定范围情况下，有的改扩建项目分析范围需要从项目延伸至企业。

改扩建与技术改造项目的目标不同，实施结果各异。其效益可能表现为增加产量、扩大或提升品种、改善质量，降低物耗能耗、合理利用资源、提高工艺技术装备水平、减少污染排放等，其费用(代价)不仅包括新增建设投资，新增经营费用，还包括由于项目建设可能带来的停产或减产损失，以及原有固定资产拆除费等。

因此，改扩建项目的经济评价除应遵循一般新建项目经济评价的原则和基本方法外，还必须针对以上特点，在具体评价步骤、内容及方法上与新建项目相比有特别要求。

5.2.8.1　确定财务评价范围

一般改扩建项目是在企业现有设施上进行的，涉及范围可能是企业整体停产复建，也可能是部分改建、扩建、迁建或技术更新。因此，正确合理划分和界定效益与费用的计算范围是此类项目最关键的步骤。如果拟建项目建成后能够独立经营，且形成相对独立的核算单位，项目所涉及的投入、产出范围就是财务评价的对象；如果项目改造仅是现有装置或设施的一部分，投产后的生产运作、效益核算与现有装置或企业无法分开，不能单独核算，应将拟建项目与其关联的装置或整个企业作为项目财务评价的对象。

5.2.8.2　选取财务评价数据

对既有项目法人项目的财务评价，采用“有无对比”进行增量分析，主要涉及下列几种数据。

(1) “有项目”数据，是预测改扩建项目实施后各年的投入产出的效益与费用状况的数据。

(2) “无项目”数据，和现状相比，“无项目”情况下的效益与费用在计算期内可能增加，可能减少，也可能保持不变，预测在不实施拟建项目的情况下，原企业各年的效益与费用状况的数据，避免低估或高估项目的运营效果。

(3) “有项目”与“无项目”进行对比时，效益与费用的计算范围、计算期应保持一致，具有可比性。

(4) “增量”数据，是指“有项目”数据与“无项目”数据的差额，用于增量分析。为保持计算期一致，一般以“有项目”的计算期为基准，对“无项目”的计算期进行调整。通常通过局部或者全部更新，即通过追加投资或追加维修费用等措施来延长“无项目”时的生产运营期，使其与“有项目”的计算期相同。在某些特殊情况下，通过上述一系列措施在技术上仍不能延长其寿命期，或者经济上明显不合理时，应将“无项目”的生产运营适时终止，其后各年的现金净收益为零。

5.2.8.3　盈利与清偿能力分析

改扩建项目财务评价与新建项目财务评价的主要区别，在于它的盈利能力、清偿能力的评价指标，改扩建项目是按“有项目”和“无项目”对比，即先计算改扩建后(即“有项目”以及不改扩建，也称“无项目”)两种情况下的效益和费用，然后通过这两组数据的差额(即增量数据，包括增量效益和增量费用)计算增量指标。从本质上来说，改扩建项目财务评价也就是“建项目”与“不建项目”的方案比较中运用得最多的是差额分析法。但如果有些改扩建项目，如新建生产装置或生产线，新增一种或数种产品，其效益和费用能与原有企业分开计算的，财务评价可视同新建项目进行。

盈利能力分析采取增量分析方法计算。偿债能力评价指标，一般是按“有项目”后项目的偿债能力或按“有项目”后既有法人整体的偿债能力计算。

(1) 编制财务报表

改扩建项目财务评价，应按增量效益与增量费用的数据，编制项目增量财务现金流量表、资本金增量财务现金流量表。按“有项目”和“无项目”的效益与费用数据，分别编制两种状态的项目损益和利润分配表、财务计划现金流量表、资产负债表、借款偿还计划表。各种报表的编制原理和科目设置与新建项目的财务报表基本相同，不同之处是表中有关数据的计算口径有所区别。

(2) 计算财务评价指标

进行盈利能力、偿债能力及不确定性分析，并编写财务评价报告。

改扩建建设项目由其本身改建性质决定了其在确定评价范围、选取财务评价基础数据、评价指标及报表编制上与新建项目相比存在“有对比、无对比”差异外，在评价遵循原则、评价计算方法与评价步骤上与新建项目还是相同的。

5.2.9 非营利性项目财务评价

非营利性项目是指以社会目标与环境目标为主，为社会公众提供服务或者产品的非营利性质的投资项目，包括公益事业项目、某些基础设施项目和行政事业项目。近年来，涌现了大量以净化环境为目标的环保治理类项目。这些项目的显著特点是以社会效益为主，为社会提供福利及提高服务功能，不收取费用或者只收取少量费用。与一般营利性项目财务评价不同的是，通常不计算项目的财务内部收益率、财务净现值、投资回收期，仅对于使用借款又有收入的项目，可计算借款偿还期指标。

石油化工建设项目非营利性项目财务评价内容与指标主要有以下几方面。

(1) 单位生产能力投资

这项指标是指建设每单位生产能力/装置规模所需的投资。

$$\text{单位生产能力投资} = \text{建设投资} / \text{设计生产能力或装置规模} \quad (5-36)$$

进行方案比较时，同类比较中，一般以单位投资较小的方案为优。

(2) 单位生产能力运营成本

这项指标是指项目的年运营费用与设计生产能力或装置规模之比，如石油化工行业为减少有害污水处理项目，处理每吨污水的运营费用，以此考量项目运营期间企业需为此投入的费用。一般以单位生产能力(装置规模)较小的年运营费用方案为优。

$$\text{单位完全运营成本} = \text{年运营费用} / \text{年设计生产能力或装置规模} \quad (5-37)$$

其中，年运营费用 = 运营直接费用 + 管理费用 + 财务费用 + 折旧费用。

(3) 运营和服务收费价格

石油化工建设项目中这类服务以储备类的原油仓储、管廊运营居多，这项指标是指向客户提供每单位相关服务收取的服务费用，以此评价收费的合理性。评价方法一般是按行业基准收益率或成本加合理利润的方法倒测收费价格，将测算的服务价格与消费者承受能力和支付意愿，以及政府发布的指导价格进行对比。

(4) 借款偿还期

石油化工建设项目中非营利项目大多为拨款项目，没有此类指标要求。除非个别负债建设且有经营收入的非营利性项目，应计算借款偿还期，考核项目的偿债能力。

5.3 国民经济评价

国民经济评价是按合理配置资源的原则，采用影子价格、影子工资、影子汇率和社会折现率等国民经济评价参数，从国民经济的角度考察投资项目对经济整体支付的代价和为经济整体提供的效益，分析测算项目对国民经济的净贡献，据此评价投资项目的可行性和经济合理性。

5.3.1 国民经济评价范围和内容

财务评价是在市场经济条件下，运用市场价格、财务工资、官方发布汇率及行业基准收益率等评价参数，从项目或企业角度，考察项目的盈利能力、偿债能力和抗风险能力，大部分项目通过财务评价结论已经可以满足项目的投资决策要求。但对于一些无法完全依靠市场配置资源项目，需要进行国民经济评价，从国民经济角度评价项目是否可行。

5.3.1.1 国民经济评价范围

对于一些无法完全依靠市场配置资源的项目，需从国民经济角度评价项目是否可行。从投资管理的角度看，通常进行国民经济评价的项目主要有以下五种。

(1) 政府预算内投资(包括国债资金)的用于关系到国家安全、国土开发和市场不能有效配置资源的公益性项目及公共基础设施建设项目、保护和改善生态环境项目、重要战略性资源开发项目。

(2) 政府各类专项建设基金投资的用于交通运输、农林水利等基础设施、基础产业建设项目。

(3) 利用国际金融组织和外国政府贷款，需要政府主权信用担保的建设项目。

(4) 法律、法规规定的其他政府性资金投资的建设项目。

(5) 企业投资建设的涉及国家经济安全、影响环境资源、公共利益、可能出现垄断、涉及整体布局等公共性问题，需要政府核准的建设项目。

对于上述这些关系到国计民生的大型基础设施项目、国家资金建设的铁路、公路等交通运输项目，大型的水利水电项目，国家控制的战略性资源开发项目，动用社会资源和自然资源较大的项目，往往具有下列特征：具有明显外部效果，具有自然垄断、公共产品项目特性，项目的投入或产出物价格不完全市场化，无法完全反映资金的机会成本或支付意愿。由于这类项目特性使然，无法对其进行市场定价，无法反映真实价值；或市场价格虽然存在，但无法确切地反映投入物和产出物的边际社会效益和成本，更无法充分体现社会净效益。

5.3.1.2 国民经济评价内容

国民经济评价的研究内容主要是根据国民经济评价必须遵循的原则，先识别国民经济直接效益与直接费用、间接效益与间接费用，确定选取和计算影子价格，然后编制国民经济评价报表，最后计算国民经济评价指标，并进行分析评判。

5.3.2 国民经济效益与费用识别

5.3.2.1 国民经济效益与费用

项目的国民经济效益是指项目对国民经济和社会所作的贡献，分为直接效益和间接效益。项目的国民经济费用是指国民经济和社会为项目付出的代价，分为直接费用和间接费用。

(1) 直接效益与直接费用

直接效益是指由项目产出物直接产生，并在项目范围内计算的经济效益。表现在工业项目生产的产品、副产品；矿区开采项目开采的矿产品；运输项目提供的运输服务；邮电通信项目提供的通信服务等。一般项目的直接效益已在财务评价中得到了反映，可能由于这类项目前述的特性，这些反映可能存在一定程度的失真，需通过影子价格进行调整。

直接费用是指项目使用投入物所形成，并在项目范围内计算的费用。一般表现为投入项目的各种物料、人工、资金、技术以及自然资源而带来的社会资源的消耗，一般项目的直接费用与直接效益一样也已在财务评价中得到了反映，如果存在一定的失真，也需通过影子价格进行调整。

(2) 间接效益与间接费用

间接效益与间接费用是指项目对国民经济和社会作出的贡献与国民经济和社会为项目付出的代价中，在直接效益与直接费用中未得到反映的那部分效益与费用。通常把与项目相关的间接效益和间接费用统称为外部效果。

间接效益与间接费用的计算应考虑到项目建成运营，对自然环境与生态环境带来的污染与破坏影响，对上、下游相关联产业造成的影响以及先进技术扩散带来社会进步的影响等。对于项目的间接效益与间接费用，在能量化部分，一般只计算一次关联效果，防止计算扩大化。

5.3.2.2 效益与费用识别应遵循的原则

(1) 增量分析的原则

项目经济费用效益分析应遵循“有无对比”增量分析的原则，将项目实施后的效果与无项目情况下可能发生的情况进行对比分析，作为计算机会成本或增量效益的依据。不应考虑沉没成本和已实现的效益。

(2) 考虑关联效果原则

应考虑项目投产后可能产生的上、下游相邻产业关联效应。

(3) 以本国居民作为分析对象的原则

对于跨越国界的项目，应重点分析对本国公民新增的效益和费用。

(4) 剔除转移支付的原则

从国民经济角度看，接受转移支付的一方所获得的效益等于付出方所产生的费用，转移支付行为本身并没有造成现有资源的实际增加或者减少，仅仅属于国民经济内部的转移支付，没有导致新增效益、费用的发生，一般在进行经济费用效益分析时，不得再计算转移支付的影响。财务评价中常见的转移支付的主要内容包括：① 国家和地方政府收取的税收；② 国内银行等金融机构的借款利息；③ 一些特殊项目，国家和地方财政支持的优惠补贴。

一般以项目的财务评价为基础进行国民经济评价时，应从财务评价的效益与费用中剔除上述在国民经济评价中计作转移支付的部分。

5.3.3 国民经济评价参数、影子价格的选取与计算

国民经济评价的重要基础为国民经济评价参数。如何正确理解和使用评价参数，对正确计算费用、效益和评价指标，比选方案、优化方案起着至关重要的作用。国民经济评价有两类参数体系，一类是通用参数，如社会折现率、影子汇率和影子工资等，这些通用参数由国家发展改革委和建设部组织测算和发布；另一类是货物影子价格等一般参数，由行业或者项目评价人员测定。

5.3.3.1 社会折现率(i_s)

资金是一种资源，项目占用资金必须获得应有收益，并且等值资金在不同时间点，其价值也是不一样的。在国民经济评价中，衡量项目不同时期(不同时间点)现金流价值转换的依据就是社会折现率。社会折现率是国民经济评价中的主要指标，即经济内部收益率的判别基准，是用以估量资金时间价值的重要参数，代表社会资金被占用应获得的最低盈利标准，并用作不同年份现金流价值换算的折现率。社会折现率可根据国民经济发展多种因素综合考虑，由国家统一发布。各类投资项目的国民经济评价都应采用国家相关部门(国家发展改革委和建设部)统一发布的社会折现率作为计算经济净现值的折现率。社会折现率可作为经济内部收益率的判别标准。国家相关部门每隔一段时间，会根据对我国经济运行情况、各行业的投资收益水平、资金供需状况、资金机会成本以及国家宏观调控等因素综合考虑，对社会折现率(i_s)进行不定期调整。在 1987 年第一版《建设项目经济评价方法与参数》中社会折现率(i_s)取值 10%；1993 年第二版《建设项目经济评价方法与参数》中社会折现率(i_s)取值 12%；2006 年第三版《建设项目经济评价方法与参数》中社会折现率下调为(i_s)8%，至今暂未更新发布。

从目前来看，我国银行存贷款实际利率低于该指标值，实际工作中，对于不同类型的具体项目，可视项目的性质，在国家公布的社会折现率的基础上，适当调整社会折现率的取值，特别是永久性、受益期较长的工程，如大型水利设施或具有长远环境效益的项目，可采用稍低的社会折现率，但调整幅度不宜太大。

5.3.3.2 影子汇率

在项目的财务评价中外汇是按照实际发生的结算汇率换算为人民币的，但是结算汇率并不总能反映外汇对于国民经济的真实价值。特别在实行外汇管控，不能完全自由兑换情况下，结算汇率往往偏离了外汇的实际价值。而影子汇率就是国民经济评价中从国家角度估量外汇价值的一个重要参数，能正确反映外汇真实价值。在国民经济评价中，影子汇率通过影子汇率换算系数计算。项目涉及进出口的投入物和产出物，应采用影子汇率换算系数调整计算影子汇率。目前我国的影子汇率换算系数取值 1.08。

5.3.3.3 影子工资

项目国民经济评价中，是以影子工资的方式对项目使用的劳动力计算其代价的。影子工资与项目财务评价中支付的财务工资有所不同，财务工资是项目的财务成本，是支付给劳动力的个人酬劳，但劳动力将其用于个人消费或储蓄，个人得到消费效益，对社会来说并不一定构成费用。影子工资是项目使用了劳动力后，从使用劳动力会给社会带来的影响入手，分析劳动力、劳动时间的潜在价值，估算社会为此付出的代价，并作为国民经济费用计入经营费用。通常通过影子工资换算系数来计算影子工资。影子工资换算系数是影子工资与项目财务评价中财务工资和福利费的比值。

影子工资＝财务工资与福利×影子工资换算系数　(5－38)

国家发展改革委和建设部颁布的2006年第三版《建设项目经济评价方法与参数》中根据我国现有劳动力市场状况，技术性工种劳动力的影子工资换算系数取值1，考虑到各地经济发展的不平衡，非技术性工种劳动力的影子工资换算系数取值0.25～0.8。

5.3.3.4　影子价格

进行项目国民经济评价时，影子价格是对投入物和产出物真实经济价值的度量，是对投入物和产出物真实经济价值的度量。它是反映市场供求状况和资源稀缺程度，使资源得到合理配置的价格。进行国民经济评价时，项目的主要投入物和产出物价格，原则上都应采用影子价格，但是完善的市场条件是不存在的，故只有通过对现行价格的调整，才能接近真实价格作为国民经济评价的测算价格。

(1) 市场定价货物的影子价格

1992年，我国社会主义市场经济体制确立后，经过二十多年的发展，国内市场经济和贸易范围日益扩大，大部分货物都由市场交易形成价格，其价格可以近似反映其真实价值。进行国民经济评价只需将这些货物的市场价格加上或者减去国内运杂费等，作为投入物或者产出物的影子价格。

① 外贸货物影子价格

外贸货物影子价格是以口岸价为基础，乘影子汇率加上或者减去进出口环节的各种费用。

投入物影子价格(项目投入物的到厂价格)＝到岸价(CIF)×影子汇率＋进口费用　(5－39)

产出物影子价格(项目产出物的出厂价格)＝离岸价(FOB)×影子汇率－出口费用　(5－40)

进口或出口费用是指货物进出口环节在国内所发生的所有相关费用，包括储运费用，装卸、运输保险等各种费用支出及物流环节的各种损失、损耗等。

② 非外贸货物影子价格

非外贸货物影子价格是以市场价格加上国内运杂费作为投入物的影子价格，投入物的影子价格为到厂价或者以市场价格减去国内运杂费作为产出物影子价格，产出物影子价格为出厂价。

(2) 政府调控价格货物的影子价格

在非外贸货物中，项目涉及的基础设施投入或服务(包括供水、供电、铁路、公路运输、贸易服务等)中由政府调控价格或受政策干预的价格，这些价格不完全由市场机制形成，不能完全反映其真实价值。在进行国民经济评价时，对这些货物或者服务确定影子价格的原则是：投入物按机会成本分解定价，产出物按消费者支付意愿定价。如市场机制比较完善，其货物或服务的财务价格基本上由市场竞争决定，影子价格可由财务价格决定。

(3) 特殊投入物的影子价格

项目在建设、生产运营过程中使用的劳动力、土地和自然资源等作为特殊投入物。项目使用这些特殊投入物所发生的国民经济费用，应分别采用下列方法确定其影子价格：① 影子工资；② 土地影子价格。

a. 农用土地影子价格

农用土地影子价格＝土地机会成本＋新增资源消耗　(5－41)

目前通常是在财务评价中土地费用的基础上进行调整计算。具体做法是：对土地补偿费、青苗补偿费等属于机会成本性质的费用，按机会成本的计算方法调整计算；对拆迁费用、剩余劳动力安置费用、养老保险费用等属于新增资源消耗的费用，按影子价格调整计算；对粮食开发基金、耕地占用税等属于转移支付的，予以剔除。

b. 城镇土地影子价格

应按支付意愿的原则，以市场价格计算包括土地出让金、征地费、拆迁安置补偿费等费用。

c. 自然资源影子价格

各种自然资源是一种特殊的投入物，同时具有某种稀缺性的实物性资源。项目使用的矿产资源、水资源、森林资源等都是对国家资源的占用和消耗。矿产等不可再生自然资源的影子价格按资源的机会成本计算，水和森林等可再生自然资源的影子价格按资源再生费用计算。

5.3.4 国民经济评价报表编制

按常规做法，国民经济效益费用流量表一般在项目财务评价基础上进行调整编制。有些项目也可以不进行财务评价，直接独立进行国民经济评价并进行报表编制。

进行国民经济评价主要工作是编制国民经济评价报表。国民经济效益费用流量表有两种：一是项目国民经济效益费用流量表；二是国内投资国民经济效益费用流量表。项目国民经济效益费用流量表以全部投资（包括国内投资和国外投资）作为分析对象，考察项目全部投资的盈利能力；国内投资国民经济效益费用流量表以国内投资作为分析对象，考察项目国内投资部分的盈利能力。

5.3.4.1 在财务评价基础上编制国民经济效益费用流量表

以项目财务评价为基础编制国民经济效益费用流量表，需合理调整效益与费用的范围和内容。

(1) 剔除转移支付

将财务评价中已计入财务效益与费用中的各项转移支付剔除。如税金及附加、增值税、消费税、所得税等税金及计入费用中的房产税、印花税、车船税、土地使用税等各项税金，国内借款利息、国家或地方政府的财政补贴等，均属于转移支付，予以剔除。

(2) 计算间接效益与间接费用

根据项目的具体情况，识别项目的间接效益和间接费用，对能定量的进行定量计算，不能定量的，应作定性描述分析。无论采用何种方法，需保持效益费用的计算口径一致。

(3) 调整建设投资

在财务评价中完成的建设投资基础上进行以下调整：

剔除属于国民经济内部转移支付的进口设备、材料的关税和增值税，并用影子价格、影子汇率、影子运费与贸易费用逐项调整进口设备和材料的价值。对于国内设备用影子价格、影子运费与贸易费用进行调整计算。

建筑工程费和安装工程消耗的材料费、人工等按影子价格与影子工资进行换算调整；土地费用按土地影子价格进行调整。

剔除价差预备费，调整其他费用。

(4) 调整流动资金与资金筹措费

同样，在财务评价中完成的流动资金估算基础上进行调整：

财务评价中，若按分项详细估算法估算流动资金，则流动资产中应收、应付款项及现金并没有实际耗用国民经济资源，在国民经济评价中应予以剔除，存货项（原材料、修理用备品备件、燃料、在产品、产成品等库存）占用的资金，应用影子价格重新分项估算；若财务评价中的流动资金是采用扩大指标法估算的，国民经济评价仍应按扩大指标法，以相应的流动资金指标系数乘调整后的销售收入或经营费用等进行估算。

建设期间发生的资金筹措费也视作转移支付，从财务评价的总投资中予以剔除。

根据建设投资、资金筹措费及流动资金调整结果，重新调整国民经济评价总投资。

(5) 调整经营费用

在财务评价中完成的成本费用表基础上进行调整。

对各项经营费用使用影子价格调整，对主要原材料、燃料及动力费用等可变成本按影子价格及影子运杂费调整或用成本分解法定价调整；对固定成本中的财务工资及福利费，用影子工资及影子换算系数进行调整。对固定成本中折旧、修理费及其他费用等按调整后的固定资产原值计算。

(6) 调整营业（销售）收入

在财务评价中完成的营业（销售）收入表基础上进行调整。

先确定项目产出物的影子价格，用影子价格及影子运费调整计算项目产出物的营业（销售）收入。

(7) 调整外汇值

应用影子汇率进行调整各项收入和费用支出中的外汇部分，重新计算外汇值。汇入的资金和汇出的投资收益、贷款本息，也相应用影子汇率进行调整。

5.3.4.2 直接编制国民经济效益费用流量表

某些行业的项目可能不需要做财务评价，则可按以下步骤直接编制国民经济效益费用流量表，进行国民经济评价，判断项目是否具有经济合理性。

(1) 确定国民经济直接效益、直接费用和间接效益、间接费用的计算范围。

(2) 确定选用并计算各种主要投入物的影子价格和产出物的影子价格，并在此基础上估算国民经济效益和费用。

目前需做国民经济评价的项目大都是在已完成的财务评价基础上进行调整计算的。

(3) 编制国民经济效益费用流量表。

5.3.5 国民经济评价指标计算

根据国民经济效益费用流量表计算经济内部收益率和经济净现值等评价指标。

5.3.5.1 经济内部收益率(EIRR)

经济内部收益率是反映项目对国民经济净贡献的相对指标，它表示项目占用资金所获得的动态收益率，也是项目在计算期内各年经济净效益流量的现值累计等于零时的折现率。其表达式为：

$$\sum_{t=1}^{n}(1+\mathrm{EIRR})^{-t}(\mathrm{B}-\mathrm{C})_t=0 \qquad (5-42)$$

式中　B——国民经济效益流量；

C——国民经济费用流量；

$(B-C)_t$——第 t 年的国民经济净效益流量；

n——计算期；

EIRR——经济内部收益率。

经济内部收益率(EIRR)等于或者大于社会折现率，说明项目对国民经济的净贡献达到或者超过社会折现率要求的水平，应认为项目是可以被接受的。

5.3.5.2 经济净现值(ENPV)

经济净现值是反映项目对国民经济净贡献的动态评价指标，是用社会折现率将项目计算期内各年的净效益流量折算到建设期初的现值之和。计算公式为

$$ENPV=\sum_{t=1}^{n}(1+i_s)^{-t}(B-C)_t \tag{5-43}$$

式中 i_s——社会折现率；

ENPV——经济净现值。

项目经济净现值等于或者大于零，表示社会经济为拟建项目付出的代价可以符合或超过社会折现率要求的社会盈余，项目可以被接受。经济净现值越大，表示项目所带来的经济效益的绝对值越大。

5.4 报表

5.4.1 财务评价报表

基本报表 1.1

项目投资现金流量表　　　　单位：万元

序号	项　目	合计	1	2	3	4	…	n
1	现金流入							
1.1	产品营业收入							
1.2	回收固定资产余值							
1.3	回收流动资金							
1.4	其他收入							
	小计							
2	现金流出							
2.1	建设投资							
2.2	流动资金							
2.3	经营成本							

续表

序号	项　　目	合计	1	2	3	4	…	n
2.4	税金及附加							
2.5	调整所得税							
2.6	其他							
	小计							
3	净现金流量(1−2)							
4	累计净现金流量							
5	所得税前净现金流量							
6	累计所得税前净现金流量							

注：计算指标——

财务内部收益率(%)所得税后　　财务内部收益率(%)所得税前

财务净现值(所得税后)(i_c=%)　　财务净现值(所得税前)(i_c=%)

投资回收期(年)(所得税后)　　投资回收期(年)(所得税前)

基本报表 1.2

项目资本金现金流量表

单位：万元

序号	项　　目	合计	1	2	3	4	…	n
1	现金流入							
1.1	产品营业收入							
1.2	回收固定资产							
1.3	回收流动资金							
1.4	其他收入							
	小计							
2	现金流出							
2.1	建设投资中自有资金							
2.2	流动资金中自有资金							
2.3	借款本金偿还							
2.4	借款利息支出							
2.5	经营成本							
2.6	税金及附加							
2.7	所得税							
	小计							
3	净现金流量(1−2)							
4	累计净现金流量							

注：计算指标——资本金财务内部收益率(%)

基本报表 1.3

投资各方现金流量表

单位：万元

序号	项　目	合计	计 算 期					
			1	2	3	4	…	n
1	现金流入							
1.1	实分利润							
1.2	资产处置收益分配							
1.3	租赁费收入							
1.4	技术转让或使用收入							
1.5	其他现金收入							
	小计							
2	现金流出							
2.1	实缴资本							
2.2	租赁资产支出							
2.3	其他现金流出							
	小计							
3	净现金流量(1－2)							
4	累计净现金流量							

注：计算指标——投资各方财务内部收益率(%)

基本报表 2

利润及利润分配表

单位：万元

序号	项　目	合计	计 算 期					
			1	2	3	4	…	n
	生产负荷							
1	营业收入							
2	税金及附加							
3	总成本							
4	补贴收入							
5	营业利润(1－2－3＋4)							
6	税前弥补以前年度亏额							
7	应纳税所得额							
8	所得税							

续表

序号	项　　目	合计	计　算　期					
			1	2	3	4	…	n
9	税后利润							
10	期初未分配利润							
11	可供分配利润(9+10)							
12	盈余公积金							
13	应付利润(11−12)							
14	未分配利润(11−13)							
15	累计未分配利润							

基本报表 3

财务计划现金流量表

单位：万元

序号	项　　目	合计	计　算　期					
			1	2	3	4	…	n
1	经营活动净现金流量(1.1−1.2)							
1.1	现金流入							
1.1.1	营业收入							
1.1.2	增值税销项额							
1.1.3	补贴收入							
1.1.4	其他收入							
1.2	现金流出							
1.2.1	经营成本							
1.2.2	增值税进项额							
1.2.3	营业税金及附加							
1.2.4	增值税							
1.2.5	所得税							
1.2.6	其他流出							
2	投资活动净现金流量(2.1−2.2)							
2.1	现金流入							
2.2	现金流出							
2.2.1	建设投资							

续表

序号	项　　目	合计	计　算　期					
			1	2	3	4	…	n
2.2.2	维持营运投资							
2.2.3	流动资金							
2.2.4	其他流出							
3	筹资活动净现金流量(3.1－3.2)							
3.1	现金流入							
3.1.1	项目资本金投入							
3.1.2	建设投资借款							
3.1.3	流动资金借款							
3.1.4	债券							
3.1.5	短期借款							
3.1.6	其他流入							
3.2	现金流出							
3.2.1	各种利息支出							
3.2.2	偿还长期借款本金							
3.2.3	偿还短期借款本金							
3.2.4	偿还流动资金借款本金							
3.2.5	投资者分配利润							
4	盈余资金(1+2+3)							
5	累计盈余资金							

基本报表4

资产负债表

单位：万元

序号	项　　目	合计	计　算　期					
			1	2	3	4	…	n
1	**资产(1.1+1.2+1.3+1.4)**							
1.1	流动资产总额							
1.1.1	应收账款							
1.1.2	存货							

续表

序号	项　　目	合计	计　算　期					
			1	2	3	4	…	n
1.1.3	现金							
1.1.4	累计盈余资金							
1.2	在建工程							
1.3	固定资产净值							
1.4	无形资产及其他资产净值							
2	**负债及投资人权益(2.3+2.4)**							
2.1	流动负债总额							
2.1.1	应付账款							
2.1.2	流动资金借款							
2.1.3	其他							
2.2	建设投资借款							
2.3	负债合计(2.1+2.2)							
2.4	投资人权益							
2.4.1	资本金							
2.4.2	累计盈余公积金							
2.4.3	累计公益金							
2.4.4	累计未分配利润							

注：计算指标——资产负债率，流动比率，速动比率。

辅助报表1

投资总额及资金筹措表

单位：万元

序号	项　　目	合计	建　设　期		
			1	…	n
	资金使用比例				
1	总投资				
1.1	建设投资				
1.2	资金筹措费				
1.3	流动资金				
	小计				

续表

序号	项　　目	合计	建　设　期		
			1	…	n
2	资金筹措				
2.1	自有资本				
	其中：建设投资				
	流动资金				
2.2	债务资金				
2.2.1	建设投资借款				
2.2.2	流动资金借款				
2.3	其他				
	小计				

辅助报表 2

流动资金估算表

单位：万元

序号	项　　目	周转期	周转次数	计　算　期					
				1	2	3	4	…	n
1	流动资产								
1.1	应收账款								
1.2	存货								
1.2.1	原材料								
1.2.2	原材料(其他)								
1.2.3	燃料动力								
1.2.4	在产品								
1.2.5	产成品								
1.3	现金								
2	流动负债								
2.1	应付账款								
3	流动资金(1—2)								
4	流动资金本年增加额								
5	新增流动资金贷款								
6	利息								

辅助报表 3

固定资产折旧费估算表

序号	项　　目	折旧率	原　值	合　计	计　算　期					
					1	2	3	4	…	n
1	房屋建筑物									
1.1	投入原值									
1.2	折旧费									
1.3	净值									
2	机器设备									
2.1	投入原值									
2.2	折旧费									
2.3	净值									
	…									
3	固定资产合计									
3.1	投入原值									
3.2	折旧费									
3.3	净值									

辅助报表 4

无形资产及其他资产摊销估算表

单位：万元

序号	项　　目	合　计	计　算　期					
			1	2	3	4	…	n
1	无形资产							
1.1	当期摊销							
1.2	净值							
2	其他资产							
2.1	当期摊销							
2.2	净值							
3	合计(1+2)							
3.1	当期摊销							
3.2	净值							

辅助报表 5

营业收入和税金及附加估算表

单位：万元

序　号	项　　目	税率/%	价格/（元/吨）	产量/万吨	合计	计　算　期					
						1	2	3	4	…	n
1	营业收入										
1.1	产品 A										
1.2	产品 B										
1.3	…										
2	产品增值税										
2.1	产品销项税										
2.2	产品进项税										
3	税金及附加										
3.1	消费税										
3.2	城市维护建设税										
3.3	教育费附加										

辅助报表 6

总成本费用估算表

单位：万元

序号	项　　目	合计	计　算　期					
			1	2	3	4	…	n
	负荷							
1	制造成本							
1.1	原材料							
1.2	燃料及动力							
1.3	薪酬及福利							
1.4	制造费用							
1.4.1	折旧费							
1.4.2	修理费							
1.4.3	其他制造费用							
2	营业费用							
3	管理费用							
3.1	摊销费							

续表

序号	项目	合计	计算期					
			1	2	3	4	…	n
3.2	排污费							
3.3	其他管理费用							
4	财务费用							
4.1	利息支出							
5	总成本(1+2+3+4)							
5.1	其中：折旧							
5.2	摊销费							
5.3	利息支出							
6	经营成本							
7	固定成本							
8	可变成本							

辅助报表 6.1

外购原材料成本估算表

单位：万元

序 号	原料名称	单位	单价/元	年耗量/年	年耗费/万元	合计	计算期					
							1	2	3	4	…	n
1	外购原材料费											
1.1	原料 A											
1.2	原料 B											
1.3	…											
1.4	辅助材料											
	…											

辅助报表 6.2

燃料和动力估算表

单位：万元

序　号	项　　目	单位	单价/元	年耗量/年	年耗费/万元	合计	计　算　期					
							1	2	3	4	…	n
1	燃料费											
1.1	燃料 A											
1.2	燃料 B											
	…											
2	动力费											
2.1	动力 A											
2.2	动力 B											
	…											
3	外购燃料及动力合计											

辅助报表 7

借款还本付息估算表

单位：万元，万美元

序号	项　　目	合计	计　算　期					
			1	2	3	4	…	n
1	长期投资借款累计							
1.1	年初借款累计							
1.2	本年借款							
1.3	本年应计利息							
1.4	资金筹措费							
1.5	利息支出							
1.6	本年还本							
2	外汇投资借款累计							
2.1	年初借款累计							
2.2	本年借款							
2.3	本年应计利息							
2.4	资金筹措费							
2.5	利息支出							
2.6	本年还本							

续表

序号	项　　目	合计	计　算　期					
			1	2	3	4	…	n
3	本年还款							
3.1	可用于还款的折旧							
3.2	可用于还款的摊销							
3.3	未分配利润							
3.4	多余折旧摊销还款							
3.5	多余折旧摊销							
3.6	累计多余折旧摊销							

借款偿还期　人民币外汇　年(不含建设期)　$i=$　%　人民币
年(不含建设期)　$i=$　%　外汇

辅助报表 8

敏感性分析表

序　号	影响因素	变 化 率	内部收益率	变 化 幅 度
1	销售价格变化：			
1.1	销售价格增加	5%		
1.2	销售价格增加	10%		
1.3	销售价格减少	5%		
1.4	销售价格减少	10%		
2	变动成本变化：			
2.1	变动成本增加	5%		
2.2	变动成本增加	10%		
2.3	变动成本增加	15%		
2.4	变动成本减少	5%		
2.5	变动成本减少	10%		
2.6	变动成本减少	15%		
3	投资变化：			
3.1	投资增加	5%		
3.2	投资增加	10%		
3.3	投资增加	15%		
3.4	投资减少	5%		
3.5	投资减少	10%		

续表

序　号	影响因素	变 化 率	内部收益率	变 化 幅 度
3.6	投资减少	15%		
	基准内部收益率：			

5.4.2　国民经济评价报表

基本报表 5.1

国民经济效益费用流量表(全部投资)　　单位：万元

序号	项　　目	合计	1	2	3	4	…	n
1	效益流量							
1.1	产品营业收入							
1.2	回收固定资产余值							
1.3	回收流动资金							
1.4	项目间接效益							
	小计							
2	费用流量							
2.1	建设投资							
2.2	流动资金							
2.3	经营费用							
2.4	项目间接费用							
	小计							
3	净效益流量(1—2)							
4	累计净效益流量							

注：计算指标——经济内部收益率(%)
　　经济净现值(i_s=10%)

基本报表 5.2

国民经济效益费用流量表(国内投资)　　单位：万元

序号	项　　目	合计	1	2	3	4	…	n
1	效益流量							
1.1	产品营业收入							
1.2	回收固定资产余值							
1.3	回收流动资金							

续表

序号	项　目	合计	1	2	3	4	…	n
1.4	项目间接效益							
	小计							
2	费用流量							
2.1	建设投资中国内资金							
2.2	流动资金中国内资金							
2.3	经营费用							
2.4	流至国外的资金							
2.4.1	国外借款本金偿还							
2.4.2	国外借款利息支付							
2.5	项目间接费用							
	小计							
3	净效益流量(1−2)							
4	累计净效益流量							

注：计算指标——经济内部收益率(%)
　　经济净现值(i_s=10%)

第六章　建设项目发包承包阶段合同价的确定

6.1　概述

建设项目发包和承包，简称发承包，是项目实施过程中一个重要的阶段，该阶段通过一定的方法和程序，确定建设项目施工、物资采购和服务等工作的承揽者，并与之签订合同，对项目能否顺利实施以及实施的效果起到了关键的决定性作用。建设项目的发包和承包也是建立社会主义市场经济体制的重要举措，是市场经济有序发展的客观要求。

建设项目发包是指建设项目的建设单位(发包人)将建设任务(施工、物资采购、服务等)的全部或部分采用竞争或非竞争的方式，通过一定的程序，确定由具有从事该项建设活动从业资格或能力的单位(承包人)完成，而建设项目承包是指具有从事该项建设活动从业资格或能力的承包人承揽该项建设任务。这是同一事物从不同角度表述的一组相对概念——前者从发包人的角度，后者从承包人的角度。建设项目的发承包，根据是否采用完全竞争，分为招标方式和非招标方式。

6.1.1　建设项目招标投标的定义

建设项目招标，是指招标人(发包人)通过公开招标或邀请招标，由投标人对拟建建设项目全部或部分内容，根据招标人的要求和意图提出报价，招标人按照事先约定的形式当场开标，并从投标人中择优选择中标人(承包人)的市场经济行为。

建设项目投标，是指符合条件的投标人根据招标条件，综合研究结果和自身实力，对招标工程提出报价的市场经济行为。

招标投标的内容包括建设项目的施工、物资采购和服务。其中施工，包括建筑物和构筑物的新建、改建、扩建及其相关的装修、拆除、修缮等；建设项目的物资采购，是构成工程不可分割的组成部分，且为实现项目基本功能所必需的设备、材料等的采购；建设项目的服务，指为完成项目所需的勘察、设计、监理等服务。

建设项目招标投标是在市场经济条件下，通过公平竞争，进行建设项目施工、物资采购或服务等承揽活动时采用的一种交易方式。为体现其公开透明的特点，形成真正意义上的市场价格，采用这种交易方式，需具备两个前提条件：一是要有能够开展公平竞争的市场经济运行机制；二是要存在招标项目的买方市场，即能够形成多家良性竞争的局面。

据记载，我国最早的招投标案例是1902年张之洞创办的湖北制革厂，通过对五家营运商的招商比价，确定了最终的中标人。这表明我国的招投标行为已有上百年的历史。中华人民共和国成立以后，我国长期实行的是高度集中的计划经济体制，在这种体制下，不可能产生招标投标行为。党的十一届三中全会后，我国实行全面改革开放，发展具有中国特色的社会主义市场经济，招标投标才有了产生并发展的土壤。1997年11月1日，《中华人民共和国建筑法》审议通过，对建筑工程实行招标投标进行了规范。2000年1月1日，《中华人民共和国招标投标法》正式实施，首次从法律层面上对公共采购和招标投标活动进行了规范，标志着我国招标投标行业进入了一个全新的发展时期。该法与2003年1月1日起实施的《中华人民共和国政府采购法》，以及两部法律配套的实施条例，同成为我国招标投标市场的两大基本法律。

6.1.2 建设项目招标投标的作用

建设项目招标投标是一种典型的市场行为，通过招投标，招标人可以对符合条件的各投标人进行综合比较，从中选择报价合理、技术力量强、质量和信誉可靠的投标人作为中标人，并签订承包合同。招标投标在建设项目市场运行中起到了积极的作用。

(1) 通过招标投标，基本形成了市场定价的机制，可以有效地降低工程价格，使最终结果更加趋于合理，有利于节约项目投资，提高经济效益。

(2) 对建设项目实行招标投标，可以促使投标人切实降低个体劳动消耗水平，提高劳动效益，从而全面降低社会平均劳动消耗，建立良性循环的市场氛围。

(3) 建设项目招标投标，在法律本质上，是一个要约邀请(招标)、要约(投标)和承诺(中标)的过程，从这个意义上，它有利于供求双方更好地互相选择，使工程价格更加合理，从而更好地控制工程造价。

(4) 建设项目招标投标遵循公开、公平、公正和诚实信用的原则，有利于规范市场行为，防止项目交易中出现不正当竞争行为和贪污腐败现象。

(5) 我国目前已建立了比较完善的招标投标法律法规体系，对招标投标全过程均有全面而细致的规定，有助于合理确定中标人，减少交易过程中的费用，并最终对优化工程价格产生积极的影响。

总之，建设项目招标投标是在市场经济条件下产生并发展的，这种交易模式的实施，有利于保证建设项目的质量和工期、降低工程价格、提高投资效益，促进我国建设市场的规范和有序发展。

6.1.3 建设项目招标的范围

根据《中华人民共和国招标投标法》的规定，在中华人民共和国境内进行下列工程建设项目，包括项目的勘察、设计、施工、监理以及与工程建设有关的重要设备、材料等的采购，必须进行招标。

(1) 大型基础设施、公用事业等关系社会公共利益、公众安全的项目；

(2) 全部或者部分使用国有资金投资或者国家融资的项目；

(3) 使用国际组织或者外国政府贷款、援助资金的项目；

(4) 法律或者国务院对必须进行招标的其他项目的范围有规定的。

为保证必须招标的项目依法招标，法律同时规定，任何单位和个人不得将依法必须进行招标的项目化整为零或者以其他任何方式规避招标。依法必须进行招标的项目，其招标投标活动不受地区或者部门的限制。任何单位和个人不得违反限制或者排斥本地区、本系统以外的法人或者其他组织参加投标，不得以任何方式干涉招标投标活动。

对于涉及国家安全、国家秘密、抢险救灾或者属于利用扶贫资金实行以工代赈、需要使用农民工等特殊情况，不适宜进行招标的项目，按照法律法规的有关规定可以不进行招标。此外，有下列情形之一的，也可以不进行招标。

(1) 需要采用不可替代的专利或者专有技术；

(2) 采购人依法能够自行建设、生产或者提供；

(3) 已通过招标方式选定的特许经营项目投资人依法能够自行建设、生产或者提供；

(4) 需要向原中标人采购工程、货物或者服务，否则将影响使用者功能配套要求；

(5) 国家规定的其他特殊情形。

6.1.4 建设项目招标的种类(总承包的类型)

建设项目招标几乎可以涵盖项目建设的全部内容，主要包括：

(1) 建设项目总承包招标

建设项目总承包招标，是指从项目前期决策阶段(如项目建议书)开始，直到竣工投产、交付使用为止的项目全过程招标。总承包商根据与建设单位签订的总承包合同要求，对项目建设全过程进行全面投标报价。工程总承包主要有以下几种方式：

① 设计采购施工(EPC)总承包

总承包企业根据合同约定，承担建设项目的设计、采购、施工以及配合联合试运行等工作，并对项目的质量、安全、进度、造价全面负责。

② 交钥匙(Trunkey)总承包

交钥匙总承包是设计采购施工总承包的一种延伸，除设计采购施工总承包以外，还包括了建设项目的前期工作和生产准备服务等工作，最终向建设单位提交一个满足使用功能、具备正式开工条件的工程。与设计采购施工总承包相比，总承包商承担了更大的风险，但也有了更多的获利机会，更能鼓励承包商发挥主观能动性，更好地满足建设单位的各种需求。

③ 设计-施工总承包(Design-Build)、设计-采购总承包(Engineering-Procurement)、采购-施工总承包(Procurement-Construction)等

根据建设项目的规模、类型、要求，工程总承包还可以采取各种不同的承包方式。如设计-施工总承包，即总承包商承担了建设项目的设计和施工，并对项目的质量、安全、进度、造价全面负责。设计-施工总承包的优点在于可以促进设计和施工的充分融合，以发挥更大的经济性。该方式适用于建筑工程项目。

④ 建设项目管理总承包

由专业化的项目管理团队接受建设单位委托，对项目实施管理，代表建设单位对项目的质量、安全、进度、造价等进行全面管理，并承担相应责任。需要指出的是，项目管理总承包商的角色并不混同于建设单位，它在项目实施中仍是一个独立的角色，它与该项目的总承包商或勘察、设计、施工、物资采购等的其他承包商没有合同关系，仅协助建设单位与这些企业签订合同，监督合同的履行。

(2) 工程勘察招标

工程勘察招标指对完成建设项目水文地质勘察工作的招标。

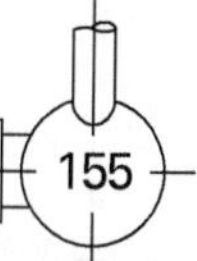

表 6-1 建设项目总承包招标种类比较

总承包招标种类	承包商工作内容				
	前期决策	设计	物资采购	施工	试运行
设计采购施工总承包		√	√	√	√
交钥匙总承包	√	√	√	√	√
设计-施工总承包		√		√	
设计-采购总承包		√	√		
采购-施工总承包			√	√	

(3) 工程设计招标

工程设计招标指对完成建设项目设计工作的招标，可以是设计方案、初步设计和详细设计等，包括提供技术服务。

(4) 工程监理招标

工程监理招标指对完成建设项目监理工作的招标，包括提供质量、进度、费用控制管理和安全生产监督管理、合同、信息等方面协调管理服务，可以涉及勘察、设计、保修等各阶段。

(5) 工程施工招标

工程施工招标，简称施工招标，指对完成建设项目施工工作的招标。

(6) 设备材料采购招标

设备材料采购招标，简称采购招标，指对建设项目所需的设备和材料的招标，通常是建设项目招标中涉及金额最大、中标人(供货商)最多的招标种类，往往横跨项目实施的多个阶段。

招标人具有编制招标文件和组织评标能力的，可自行完成上述招标。也可以自行委托招标代理机构完成招标事宜。招标人应当与被委托的招标代理机构签订书面委托合同，合同约定的收费标准应当符合国家有关规定。任何单位和个人不得以任何方式为招标人指定招标代理机构。

6.1.5 公开招标和邀请招标

根据法律规定，招标分为公开招标和邀请招标。

公开招标，是指招标人以招标公告的方式邀请不特定的法人或者其他组织投标。而邀请招标，是指招标人以投标邀请书的方式邀请特定的法人或者其他组织投标。两者在发起招标的方式和目标投标人上有显著区别。

对于国有资金占控股或者主导地位的依法必须进行招标的项目，应当公开招标。但有以下情形之一的，可以采用邀请招标。

(1) 技术复杂、有特殊要求或者受自然环境限制，只有少量潜在投标人可供选择；

(2) 采用公开招标方式的费用占项目合同金额的比例过大。

第(2)项所列情形，如果是按照国家相关规定需要履行项目审批、核准手续的依法必须进行招标的项目，由项目审批、核准部门做出认定；其他项目由招标人申请有关行政监督部门做出认定。

6.1.6 建设项目招标投标的程序

建设项目招标投标需经过几个基本程序，以施工公开招标为例，说明其内容和主要规定。

6.1.6.1 招标

施工招标的主要工作内容是由招标人或其委托的招标代理机构根据书面委托合同，发布招标公告，并编制招标文件。采用资格预审办法对潜在投标人进行资格审查的，还应当发布资格预审公告，编制资格预审文件。采用邀请招标的，招标人应当向三家以上具备承担施工招标项目能力、资信良好的潜在投标人发出投标邀请书。

按照法律法规有关规定，需要履行项目审批、核准手续的依法必须进行招标的项目，应当向项目审批，核准部门审批、核准。项目审批、核准部门应当及时将审批、核准确定的招标范围、招标方式、招标组织形式通报有关行政监督部门。

根据现行法律法规的规定，依法必须招标的工程建设项目，应当具备以下条件才能进行施工招标：① 招标人已经依法成立；② 初步设计及概算应当履行审批手续的，已经批准；③ 有相应资金或资金来源已经落实；④ 有招标所需的设计图纸及技术资料。

招标人应当按照资格预审公告、招标公告或投标邀请书规定的时间、地点发售资格预审文件或者招标文件。资格预审文件或者招标文件的发售期不得少于 5 日，收取的费用应当仅限于补偿印刷、邮寄的成本支出，不得以营利为目的。

招标人应当合理确定提交资格预审申请文件的时间。依法必须进行招标的项目提交资格预审文件的时间，自资格预审文件停止发售之日起不得少于 5 日。资格预审应当按照资格预审文件载明的标准和方法进行。资格预审结束后，招标人应当及时向资格预审申请人发出资格预审结果通知书。未通过资格预审的申请人不具有投标资格。

通过资格预审的申请人少于 3 个的，应当重新招标。

(1) 招标公告或投标邀请书

招标公告或投标邀请书至少应包括以下内容：① 招标人的名称和地址；② 招标项目的内容、规模、资金来源；③ 招标项目的实施地点和工期；④ 获取招标文件或者资格预审文件的地点和时间；⑤ 对招标文件或者资格预审文件收取的费用；⑥ 对投标人的资质等级的要求。

(2) 招标文件

招标文件是指导整个招标投标工作的纲领性文件，是投标人投标报价的主要依据之一，因此，招标文件必须对招标项目的具体情况、招标项目的技术要求、对投标人资格审查标准、投标报价的要求和评标标准等实质性的内容表述完整、清晰，一般应包括以下内容：

① 招标公告或投标邀请书

不采用资格预审的招标项目，招标文件中应包括招标公告；采用资格预审的招标项目，招标文件中则应包括投标邀请书，表明邀请的投标人已具备了该项目的投标资格。采用资格后审办法对招标人进行资格审查的，应当在开标后由评标委员会按照招标文件规定的标准和方法对投标人的资格进行审查。招标人应当在资格预审公告、招标公告或者投标邀请书中载明是否接受联合体投标。

潜在投标人或者其他利害关系人对资格预审文件有异议的，应当在提交资格预审申请文件截止时间 2 日前提出；对招标文件有异议的，应当在投标截止时间 10 日前提出。招标人应当自收到异议之日起 3 日内作出答复；作出答复前，应当暂停招标投标活动。

招标人应当在招标文件中载明投标有效期。投标有效期从提交投标文件的截止之日起算。招标文件中要求投标人提交投标保证金的,投标保证金不得超过招标项目估算价的2%,但最高不得超过人民币八十万元,且投标保证金有效期应当与投标有效期一致。

在投标有效期内,如出现特殊情况的,招标人可以以书面形式要求所有投标人延长投标有效期。投标人同意延长的,不得要求修改其投标文件的实质性内容,但应当相应延长其投标保证金的有效期;投标人拒绝延长的,其投标失效,但投标人有权收回其投标保证金。造成投标人损失的,招标人应当给予补偿,但因不可抗力需要延长投标有效期的除外。

② 投标人须知

投标人须知应对招标项目的概况、技术要求、工期质量要求、费用范围等情况,以及招标过程中的各项要求具体地加以描述。

③ 合同主要条款

包括了招标项目拟采用的通用合同条款、专用合同条款以及各种合同附件。

④ 投标文件格式

提供了投标文件的参考格式。

⑤ 采用工程量清单招标的,应当提供工程量清单

由招标人提供项目的工程量清单。

⑥ 技术条款

招标文件中规定的各项技术标准应符合国家强制性规定。招标文件中规定的各项技术标准均不得要求或标明某一特定的专利、商标、名称、设计、原产地或生产供应者,不得含有倾向或者排斥潜在投标人的其他内容。如果必须引用某一生产供应者的技术标准才能准确或清楚地说明招标项目的技术标准时,则应当在参照后面加上"或相当于"的字样。

⑦ 设计图纸

⑧ 评标标准和办法

说明评标委员会的组建方法、评标的原则和采用的评标方法,在评标过程中不得改变招标文件中规定的评标标准、办法和中标条件。招标人也可以要求投标人在提交符合招标文件规定要求的投标文件外,提交备选投标方案,但应当在招标文件中做出明确说明,并提出相应的评审和比较办法。

⑨ 投标辅助材料

如有其他材料需要招标人在投标文件中提供,应一并予以明确。

(3) 招标文件的澄清

招标人不得组织单个或者部分潜在投标人踏勘项目现场。招标人不得以不合理的条件限制、排斥潜在投标人或者投标人。对于潜在投标人在理解招标文件和现场踏勘中提出的疑问,招标人可以书面形式或召开投标预备会的方式解答,但应同时将解答以书面形式通知所有购买招标文件的潜在投标人。该解答的内容为招标文件的组成部分。

招标人可以对已发出的资格预审文件或者招标文件进行必要的澄清、修改。但如果澄清、修改的内容可能影响资格预审申请文件或投标文件编制的,招标人应当在提交资格预审申请文件至少截止时间3日前,或者投标至少截止时间15日前,以书面形式通知所有潜在投标人;不足3日或者15日的,招标人应当顺延提交资格预审申请文件或者投标文件的截止时间。

(4) 标底和投标控制价

招标项目标底的编制应根据批准的初步设计投资概算,依据相关计价办法,参照有关的工程定额,结合市场供求情况,综合考虑投资、进度和质量等方面的因素合理确定。

招标人可以自行决定是否编制标底。一个招标项目只能有一个标底。标底在开标前必须保密。接受委托编制标底的中介机构不得参加受托编制标底项目的投标,也不得为该项目的投标人编制投标文件或者提供咨询。

招标项目也可以不设标底,进行无标底招标。

招标人设有最高投标限价(投标控制价)的,应当在招标文件中明确最高投标限价或者最高投标限价的计算方法。招标人不得规定最低投标限价。

(5) 招标的终止

招标人终止招标的,应当及时发布公告,或者以书面形式通知被邀请的或者已经获取资格预审文件、招标文件的潜在投标人。已经发售资格预审文件、招标文件或者已经收到投标保证金的,招标人应当及时退还所收取的资格预审文件、招标文件的费用,以及所收取的投标保证金及银行同期存款利息。

6.1.6.2 投标

投标是投标人响应招标和招标文件要求,参加投标竞争的行为。投标人参加依法必须进行招标的项目的投标,不受地区或者部门的限制,任何单位和个人不得非法干涉。但与招标人存在利害关系可能影响招标公正性的法人、其他组织或者个人不得参加投标;单位负责人为同一个或者存在控股、管理关系的不同单位,不得参加同一标段或者未划分标段的同一招标项目的投标。违反这两条的,相关投标均无效。

投标文件是投标人按照招标文件的要求编制的,应当对招标文件提出的实质性要求和条件做出响应。投标人应当在招标文件要求的截止时间前,将投标文件密封后送达投标地点。在截止时间之后送达,或投标文件未按要求密封的投标文件,招标人应当拒收。

未通过资格预审的申请人提交的投标文件,以及逾期送达或者不按照招标文件要求密封的投标文件,招标人应当拒收。联合体应当在提交资格预审申请文件前组成。资格预审后联合体增减、更换成员的,其投标无效。联合体各方在同一招标项目中以自己名义单独投标或者参加其他联合体投标的,相关投标均无效。投标人发生合并、分立、破产等重大变化的,应当及时书面告知招标人。投标人不再具备资格预审文件、招标文件规定的资格条件或者其投标影响招标公正性的,其投标无效。

投标文件一般应包括以下内容:① 投标函;② 投标报价;③ 施工组织设计;④ 商务和技术偏差。

投标人在招标文件要求的提交投标文件截止时间前,对已提交的投标文件进行补充、修改、替代或撤回的,应当在投标截止时间前书面通知招标人。招标人应当自收到投标人书面撤回通知之日起5日内退还收取的投标保证金。投标截止时间以后投标人撤销投标文件的,招标人可以不退还投标保证金。

法律法规明令禁止投标人相互串通投标、禁止招标人与投标人串通投标。

6.1.6.3 开标

招标人应当按照招标文件规定的时间、地点开标。投标人少于3个的,应当重新招标。重新招标后投标人仍少于3个的,属于必须审批、核准的项目,报经原审批、核准部门审批、核准后可以不再进行招标。其他工程建设项目，由招标人自行决定是否继续进行招标。

投标人对开标有异议的，应当在开标现场提出，招标人应当当场做出答复，并做好记录。

6.1.6.4 评标

除技术复杂、专业性强或者国家有特殊要求，采取随机抽取方式确定的专家难以保证胜任评标工作的项目以外，依法必须进行招标的项目，其评标委员会的专家成员应当从评标专家库内相关专业的专家名单中以随机抽取方式确定。评标委员会成员应当按照招标文件规定的评标标准和方法，客观、公正地对投标文件提出评审意见。招标文件中没有规定的评标标准和方法不得作为评标的依据。

招标人应当根据项目规模和技术复杂程度等因素合理确定评标时间。超过三分之一的评标委员会成员认为评标时间不够的，招标人应当适当延长。

招标项目设有标底的，招标人应当在开标时公布。标底只能作为评标的参考，不得以投标报价是否接近标底作为中标条件，也不得以投标报价超过标底上下浮动范围作为否决投标的条件。

投标文件中有含义不明确的内容、明显文字或者计算错误，评标委员会认为需要投标人做出必要澄清、说明的，应当书面通知该投标人。投标人的澄清、说明应当采用书面形式，并不得超出投标文件的范围或者改变投标文件的实质性内容。评标委员会不得暗示或者诱导投标人做出澄清、说明，也不得接受投标人主动提出的澄清、说明。

6.1.6.5 中标

评标完成后，评标委员会应当向招标人提交书面评标报告和中标候选人名单。中标候选人应当不超过 3 个，并标明排序。评标报告应当由评标委员会全体成员签字。对评标结果有不同意见的评标委员会成员应当以书面形式说明其不同意见和理由，并在评标报告中注明。拒不签字又不书面说明其不同意见和理由的，视为同意评标结果。

依法必须进行招标的项目，招标人应当自收到评标报告之日起 3 日内公示中标候选人，公示期不得少于 3 日。投标人或其他利害关系人对评标结果有异议的，应当在公示期间提出。招标人应当自收到异议之日起 3 日内做出答复。做出答复前，应当暂停招标投标活动。

招标人与中标人应当签订书面合同，合同的标的、价款、质量、履行期限等主要条款应当与招标文件和中标人的投标文件的内容一致。招标人和中标人不得再行订立背离合同实质性内容的其他协议。

招标人最迟应当在书面合同签订后 5 日内向中标人和未中标人的投标人退还投标保证金及银行同期存款利息。

招标文件要求中标人提交履约保证金的，中标人应当按照招标文件的要求提交，履约保证金不得超过中标合同金额的 10%。

中标人应当按照合同约定履行义务，完成中标项目。中标人不得向他人转让中标项目，也不得将中标项目"肢解"后分别向他人转让。中标人按照合同约定或者经招标人同意，可以将中标项目的部分非主体、非关键性工作分包给他人完成，接受分包的人应当具备相应的资格条件，并不得再次分包。中标人应当就分包项目对招标人负责，接受分包的人就分包项目承担连带责任。

6.1.7 其他发包方式

建设项目的发包除招标方式外，还有非招标方式。主要包括：竞标、竞价、独家谈判等。

竞标采购指采购人组建评审小组，与2个及以上符合资格条件的承包商就采购工程、服务相关事宜进行谈判，承包商根据采购文件要求提交相应文件和最终报价，采购人按评审小组提出的成交候选人确定成交人的采购方式。

竞价采购指采购人组建评审小组，邀请3个及以上符合资格条件的承包商参与采购活动，向承包商发出采购文件，要求承包商一次报出不得更改的价格，采购人按评审小组提出的成交候选人确定成交人的采购方式。

独家谈判采购指采购人组建评审小组，通过谈判从某一特定承包商处采购工程、服务的采购方式。

6.2 工程量清单

在招标文件中，进行造价控制的主要工作是编制招标工程量清单。科学合理地编制工程量清单以及招标控制价，对项目的投标报价的顺序进行、合同价的确定乃至后期的工程结算会起到良好的控制作用。

6.2.1 工程量清单编制的依据

招标工程量清单的编制依据。主要包括以下几个方面的内容：①《建设工程工程量清单计价规范》GB 50500—2013以及各专业工程计量规范等；② 国家或省级、行业建设主管部门颁发的计价定额和办法；③ 建设工程设计文件及相关资料；④ 与建设工程有关的标准、规范、技术资料；⑤ 拟定的招标文件；⑥ 施工现场情况、地勘水文资料、工程特点及常规施工方案；⑦ 其他相关资料。

6.2.2 工程量清单编制的前期准备

工程量清单是招标人或其委托的工程造价咨询人依据国家标准、设计文件以及施工现场实际情况等编制的，作为招标文件的重要组成部分，随招标文件一同发布，供所有投标人报价使用的经济文件，由文字说明和表格组成。工程量清单充分体现了“量价分离”和“风险分担”的原则，工程量清单的准确性和完整性由招标人负责。工程量清单编制的前期准备工作包括：

(1) 资料收集和研究

包括熟悉、学习和掌握现行国家计量和计价规范，熟悉招标项目的招标文件、图纸等资料，收集招标项目所在地的工程定额等资料，收集招标项目所在地的市场价格信息，了解与招标项目有关的其他情况等。

(2) 进行现场踏勘，了解现场情况

为充分了解现场情况，需进行现场踏勘，了解施工现场自然地理条件和施工条件，包括施工现场的地理位置、地形地貌、周边道路等交通情况、市政管线的位置、邻近建筑物或者其他施工场地的情况、当地政府有关部门的管理要求等。

(3) 编制初步的施工组织设计

拟定初步的施工方案、施工方法、施工措施等，完成初步的施工组织设计，保证相对准确地计量招标项目的临时设施、措施项目等工程量。

拟定初步的施工组织设计时需注意：

(1) 根据概算指标或类似工程进行估算，且仅对主要项目加以估算即可，如土石方、混凝土等。

(2) 拟定施工总方案，施工总方案仅需对重大问题和关键工艺做原则性的规定，不需要考虑施工步骤，主要包括施工方法、施工机械设备的选择、科学的施工组织、合理的施工进度、现场的平面布置及各种技术措施。制订总方案要从实际出发，符合现场的实际情况，在切实可行的范围内尽量要先进和快速；满足工期的要求；确保工程质量和施工安全；尽量降低施工成本，使方案更加经济合理。

(3) 合理确定施工顺序为各分部分项工程之间的关系、施工方法和施工机械的要求、当地的气候条件和水文要求、施工顺序对工期的影响。

(4) 施工进度计划要满足合同对工期的要求，在不增加任何资源的前提下尽量提前。编制施工进度计划时要处理好工程中各分部分项、单位工程之间的关系，避免出现施工顺序的颠倒或工种相互冲突。

(5) 人工工日数量根据估算的工程量、选用的定额、拟定的施工总方案、施工方法及要求的工期来确定，并且考虑节假日、气候等的影响。材料需求量主要根据估算的工程量和选用的材料消耗定额进行计算。机械台班数量根据施工方案确定选择机械及机械种类的匹配要求，再依据估算的工程量和机械时间定额进行计算。

(6) 施工平面布置是根据施工方案、施工进度要求，对施工现场的道路交通、材料仓库、临时设施等做出合理的规划布置，包括建设项目施工总平面图上的所有地上、地下已有和拟建的建筑物、构筑物及其他设施的位置和尺寸；所有为施工服务的临时设施的布置位置，如施工用道路，材料仓库，取土与弃土位置，水电源位置，安全、消防设施位置，永久性测量放线标桩位置等。

6.2.3 工程量清单的内容

根据现行国家计价规范，工程量清单包括以下六项内容。

(1) 分部分项工程量清单编制

分部分项工程量清单反映的是拟建工程分项实体工程项目名称和相应数量的明细清单，招标人负责包括项目编码、项目名称、项目特征、计量单位和工程量在内的五项内容。

(2) 措施项目清单编制

措施项目清单指为完成工程项目施工，发生于该工程施工准备和施工过程中的技术、生活、安全、环境保护等方面的项目清单，措施项目分单价措施项目和总价措施项目。

措施项目清单的编制需要考虑多种因素，除工程本身的因素外，还涉及水文、气象、环境、安全等因素。项目清单的设置考虑拟建工程的施工组织设计，施工技术方案，相关的施工规范与施工验收规范，招标文件中提出的某些必须通过一定的技术措施才能实现的要求，设计文件中一些不足以写进技术方案的但需要通过一定的技术措施才能实现的内容。

(3) 其他项目清单的编制

其他项目清单是应招标人的特殊要求而发生的与拟建工程有关的其他费用项目和相应数量的清单。工程建设标准的高低、工程的复杂程度、工程的工期长短、工程的组成内容、发包人对工程管理的要求等都直接影响其具体内容。当出现未包含在表格中的项目时，可根据实际情况补充。

(4) 规费税金项目清单的编制

规费税金项目清单按照规定的内容列项，当出现规范中没有的项目，根据省级政府或有关部门的规定列项。税金项目清单除规定的内容外，如国家税法发生变化或增加税种，应对税金项目清单进行补充。

(5) 工程量清单总说明的编制

工程量清单总说明应包括工程概况、工程招标及分包范围、工程量清单编制依据、工程质量、材料、施工等的特殊要求、其他需要说明的事项。

(6) 招标工程量清单汇总

在分部分项工程量清单、措施项目清单、其他项目清单、规费和税金项目清单编制完成以后，审查之后，与工程量清单封面及总说明汇总并装订，相关责任人签字和盖章，形成完整的招标工程量清单文件。

6.2.4 招标控制价

招标控制价是由具有编制能力的招标人或受其委托具有相应资质的工程造价咨询人编制和复核的，作为投标报价的最高限额，可以客观合理地评审投标报价，避免哄抬标价，造成国有资产流失等问题。招标控制价不同于作为投标报价评审依据之一的标底价，为体现招投标公平、公正的原则，应在发布招标文件的同时公布招标控制价，并与招标文件一起报送具有管辖权的相关部门备查。

招标控制价的编制与复核依据包括：

(1)《建设工程工程量清单计价规范》GB 50500；

(2) 国家或省级、行业建设主管部门颁发的计价办法；

(3) 建设工程设计文件及相关资料；

(4) 拟定的招标文件及招标工程量清单；

(5) 与建设项目相关的标准、规范、技术资料；

(6) 施工现场情况、工程特点及常规施工方案；

(7) 工程造价管理机构发布的工程造价信息，当工程造价信息没有发布时，参照市场价；

(8) 其他相关资料。

《建设工程工程量清单计价规范》GB 50500 中对招标控制价还有一些特别规定：

(1) 国有资金投资的建设工程招标，招标人必须编制招标控制价。

(2) 接受招标人委托编制招标控制价的工程造价咨询人，不得再就同一工程接受投标人委托编制投标报价。

(3) 综合单价中应包括招标文件中明确的应由投标人承担的风险范围及其费用。

投标人认为招标人公布的招标控制价没有按照规定编制的，可按规定的程序向招投标监督机构和工程造价管理机构提出书面投诉。工程造价管理机构可按规定做出不予受理或受理的决定，依规受理的要按规定程序书面通知投标人处理决定。

6.2.5 招标控制价与标底关系

招标控制价是推行工程量清单计价过程中对传统标底概念的性质进行界定后设置的专业

术语，它使招标时评标定价的管理方式发生了很大变化，与标底价有着本质上的不同。

(1) 招标控制价是招标项目的最高限价，是为了更好地控制项目投资而设置的，投标价一旦超过招标控制价，即废标。而标底价是招标人的心理价，原则上最接近标底价的投标价，得分最高。

(2) 招标控制价对所有的投标人都是公开的，而标底价是绝对保密的。

(3) 招标控制价应随招标文件一起公开，而标底价是在开标时公开的。

(4) 招标控制价具有控制项目投资，有效防止哄抬标价等行为的作用。而标底价则可以作为评标的参考。

招标项目是否设标底以及招标控制价对招标行为和项目费用控制的实施而言各有利弊。

设标底招标容易发生泄露标底及暗箱操作，失去招标的公平公正性，容易诱发违法违规行为。标底在评标过程中的特殊地位使标底价成为控制工程造价的杠杆，不合理的标底会使合理的投标报价在评标中显得不合理，有可能成为地方或行业保护的手段。而无标底招标容易出现围标、串标现象，各投标人哄抬价格，给招标人带来投资失控的风险。评标时招标人对投标人的报价没有参考依据和评判基准。

招标控制价可以有效控制投资，防止恶性哄抬报价带来的风险，使所有投标人自主报价、公平竞争，符合市场规律。而把项目投资控制在控制价范围内，也提高了交易成功的可能。但招标控制价的设置有较高的要求，应当真实地反映社会平均水平。设置过高，不仅起不到控制投资的作用，反而可能造成投标人报价虚高。而设置过低，非常容易造成流标，增加招标项目的时间成本。

6.3 投标报价

投标是一种要约，需要严格遵守招投标的法律规定及程序和招标文件的要求，对招标文件做出积极响应，合理规范地编制投标文件与报价，特别是投标报价，提高投标的中标率。

6.3.1 投标报价的依据

投标报价是由投标人或受其委托具有相应资质的工程造价咨询人编制，其编制和复核的依据包括：

(1)《建设工程工程量清单计价规范》GB 50500；

(2) 国家或省级、行业建设主管部门颁发的计价办法；

(3) 企业定额，国家或省级、行业建设主管部门颁发的计价定额和计价办法；

(4) 招标文件、招标工程量清单及其补充通知、答疑纪要；

(5) 建设工程设计文件及相关资料；

(6) 施工现场情况、工程特点及投标时拟定的施工组织设计或施工方案；

(7) 与建设项目相关的标准、规范等技术资料；

(8) 市场价格信息或工程造价管理机构发布的工程造价信息；

(9) 其他相关资料。

《建设工程工程量清单计价规范》GB 50500 中对投标报价也有一些特别规定：

(1) 投标报价不得低于工程成本。如果在评标过程中，评标委员会认为投标人有此嫌疑的，有权要求投标人做出书面说明并提供相应的证明材料，否则，应予废标处理。

(2) 投标报价高于招标控制价的，应予废标处理。

(3) 投标人必须按招标工程量清单填报价格。项目编码、项目名称、项目特征、计量单位、工程量都必须与招标工程量清单一致。

(4) 投标人所填写的单价和合价的项目，均只允许有一个报价。未填写单价和合价的项目，可视为此项费用已包含在已标价工程量清单中其他项目的单价和合价之中。

(5) 投标报价的综合单价中应包括招标人在招标文件中要求投标承担的风险及其产生的费用。在施工过程中，当出现的风险内容及范围没有超出合同约定的范围时，合同价款不做调整。

6.3.2 投标报价的步骤

1. 研究招标文件

投标人获得招标文件后，保证工程量清单报价的合理性，应对投标人须知、合同条件、技术规范、图纸和工程量清单等重点内容进行分析，深刻而正确地理解招标文件和招标人的真实意图。

2. 现场踏勘

招标人在招标文件中会明确现场踏勘的时间和地点。投标人应对现场自然条件、施工条件等进行重点调查。

3. 询价与工程量复核

(1) 询价

投标报价之前，投标人通过各种途径对工程所需的各种材料、设备等的价格、质量、供应时间、供应数量等进行全面调查，还应了解分包项目的分包形式、分包范围、分包人报价、分包人履约能力及信誉等。询价是投标报价的基础，为投标报价提供可靠的依据。

询价可以直接与生产厂商联系，了解生产厂商的代理人或从事该项业务的经纪人，也可以通过互联网查询。

(2) 复核工程量

工程量清单作为招标文件的附件，由招标人提供。工程量是投标报价的直接依据。复核工程量的准确程度，影响承包商的经营行为。复核工程量，要与招标文件中的工程量进行对比。核算全部工程量清单的细目后，投标人按大项分类汇总主要工程总量，以便获得对整个工程项目施工规模的整体概念，然后研究合适的施工方法，选择合理的施工设备等。

4. 制订项目管理规划

项目管理规划是工程投标报价的重要依据，项目管理规划分为项目管理规划大纲和项目管理实施规划。当承包商以编制施工组织设计代替项目管理规划时，施工组织设计满足项目管理规划的要求。

5. 编制投标文件

(1) 投标文件编制内容

投标人应按照招标文件的要求编制投标文件。投标文件内容包括投标函及投标函附录、法定代表人身份证明或附有法定代表人身份证明的授权委托书、联合体协议书(如工程允许采用联合体投标)、投标保证金、已标价工程量清单、施工组织设计、项目管理机构、拟分包项目情况表、资格审查资料、规定的其他材料。

(2) 投标文件注意事项

投标文件应按照“投标文件格式”编写,如有必要,可增加附页,作为文件的组成部分。投标文件应对招标文件有关工期、投标有效期、质量要求、技术标准和要求、招标范围等实质性内容做出响应等。

6. 投标文件的递交

投标人应在招标文件规定的提交投标文件的截止时间前,将投标文件密封送达投标地点。招标人收到投标文件后,应向投标人出具标明签收人和签收时间的凭证,在开标前任何单位和个人不得私自开启投标文件。在招标文件要求的提交投标文件的截止时间后送达或未送达指定地点的投标文件,为无效的投标文件,招标人不予受理。

6.3.3 投标报价编制的原则

投标报价是在工程招标发包过程中,由投标人按招标文件的要求,根据工程的特点,并结合自身施工技术、装备和管理水平,依据有关计价规定自主确定的工程造价,是投标人希望达成工程承包交易的期望价格,报价不得高于招标人设定的招标控制价。

报价是投标的关键工作,报价的合理性不仅直接关系到投标的成败,还关系到中标后企业的盈亏。投标报价以招标文件中设定的发承包双方责任划分,作为考虑投标报价费用项目和费用计算基础,发承包双方的责任划分不同,会导致合同风险不同的分摊,从而导致投标人选择不同报价;根据工程发承包模式考虑投标报价的费用内容和计算深度。报价计算方法必须科学严谨,简明适用。

6.3.4 投标报价的编制方法和内容

投标报价的编制,应根据招标人提供的工程量清单编制分部分项工程和措施项目计价表、其他项目计价表、规费、税金项目计价表,计算完毕后,汇总得到单位工程投标报价汇总表,再层层汇总,分别得出单项工程投标报价汇总表和工程项目投标总价汇总表。在编制过程中,投标人应按照招标人提供的工程量清单填报价格。填写的项目编码、项目名称、项目特征、计量单位、工程量与招标人提供的一致。

承包人投标报价中的分部分项工程费和以单价计算的措施项目费按招标文件中分部分项工程和单价措施项目清单与计价表的特征描述来确定综合单价计算。所以确定综合单价是分部分项工程和单价措施项目清单与计价表编制中最主要的内容。综合单价包括完成一个规定清单项目需要的人工费、材料和工程设备费、施工机具使用费、企业管理费、利润,并考虑风险费用的分摊。

综合单价=人工费+材料和工程设备费+施工机具使用费+企业管理费+利润

对于不能精确计量的措施项目,应编制总价措施项目清单与计价表。措施项目的内容应依据招标人提供的措施项目清单和投标人投标时拟定的施工组织设计或施工方案确定。措施项目费由投标人自主确定,但其中安全文明施工费按照国家或省级、行业建设主管部门的规定计价,不得作为竞争性费用。招标人不能要求投标人对该项费用进行优惠,投标人不得使用该项费用参与市场竞争。

其他项目费主要包括暂列金额、暂估价、计日工以及总承包服务费组成。暂列金额按照招标人提供的其他项目清单中列出的金额填写,不得变动。暂估价不得变动和更改,暂估价中的材料、工程设备暂估价按照招标人提供的暂估单价计入清单项目的综合单价。专业工程暂估价必须按照招标人提供的其他项目清单中列出的金额填写。材料、工程设备暂估单价和专业工程暂估价均由招标人提供,作为暂估价格,在工程实施过程中,对于不同类型的材料与专业工程采用不同计价方法。计日工按照招标人提供的其他项目清单列出的项目和估算的数量,自主确定各项综合单价并计算费用。总承包服务费根据招标人在招标文件中列出的分包专业工程内容和供应材料、设备情况,按照招标人提出的协调、配合与服务要求和施工现场管理需要自主确定。

规费和税金按国家或省级、行业建设主管部门的规定计算,不得作为竞争性费用。投标人在投标报价时必须按照国家或省级、行业建设主管部门的有关规定计算规费和税金。

投标人的投标总价应与组成工程量清单的分部分项工程费、措施项目费、其他项目费和规费、税金的合计金额一致,投标人在进行工程量清单招标的投标报价时,不得进行投标总价优惠,投标人对投标报价的任何优惠均反映在相应清单项目的综合单价中。

6.3.5 投标报价技巧

建设工程投标报价技巧主要有不平衡报价法、突然降价法、增加建议方案法、多方案报价法等。

(1) 不平衡报价法

指在总报价不变的前提下,对报价的组成项目进行优化,将某些项目的单价定得高于常规价,而将另一些项目的单价定得低于常规价,从而在保证总报价有竞争力、不影响中标的情况下,通过项目结算、索赔等途径获得更理想的经济效益。这种报价通常用于以下几种情况:

① 合理利用招标工程量清单中的工程量。通过计算和分析,发现招标工程量清单中个别项目存在数量偏低或者预计实际施工过程中某项目工程量增加可能性较大,适当提高单价;反之,则适当降低单价。这样,通过结算,可以获取更大的收益。

② 充分利用资金的时间价值。如对打桩、基础工程等在施工中较早实施的项目,可以适当提高单价,有利于较早获得更多的(进度、结算)款项,加快资金的周转,提高资金的时间价值。

③ 对暂定项目要视情况采取不同策略。因为暂定项目存在“最终会不会实施”和“由谁来实施”的问题。对于实施的可能性较大、分包的可能性较小,最终很可能由投标人承担的暂定项目,宜适当提高单价,否则,可适当降低单价。

(2) 突然降价法

突然降价法,更多的是一种心理战术,是一种迷惑对手的投标手段。在报价过程中,投标人先按正常情况报价,甚至有意无意地泄露自己的报价,同时放出一些虚假信息,造成自己对该招标项目兴趣不大的假象。等到投标截止期来临前,合理利用招标投标规则,突然降价,从而使自己的价格更具竞争力,提高中标的可能性。这种方法要求投标人有较高的分析、判断和决策能力,对自身的综合实力、其他投标人的情况有全面的了解和把控。

(3) 多方案报价法

多方案报价法,适合于招标文件的条款不明确或不合理的情况。在按招标文件的条件报价后,对招标文件进行合理的修改,在修改的基础上报出一个更低的价格。例如在标书中说明,只要修改招标文件中某一个不合理的设计,标价就可降低多少。用这种方法来吸引发包方,从而使投标人的报价在竞争中处于有利地位,扩大中标机会,又减少招标文件中不合理的部分带来的风险。

(4) 其他报价技巧

报价技巧是多种多样的,其宗旨无非是提高中标机会,降低投标人在中标后项目实施过程中可能会遇到的所发生的实际工程量和费用与投标报价不一致的风险。

① 无利润报价法。这种方法可以在争取招标人下一个项目招标中占据有利竞争地位,或者是在中标后可以通过分包的办法转移风险的情况下使用。

② 采用分包商的报价。对于总承包企业,通常都建立有合理分包商名单,有长期合作的施工企业或物资供应商。投标报价时,可以将这些分包商的报价进行适当调整后纳入总报价,这样既可以让中标以后的成本有相对准确的基础,也有利于巩固合作意向,风险共担。

③ 增加优惠条件的报价。在投标报价中,根据项目情况和自身能力,对竣工时间、质量标准、付款条件等给出更优惠的承诺,主要作为吸引招标人的一种辅助手段。

6.4 合同价的确定

建设工程承发包的核心是合同价款的确定,而建设工程签约合同价的确定形式取决于承发包方式。承发包方式分为直接发包和招标发包,考虑到公平性与竞争性等因素,招标发包已逐步成为主要承发包方式。签约合同价因为采用不同的计价方法,容易产生较大价款差额。对于采用招标发包的项目,即用招标发标方式确定承包人而签订的合同中,应以中标单位的投标金额为准;对于采用直接发包的项目,可以通过较多的形式来确定合同价格,如果按照初步设计总概算投资包干时,可用经过审批的概算投资中与承包内容相对应部分的投资(包括相应的预备费)作为签约合同价;如果按施工图预算包干,则可用审查后的施工图总预算或综合预算作为签约合同价。对在合同签订时,能够准确确定合同价款的,应该在合同中同时明确相应的价款调整规定;如果在合同签订当时不能准确计算出合同价款的,尤其是按照施工图预算加现场签证和按实结算的工程,合同中应明确规定合同价款的计算原则,约定执行的计价依据与具体计算标准,以及合同价款的审定方式等内容。

对以招标发包方式形成的工程合同,合同价款的确定有与其约定的结算方式相适应的相关规定。采用招标发包的工程建设项目中,招标人通过招标文件发出要约,投标人按招标文件的要求编制投标文件。招标文件是投标人编制投标文件的主要依据,也是中标后签订合同的主要依据之一。合同价款的约定与招投标文件具有密不可分的关系。由于招标文件中,对投标报价的编制办法和要求及合同价款的方式做了详细说明,因此合同价款也据此确定,不论采用“单价合同”方式、“总价合同”方式还是“成本加酬金合同”的方式发包,投标人均应按照招标文件中的规定和要求,综合考虑自己的实力和市场因素等确定投标报价,投标人中标以后,中标价即签订的合同价。

6.5 石油化工建设项目招标投标的特点

6.5.1 框架协议

石油化工建设项目经常会出现所需采购的服务“量大价小”的情况，考虑到管理规范性、工程进度、工作效率等因素，采用框架协议是十分便利的。

工程项目中的油(气)田地面(海上)建设、油(气)储运设施、新能源地面建设、炼油化工二类和三类项目、加油(气)站、民用建筑等及其配套工程，符合下列标准之一的，可进行框架协议采购：

(1) 施工单项合同价低于500万元(不包括500万元)的；

(2) 服务单项合同价低于200万元(不包括200万元)的。

框架协议采购必须采用招标方式，一个招标项目可以有1～3个中标人。招标人应根据评标委员会确定的中标人、候选人排序的先后次序分配标的份额，排名越靠前份额比例应越大，各中标人之间的中标份额差应大于5%。有2个中标人的，原则上排名第一的中标人的份额应不低于整个标的的60%；有3个中标人的，原则上排名第一的中标人的份额应不低于整个标的份额的50%。标的份额分配比例及调整方法应在招标文件中予以明确。

框架协议在中标通知书发出之日起30日内签订。在招标文件及框架协议中，应当明确协议有效期、适用条件、份额调整及协议终止的相关约定。协议有效期原则上不少于1年。必须招标的项目，应满足石油化工建设项目关于招标文件的相关要求后，签订框架协议项下合同。框架协议项下委托单或合同必须在框架协议有效期内签订。项下委托单或合同履行期限不受框架协议有效期限制。企业按照程序确定的框架协议，仅适用于本企业。

石油化工建设项目的框架协议招标程序与招标程序及非招标采购程序相比，更为精简，具体程序如下：

(1) 招标人编制框架协议采购方案，经相关部门审批后组织实施；

(2) 招标人按照批复方案组织实施招标活动；

(3) 招标人与中标人签订框架协议，并向相关部门备案；

(4) 招标人进行资料归档；

(5) 招标人签订框架协议项下合同，并向相关部门备案。

6.5.2 电子招标投标

在石油化工建设项目中电子招标投标有着从线下操作转变为线上操作的标志性意义，是一项重要的里程碑。电子招标投标是根据招标投标相关法律法规规章及石油化工建设项目招投标相关规定，以数据电文为主要载体，应用信息技术完成工程采购活动的过程。招标投标管理信息系统可以覆盖全系统，为工程采购活动提供全过程在线交易服务，并对其进行在线监督管理。由监督管理平台和电子交易平台对接组成。电子交易平台是采购活动当事人通过数据电文形式完成工程采购交易活动的信息平台。交易平台用于在线完成采购活动的全部交易过程，编辑、生成、对接、交换和发布有关采购活动数据信息。电子开标是通过交易平台在线完成投标文件拆封解密、展示唱标内容并形成开标记录的工作程序。电子评标是评标委员会通过工程招投标信息系统，按招标文件约定的评标标准和方法，对投标文件评审，并形成评标报告电子文件的工作程序。招标文件制作软件是采购人用于制作招标文件的专用客户端软件，是电子交易平台的组成部分，主要具备招标文件内容编辑、文件格式转换、招标文件生成等功能。专业工具软件是交易平台兼容对接，用来制作、生成招标项目工程量清单、投标工程量清单报价以及工程投标报价评标分析的工程计价系统软件。投标文件制作软件是投标人用来制作投标文件的专用客户端软件，是电子交易平台的组成部分，主要有招标文件导入、投标文件内容编辑、文件格式转换、投标文件生成、分类整理等功能。

6.5.3 EPC固定总价清单计价概述

EPC固定总价清单计价，从本质上来讲，是一种工程量清单计价模式，但由于其主要用于石油化工建设项目的EPC总承包项目的包发承包环节，因此，也具有一些与通常所说的工程量清单计价模式不同的特点。适用于在中国境内建设并形成新增固定资产的石油化工、煤化工和天然气化工新建、改扩建项目。

(1) EPC固定总价清单计价的工程量清单(以下简称工程量清单)是在批复的基础设计概算的基础上编制的，且仅作为参考工程量，投标人作为有经验的承包商可以对此进行调整。

(2) 工程量清单包括设计费用清单、采购费用清单、施工费用清单和其他费用清单四类。各类清单分别报价，分别评标。

(3) 采用EPC固定总价清单计价招标的建设项目，根据项目需要编制最高投标限价，最高投标限价可按总价设置，也可分别按设计、采购、施工和服务设置。

(4) 除国家强制性规定及招标文件明确要求外，投标价由投标方自主确定，但不得高于最高投标限价，不得低于成本价。

(5) EPC合同为固定总价合同。

(6) 为有效控制，加强项目管控，招标人可根据项目竞争情况在合同专用条款中约定合同范围内的固定总价的调整办法。以项目施工图设计量为依据，重新核定采购和施工费用，加上设计费用和其他费用，形成新的估算，并通过一定的调价公式算法，对超出允许偏差范围的固定总价给予调整。

6.5.3.1 EPC固定总价清单计价的作用

长期以来，石油化工建设项目EPC总承包基本上都采用批复概算降点的计价模式，这种模式适用于周期较短的邀请招标，建设单位在招标和项目执行过程中的管理相对简单，但难以满足市场化和公开招标的要求。EPC固定总价清单计价模式的推出，是石油化工行业在推行工程承包计价模式改革过程中采取的重要措施，符合工程建设市场化改革思路，满足工程建设招投标规范化管理的要求，有利于建设单位提高工程建设量化控制、精细化管理和动态跟踪的整体水平，有利于工程建设公司提高竞争意识和招投标报价能力。

6.5.3.2 EPC固定总价清单编制

(1) EPC固定总价清单的计价依据

通过多年的发展和维护，目前中国的石油化工建设行业已形成了从定额、指标到设备材料价格在内的比较完整的工程计价体系，对EPC固定总价清单的编制依据也做了较为详细的规定。

编制EPC固定总价清单的依据主要包括：

① 招标文件、招标答疑、澄清文件和补充通知；

② 石油化工建设项目计价体系文件，包括定额、指标、计价办法等；

③ 住建部《建设工程工程量清单计价规范》(GB 50500—2013)；

④ 其他行业定额或地方定额；

⑤ 投标人完成以往类似项目的价格和费用资料；

⑥ 市场设备材料价格信息；

⑦ 招标人发布的设备材料框架协议价格。

(2) 一般规定

① EPC 固定总价清单：指由招标人依据国家标准、招标文件、设计文件及项目实际情况编制的，随招标文件发布，供投标人投标报价的 EPC 费用项目的分解清单，包括设计费用清单、采购费用清单、施工费用清单和其他费用清单等表格及相关说明。

② EPC 固定总价清单由招标人组织编制，也可委托基础设计单位或有相应资质的第三方造价咨询单位编制。

③ 编制工程量清单时，以基础设计文件和招标文件划分的标段为基础，依据基础设计概算文件完成工程量清单编制，同时明确设备材料的供货范围和设备材料的进口范围。

④ 采用 EPC 固定总价清单计价的工程应在招标文件及合同中明确投标人风险。

⑤ 招标人提供的 EPC 固定总价清单中的工程量为参考工程量，投标人报价时可以调整。这是 EPC 固定总价清单为适应 EPC 总承包计价模式固定总价合同而作出的调整，是与工程量清单规范的显著差异之一。

⑥ 招标人在招标文件中应制订相应条款防止投标人进行工程量和价格的不平衡报价。通常可以通过在招标文件中或在评标时抽取若干关键、重要的设备、材料子目进行单独评标来实现。

⑦ 增值税在清单计价表中单独列项，不作为竞争性费用。

表 6-2　EPC 固定总价清单报价汇总表

项目名称：××项目							
标段名称：××标段					第　页　共　页		
序号	编码	工程及费用名称	费用/万元	增值税/万元	合计/万元	其中外汇/万美元	备　注
		总价(一＋二＋三＋四)					
一		设计费用					
二		采购费用					
三		施工费用					
		其中安全生产费					
		其中脚手架费用					
四		其他费用					

注：表中“费用”列不含增值税。

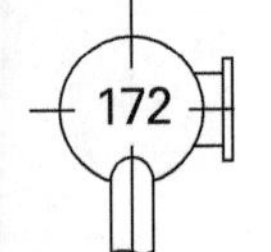

表 6-3 单项工程(装置/主项)报价汇总表(设计、采购、施工)

项目名称：××项目

标段名称：××标段　　第　页 共　页

序号	编码	工程及费用名称	费用/万元	增值税/万元	合计/万元	其中外汇/万美元	其中安全生产费/万元	备注
		合计(1+2+3+…)						
1		单项工程(装置/主项)1						
1.1		设计费用						
1.2		采购费用						
1.3		施工费用						
2		单项工程(装置/主项)1						
2.1		设计费用						
2.2		采购费用						
2.3		施工费用						
3		单项工程(装置/主项)……						
3.1		设计费用						
3.2		采购费用						
3.3		施工费用						

注：表中“费用”列不含增值税。

(3) 设计费用清单

① 设计费用清单包括详细设计阶段基本设计、非标设备设计、采购技术服务费、数字化设计交付、竣工图编制、施工图预算编制等清单项目。费用内容范围参见原中华人民共和国国家计划委员会、建设部《关于发布〈工程勘察设计收费管理规定〉的通知》和《石油化工工程建设费用定额》有关内容规定。

② 设计费用清单列项参考基础设计概算和各标段的设计工作内容设置，在“设计费用清单报价表”上编制，并明确按工时或按费用的报价要求。

(4) 采购费用清单

① 采购费用清单包括设备采购清单和安装主要材料采购清单(不包括建筑工程中主材，建筑工程主材计价包含在施工费用清单中)，设备材料采购清单应按照基础设计概算文件的专业划分编制。

② 采购费用清单应列出清单项目名称、主要特征描述及清单工程量等。

表 6-4　设计费用清单报价表

项目名称：××项目

标段名称：××标段　　　　第　页 共　页

序号	编码	工程及费用名称	工时	费用/万元	增值税/万元	合计/万元	备　注
		合计(1+2+3)					
1		单项工程(装置/主项)1					
1.1		其本设计费					
		可根据需要细化到设计成果文件目录					
1.2		非标设计费					
		可根据需要细化到非标设备清单目录					
1.3		采购技术服务费					
1.4		施工图预算编制费					
1.5		竣工图编制费					
1.6		数字化交付费用					
		可根据需要细化					
1.7		……					
2		单项工程(装置/主项)……					
2.1		……					

注：表中“费用”列不含增值税。

③ 主要特征描述为基础设计文件中各专业提供的设备材料参数，编制时应最大程度满足投标人清单计价的要求。

④ 采购费用清单工程量在基础设计文件提供的设备材料工程量基础上根据招标范围及经验进行调整。

⑤ 设备清单中的成套设备、大型机组等，其报价范围应予以说明，明确开车试车备件、关键备件、生产备品备件的列项要求和费用划分，如有需要，可要求投标人提供备品备件锁定价格一览表。

⑥ 安装主要材料清单列项应按照基础设计单位概算文件中的子目项设置。列项的材料组合内容应与基础设计单位概算文件同类材料组合内容相同，必要时招标人可在相应清单报价表中予以说明。

⑦“单位工程设备及安装主要材料清单报价表”列项顺序与基础设计概算文件中专业“设备及安装工程概算表”列项顺序保持统一。

⑧“采购费用汇总表”列项顺序可与基础设计概算文件中单项工程“综合概算表”列项顺序相统一。

⑨ 运杂费单独列项。

表 6－5　采购费用报价汇总表

项目名称：××项目

标段名称：××标段　　　　第　　页 共　　页

序号	编码	工 程 名 称	主要工程量	设备及安装主要材料费					备注
				设备购置费/万元	主要材料费/万元	增值税/万元	合计/万元	其中外汇/万美元	
		合计(1+2+…)							
1		单项工程（装置/主项)1							
1.1		钢结构	××吨						
1.2		静置设备							
		塔	××台/××吨						
		反应器	××台/××吨						
		……							
1.3		机械设备							
		压缩机	××台						
		泵	××台						
		……							
1.4		工艺管道							
1.5		……							
…		国内运杂费							
2		单项工程（装置/主项)……							

注：1. 工程名称列项可由招标人根据项目实际自行定义。
2. 表中“设备购置费”及“安装主要材料费”列不含增值税。

表 6-6 单位工程设备及安装主要材料清单报价表(国产)

单位工程名称：静置设备

标段名称：××标段　　　　第　页　共　页

序号	编码	清单项目名称	特征描述	材质	单位	清单量			投标量			单价/元			合价/元			备注
						数量	单重/吨	总重/吨	数量	单重/吨	总重/吨	设备购置费	主要材料费	增值税	设备购置费	主要材料费	增值税	
		合计(1+2+…)																
一		单项工程(装置/主项)1(1+2+…)																
1		塔		CS	台	1	50											
		塔 1		SS	台	1	150											
		塔 2																
		……																
2		反应器																
		反应器 1		CS	台	1	500											
		反应器 2		CS	台	1	500											
		……																
…		国内运杂费																
二		单项工程(装置/主项)2																
1		……																
三		单项工程(装置/主项)……																

注：1. 单价中的“设备购置费”列和“安装主要材料费”列不包括增值税和国内运杂费。
2. “清单量”列中的工程量为参考量，投标人应在“投标量”列填写投标工程量。
3. 如果投标数量与清单数量不一致，应在“备注”列中加“＊”号标识或说明。

表 6-7　单位工程设备清单报价表(进口)

单位工程名称：机械设备

标段名称：××标段　　　　第　页共　页

序号	编码	清单项目名称	特征描述	材质	单位	清单量			投标量			设备购置费单价						设备购置费合价						备注
						数量	单重	总重	数量	单重	总重	外币/美元	折合人民币/元	关税/元		其他费/元	增值税/元	外币/美元/	折合人民币/元	关税/元	其他费/元	合计/元	增值税/元	
														税率/%	税额									
		合计(1+2+3+…)																						
一		单项工程(装置/主项)1(1+2+3+…)																						
1		压缩机																						
		压缩机1			台	1	50																	
		……																						
2		泵																						
		泵1			台	1	2																	
		……																						
3		风机																						
		风机1			台	1																		
		……																						
…		国内运杂费																						
二		单项工程(装置/主项)2																						
1		……																						
三		……																						

注：1. 单价中“外币”和“折合人民币”价格为到岸价。单价中的“其他费”包括银行财务费、外贸手续费，不包括国内运杂费。国内运杂费单列。合价中的合计＝折合人民币＋关税＋其他费。

2. “清单量”列中的工程量为参考量，投标人应在“投标量”列填写投标工程量。

3. 如果投标数量与清单数量不一致，应在“备注”列中加“＊”号标识或说明。

表 6－8　单位工程安装主要材料清单报价表(进口)

单位工程名称：工艺管道

标段名称：××标段　　　　　　　　　　　　第　　页 共　　页

序号	编码	清单项目名称	特征描述	材质	单位	清单量			投标量			安装主要材料费单价						安装主要材料费合价						备注
						数量	单重	总重	数量	单重	总重	外币/美元	折合人民币/元	关税/元		其他费/元	增值税/元	外币/美元/	折合人民币/元	关税/元	其他费/元	合计/元	增值税/元	
														税率/%	税额									
		合计(一＋二＋三＋…)																						
一		单项工程(装置/主项)1(1＋2＋3＋…)																						
1		碳钢管道																						
		碳钢管道 1	××		10 米	10																		
		……																						
2		不锈钢管道																						
		不锈钢管道 1	××		10 米	10																		
		……																						
3		合金钢管道																						
		合金钢管道 1	××		10 米	10																		
		……																						
4		阀门																						
		……																						
…		国内运杂费																						
二		单项工程(装置/主项)2																						
1		……																						
三		……																						

注：1. 单价中“外币”和“折合人民币”价格为到岸价。单价中的“其他费”包括银行财务费、外贸手续费，不包括国内运杂费。国内运杂费单列。合价中的合计＝折合人民币＋关税＋其他费。
2. “清单量”列中的工程量为参考量，投标人应在“投标量”列填写投标工程量。
3. 如果投标数量与清单数量不一致，应在“备注”列中加“＊”号标识或说明。

(5) 施工费用清单

① 施工费用清单由分部分项工程及措施费清单、特定条件下费用及特殊措施费用清单和安全生产费组成。

② 分部分项工程及措施费清单由招标人参考《石油化工建设工程工程量清单计价办法》(2011)附录A、附录B中的项目编码、项目名称、项目特征和计量单位编制，缺项部分招标人可作相应补充。

③ 分部分项工程及措施费清单编码可参考《石油化工建设工程工程量清单计价办法》(2011)规定的统一编码。

④ 分部分项工程及措施费清单中所列工程量，参照基础设计概算工程量列出，必要时根据基础设计文件计算。

⑤ 分部分项工程及措施费清单的项目特征应参考《石油化工建设工程工程量清单计价办法》(2011)附录A、附录B中规定的项目特征，结合拟建工程的具体情况及组价需要予以描述。

⑥ 特定条件下费用及特殊措施费用清单根据招标文件规定和项目实际列项，并明确计费条件。一般包括大型机械进出场及使用费、特殊技术措施费、特殊地区施工增加费、有害健康环境中施工保健费等。

⑦ 安全生产费包括的内容及计算办法遵循国家的相应规定。

表6-9 施工费用报价汇总表

项目名称：××项目

标段名称：××标段　　　　第　页共　页

序号	编码	工程名称	费用/万元	其中		增值税/万元	合计/万元
				安装/万元	建筑工程/万元		
		合计(1+2+…)					
一		单项工程(装置/主项)1					
1		施工费用					
		构筑物(建筑)					
		静置设备(安装)					
		机械设备(安装)					
		……					
2		特定条件下费用及特殊措施费用					
3		安全生产费					
二		单项工程(装置/主项)2					
1		施工费用					
		构筑物(建筑)					
		静置设备(安装)					

续表

序号	编码	工程名称	费用/万元	其中		增值税/万元	合计/万元
				安装/万元	建筑工程/万元		
		机械设备(安装)					
		……					
2		特定条件下费用及特殊措施费用					
3		安全生产费					
		……					
…		单项工程(装置/主项)……					

注：表中“费用”列不含增值税。

表 6-10　分部分项工程及措施费清单报价表(建筑)

单位工程名称：构筑物

标段名称：××标段　　　　第　页共　页

序号	编码	清单项目名称	项目特征描述	工程内容描述	单位	清单数量	投标数量	单价/元		合价/元		备注
								建筑工程费	增值税	建筑工程费	增值税	
		合计(一+二+三+…)										
一		单项工程(装置/主项)1										
		桩										
1	1020201	预制钢筋混凝土桩	1. 土壤类别： 2. 单桩长度： ……	1. 成品桩购置及运输 2. 安卸桩帽 ……	米/立方米	20	30					*
2	1020202	接桩	1. 桩类别： 2. 桩截面尺寸： ……	1. 接桩 2. 材料运输	个	20	30					*
		……										
二		单项工程(装置/主项)2										
		……										

续表

序号	编码	清单项目名称	项目特征描述	工程内容描述	单位	清单数量	投标数量	单价/元		合价/元		备注
								建筑工程费	增值税	建筑工程费	增值税	
三		单项工程(装置/主项)……										
		……										

注：1. “清单数量”列中的数量为参考量，投标人应在“投标数量”列填写投标量。
2. 如果投标数量与清单数量不一致，应在备注中加“＊”号标识或说明。
3. 表中“建筑工程费”列不含增值税。

表6-11 分部分项工程及措施费清单报价表(安装)

单位工程名称：工艺管道

标段名称：××标段　　　　第　页共　页

序号	编码	清单项目名称	项目特征描述	工程内容描述	单位	清单数量	投标数量	单价/元		合价/元		备注
								安装费	增值税	安装费	增值税	
		合计(一＋二＋三＋…)										
一		单项工程(装置/主项)1										
	PD01	碳钢管道										
1	2020102001	碳钢 Sch40 以下 SHB、SHC、SHE 类无缝钢管安装	1. 名称：低压埞体焊接钢管； 2. 材质：Q235＋镀锌； 3. 管径、壁厚：26.7×3.5； ……	1. 管道预制安装，管件、法兰、法兰盖、盲板等安装； 2. 压力试验； ……	10米	20	30					＊
		……										
二		单项工程(装置/主项)2										
		……										
…		单项工程(装置/主项)……										
		……										

注：1. “清单数量”列中的数量为参考量，投标人应在“投标数量”列填写投标量。
2. 如果投标数量与清单数量不一致，应在备注中加“＊”号标识或说明。
3. 表中“安装费”列不含增值税。

表 6-12　特定条件下费用及特殊措施费用清单报价表

项目名称：××项目

标段名称：××标段　　　　　　　　　　　　　　　　　　　　第　　页　共　　页

序号	编码	项 目 名 称	主要工程范围内容及工程量	单位	费用/元	增值税/元	合计/元	备注
		合计(1+2+…)						
1		单项工程(装置/主项)1						
1.1		特殊地区施工增加费						
1.2		特殊技术措施费						
1.3		大型机械进出场及使用费						
1.4		有害健康环境中施工保健费						
…		……						
2		单项工程(装置/主项)2						
2.1		特殊地区施工增加费						
2.2		特殊技术措施费						
2.3		大型机械进出场及使用费						
2.4		有害健康环境中施工保健费						
…		……						
3		单项工程(装置/主项)……						
…		……						

注：1. 费用列项应根据项目实际情况调整。
　　2. 表中“费用”列不含增值税。

6.5.3.3　其他费用清单

其他费用清单列项主要包括承包商管理费、承包商临时设施费、超限设备运输特殊措施费等。

其他费用清单列项由招标人参照基础设计概算中固定资产其他费用、其他资产费用设置，在“其他费用清单报价表”上编制，并明确按工时或按费用的报价要求。

表 6-13　其他费用清单报价表

项目名称：××项目

标段名称：××标段　　　　第　　页 共　　页

序号	其他费用名称	包含工作内容	单位	数量	费用/万元	增值税/万元		合计/万元	备注
						税率	税额		
	合计								
1	总承包管理费								
2	总承包商临时设施费								
3	进口设备材料国内检验费								
4	超限设备运输特殊措施费								
5	其他费用								
5.1	各类验收费用								
5.2	评估及许可费用								
5.3	特种设备安全监督检验费								
5.4	设备监造费								
5.5	……								

注：1. 费用列项应根据项目实际情况调整。
　　2. 表中“费用”列不含增值税。

第七章　建设项目施工阶段的费用控制

7.1　概述

施工阶段是建设项目实现工程价值的主要阶段，也是资金、人力投入量最大的阶段，因此，也是整个项目实施过程中费用控制工作量最大、最繁重的阶段。由于设计、采购、施工等各个环节中存在不可预见的因素，而且造成项目费用偏差往往是若干个因素共同作用的结果，这使得施工阶段的费用控制管理难度很大。

7.2　设计环节的费用控制

7.2.1　概述

据有关资料显示，设计费在项目的投资中虽然占比通常只有5%～15%，但却能够影响75%～85%的工程费用。设计环节的费用控制对整个项目而言起到事半功倍的效果，控制好设计，就控制住了整个项目的成本。

在设计环节，项目还没有从图纸变成工程实体，对建设项目的建设内容、总图布置、设备选型等进行修改和调整比较容易，而进入施工环节后，对项目的修改难度则要大得多。按照有关统计数据显示，初步设计可以影响整个项目工程费用的75%～85%，详细设计已下降到35%～75%，而施工环节的影响则进一步下降到5%～25%。因此，施工环节是按照施工图将图纸变成实物的过程，这个环节的费用控制的主要目的是避免在施工中出现不必要的签证和变更等内容，增加项目额外的工程成本。对于项目的总体费用而言，早在设计环节就已基本确定。

设计是项目建设的龙头，但长期以来，我国对设计环节的费用控制的重视程度不足。由于设计缺陷而造成的经济损失往往是无法估量的。然而，普遍的现状是，设计人员对设计的经济敏感度不足，通常存在着“重设计、轻经济”的理念。在过去的设计院体制下，设计人员只需要满足建设单位的要求，遵守国家的规范，就算完成了设计任务，项目最终的投资高低也与设计院没有关系。在这种体制下，设计人员往往不用也不必考虑项目的费用问题，头脑中缺乏费用意识，只承担技术责任，不承担经济责任。虽然很多设计院经过了体制机制的转型，但长久以来遗留下来的思维方式，使得设计人员很难在短期内完全转变观念。其次，工程设计遵循的是设计责任终身制的原则，因此，为了保险起见，设计人员往往设置了过大的设计“余量”，使得图纸中常见“粗梁胖柱”的现象，造成过度设计。此外，很多设计院固化的分配机制等弊端也造成了设计人员优化设计的动力不足。

7.2.2 设计环节影响建设项目工程造价的主要因素

1. 总平面设计

总平面设计主要指总图运输设计和总平面配置，主要内容包括：厂址方案、占地面积、土地利用情况；总图运输、主要建筑物和构筑物及公用设施的配置；外部运输、水、电、气及其他外部协作条件等。

总平面设计对于整个设计方案的经济性和合理性起到了举足轻重的作用。总平面设计合理可行，则可以有效节约建筑面积，减少建设用地，降低工程造价，提高工程进度，同时节省项目落成后的运营成本，并帮助企业打造良好的生产经营条件，也有助于形成美丽、协调的建筑结构。

总平面设计中影响工程造价的主要因素包括：

(1) 现场条件

现场条件是制约设计方案的重要因素之一，主要在以下方面对工程造价产生影响——建筑物和构筑物的基础种类、埋深受到当地的地质、水文、气象等条件影响；平面及室外标高的确定受到地形地貌的影响；平面布置、建筑层数受到场地面积、邻近地上附着物等影响。

(2) 占地面积

占地面积的大小对于征地费用、管线布置和项目建成运营的运输等成本都有着重要影响。所以在满足建设项目基本使用功能的基础上，应尽可能节约用地。

(3) 功能分区

无论是工业建筑还是民用建筑，都有各自的功能要求，这些功能既相互联系、又相互制约。功能分区的作用就是在确保安全的前提下，使建筑物和构筑物的各项功能得到最大程度的发挥。对于工业建筑，合理的功能分区还可以使生产工艺流程更加顺畅，从全生命周期管理的角度来看，还可以使运输更加简便，降低项目建成后的运营成本。

(4) 运输方式

运输方式决定运输效率及成本，不同运输方式的运输效率和成本各不相同。例如，有轨运输可以实现大运量的安全运输，但前期投入资金大；无轨运输不需要在前期投入大量资金，但运量和安全性等方面不如有轨运输。因此，在选择运输方式上，需要综合考虑项目的生产工艺、建设地点和功能分区等实际情况，在此基础上制订经济性、合理性的决策。

2. 工艺设计

工艺设计环节影响工程造价的主要因素包括：建设规模、工艺流程、主要设备的选型、主要原材料和燃料的供应情况、环保措施等。

按照我国建设项目的建设程序，在可行性研究阶段，项目的工艺流程就已经基本确定。设计环节的任务就是严格按照批准的可行性研究报告的内容进行工艺技术方案的设计，确定具体的工艺流程和生产技术。在选择具体项目的工艺设计方案时，应以提高投资的经济效益为前提，深入分析、比较，综合考虑各方面的因素。

3. 建筑设计

建筑设计环节影响工程造价的主要因素如下。

(1) 平面形状

通常，建筑物平面形状越简单，单位建筑面积造价就越低。当建筑物的平面形状复杂时，会使得建筑物的脚手架工程、砌筑工程、墙面装饰工程、室外排水工程也变得复杂，增加单位建筑面积造价。建筑物的造价和建筑周长系数有密切关系。建筑周长系数的定义是建筑物周长与建筑面积之比，即单位建筑面积所占的建筑物周长。一般而言，建筑周长系数越小，设计越经济。从形状上来说，圆形的建筑周长系数最小，其次是长方形、矩形、T形，L形的建筑周长系数。但这并不意味着圆形建筑物的造价就一定最低，因为圆形建筑物施工难度较高，施工费用一般比矩形建筑高出20%～30%。因此在设计建筑物的平面形状时，应在满足建筑物使用功能的前提下，尽量降低建筑周长系数，同时兼顾施工的经济合理性，以达到降低工程造价的目的。

(2) 流通空间

门厅、走廊、过道、楼梯以及电梯井等都属于建筑物的流通空间，流通空间并不能为项目带来额外获利，却需要在采光、采暖、装饰、清洁等方面消耗费用。因此，在满足建筑物使用要求的前提下，应将流通空间减少到最小。

(3) 空间组合

空间组合包括建筑物的层高、层数、室内外高差等因素。

① 层高

即使两个建筑物的建筑面积相同，不同的层高也会导致造价不同。比如，内外墙面的装饰粉刷，砖墙的砌筑、电梯井和室外落水管的长度、脚手架的搭设、垂直运输的距离等都和层高紧密相关。层高设计得越高，上述造价就越大。

② 层数

建筑物的类型、结构和形式不同，层数对造价的影响也不同。不同的层数决定了不同的荷载，而荷载不同对基础的要求也不同，这些差异都会影响建筑物的占地面积和单位建筑面积造价。通常来说，在不改变建筑物结构形式的前提下，层数越多，单位建筑面积的造价就越低。但当建筑物的层数达到一定程度，建筑物结构形式发生改变时，单位建筑面积造价可能会上升。此外，建筑物层数越多，电梯及楼梯的造价将会提高，建筑物的维修费用也将增加，但是采暖费用有可能下降。

③ 室内外高差

室内外高差的设计应在一个合理的区间内，兼顾经济合理性和技术合理性。如果高差太大，那么建筑物的工程造价就会偏高；如果高差太小，反而会影响使用及卫生要求。

④ 建筑物的体积与面积

增大建筑物的尺寸，一般会降低单位面积的造价。因此，采用大跨度、大柱距的平面设计形式，适当增加建筑物尺寸，可提高平面利用系数，有效降低单位工程造价。

⑤ 建筑结构

建筑结构指建筑物或构筑物中由基础、梁、板、柱、墙等构件所组成的起骨架作用的能承受直接和间接荷载的空间受力体系。建筑结构根据所用的材料不同，可分为砌体结构、钢筋混凝土结构、钢结构、木结构和组合结构等。

建筑结构的选择应在满足力学要求的基础上，考虑经济合理性。五层以下的建筑物一般选用砌体结构；大中型工业厂房一般选用钢筋混凝土结构；多层房屋或大跨度建筑通常更倾向于选用钢结构；而对于高层或者超高层建筑，选择框架结构和剪力墙结构比较符合经济性。建筑结构形式不同，特点、利弊就不同，在选用结构类型时应结合实际，因地制宜，采用经济合理的结构形式。

⑥ 柱网布置

工业建筑中的柱网布置，取决于厂房中有无吊车、吊车的类型及吨位、屋顶的承重结构以及厂房的高度等因素，柱网布置是确定柱子的跨度和间距的依据，也会对结构的梁板配筋及基础的大小产生较大的影响，从而影响工程造价和厂房面积的利用效率。对于单跨厂房，当柱间距不变时，跨度越大单位面积造价越低。因为除屋架外，其他结构架分摊在单位面积上的平均造价会随跨度的增大而减小。对于多跨厂房，当跨度不变时，中跨数目越多越经济，这是因为柱子和基础分摊在单位面积上的造价减少。

(4) 材料选用

建筑材料在建筑造价中占很大比例，因此，建设材料的选择不仅会直接影响工程质量、使用寿命、耐火抗震等性能，而且会对工程造价产生很大的影响。在设计环节合理选择建筑材料，控制材料单价，是控制工程造价的有效途径。

(5) 设备选用

现代建筑对于设备的依赖程度越来越高。住宅的楼层越高，设备系统就越庞大，如电梯被用于高层建筑物中内部空间的交通，空调、通风、采暖等设备被用于室内环境的调节。在设备选用时，需要综合考虑各个设备系统的位置分布、空间大小，设备的安装不仅有位置和规范的要求，还会受到建筑本身的空间限制。因此设备配置是否得当，将直接影响建筑产品整个寿命周期的成本。

设备的选用应以最大化的满足生产工艺和生产能力要求为标准。此外，根据以往的工程经验，设备购置费约占工程总投资的20%～50%，由此可见设备选用对工程造价的影响。此外，在设备选用时应充分考虑节能环保的因素。

4. 其他因素

除以上因素之外，在设计环节影响工程造价的因素还包括其他内容。

(1) 设计单位和设计人员的知识水平

设计单位和设计人员的知识水平对工程造价的影响是客观存在的。为了有效地降低工程造价，设计单位和设计人员首先要能够充分利用现代设计理念，运用科学的设计方法优化设计成果；其次要善于将技术与经济相结合，运用价值工程理论优化设计方案；最后，设计单位和设计人员应及时与工程造价人员进行沟通，使得工程造价人员能够在前期设计中就参与项目，达到技术与经济的完美结合。

(2) 项目利益相关者的利益诉求

设计单位和设计人员在设计过程中要综合考虑建设单位、承包商、监管机构、咨询单位、运营单位等利益相关方的要求和利益，避免后期出现频繁的设计变更而导致工程造价的增加。

(3) 风险因素

设计环节要全面、充分地考虑建设项目可能面临的风险，并在设计过程中尽量对相关风险进行规避。

7.2.3 设计环节费用控制的主要措施

1. 通过招投标确定设计承包商

建设项目中的设计费通常占到整个工程费用的5%～15%，运用招投标的方法，不仅可以通过市场竞争节省设计费成本，更重要的是可以通过公平、充分竞争的方式，选择一家经验丰富、能力可靠的设计单位。

在设计招标过程中，招标方应对不同投标方案的合理性和经济性进行评估和比较。在满足方案合理性的前提下，设计方案的经济性应纳入评标考查范围。另外，在评标成员中，应增加既熟悉工程技术又精通工程经济领域的专家比例，这样就可以从技术和经济两方面对设计方案的合理性和经济性进行更全面、更合理的评价。此外，在确定中标方案后，招标人有必要集合监理、造价、施工和采购等专业的人员，探讨对中标方案提出再次优化的可能和方案，进一步提高设计的经济性。

2. 实施限额设计

设计是整个项目建设过程中对造价影响较大的环节。这一环节的费用控制工作的主要内容是设立投资控制点，推行限额设计。限额设计并不是一味考虑节约投资，而是在保证项目达到基本使用功能的前提下，按设立的合理的投资限额指导设计，严格控制不合理的变更，保证投资额不被突破。

(1) 投资分解和工程量控制

建设项目的限额设计主要通过对各专业进行投资分解和工程量的控制进行。这一环节主要是在已分解的工程费基础上将各专业的投资额和工程量按设计专业工作包进行分解，经批准后下达至各专业，然后再分解到各单位工程和分部分项工程。各专业设计人员针对费用分解目标，在认真研究标准、规范和建设单位要求的基础上，着重对设备的选型、材质的选择和对工程量等方面进行控制，并要进行多方案比较，严格按照限额进行设计。例如在某建设项目的钢结构设计中，采用了限额设计的办法，在钢结构的详细设计之前，根据类似项目的经验对钢结构总量进行适当调整后作为限额设计的基准，并把限额设计的工程量和费用要求下达至各设计专业，各设计专业严格参照下达的限额执行，这种由原来“画了算”转变为“算着画”，其好处在于，一方面使整个费用处于受控状态，另一方面对专业设计人员提出了更高要求，使他们不断拓展自己的技术知识，提高自己的业务水平，同时强化了专业设计人员在设计过程中的工程经济意识。实践证明，该建设项目的钢结构实际工程造价控制在了设计限额范围之内，达到了预期的限额效果。

(2) 建立跟踪、纠偏的程序

建设项目的限额设计，不仅仅是投资分解和工程量控制，还要建立一套跟踪、纠偏的程序，保证通过对专业投资的分解，实现对投资限额的控制与管理。在整个控制过程中对限额设计进行跟踪，对偏离控制基准的费用进行分析。如果预估拟设计的工程量可能超过限额设计工程量时，应尽量通过优化设计加以解决；如超出限额设计无法避免时，应尽可能地控制在设计初期，必要时设计专业人员应编制详细的限额设计工程量变更报告并说明突破限额设计的原因，工程造价人员相应编制费用报告，对超出限额的部分进行费用估算。所有超出限额的重大费用变更，必须由相关人员按权限审批后执行，使工程造价得到有效控制。

(3) 实行设计质量的奖罚制度

目前国内建设项目工程设计费的计费方法，大多是以项目的投资额度为基价，进而考虑项目的复杂程度等因素计算得出。因此，只要一个项目的投资金额确定，就意味着设计费的额度也基本确定。这样的分配方式很难提升设计人员优化设计的积极性，也使得设计单位只重视设计方案的技术性，而忽视了设计的科学性和经济性。因此，应建立激励机制，通过合同条款明确，由于优化设计而降低的工程费用，可以在原设计费的基础上，按工程节约部分给予一定比例的奖励。而因为设计变更而导致的工程投资增加，也按照增加部分扣除一定比例的设计费，实行优质优价的计费办法。这样将有利于鼓励设计人员对设计工作精益求精，强化设计人员的成本意识，在设计过程中把费用控制的观念渗透到各项工作中。

(4) 推广标准设计

采用国家、省、市级各专业部门的标准通用设计规范，既可以缩短设计周期，又可以促进采用标准构件，即在预制厂采用定型工艺，组织大批量生产，这样既能提高劳动生产率，又有利于降低工程费用，还可加快施工速度，缩短整个建设周期。因而，采用标准设计，也是控制工程造价的一个方法。

(5) 提高设计质量

设计环节是项目即将实施而未实施的环节，为了避免在施工环节产生不必要的修改，从而增加工程造价，应在设计环节实施精细化设计，在加强设计深度上下功夫。施工图上的每一项内容都需要后期的施工来实现，所以在施工开始之前，需要严把设计关，如果在设计环节无法有效控制费用，那么将给施工环节的费用控制带来很大的成本压力。因此，设计质量对整个工程建设的效益非常关键，在设计环节提高设计成品质量，对于促进施工进度，降低工程成本也大有益处。

(6) 加强施工图的审核工作

加强施工图的审核，审核的不仅仅是图纸是否有疏漏，更重要的是要检查图纸的设计内容是否与投资决策意图相吻合。图纸的设计范围和标准规范等由各设计专业部门负责审核，如果发现有超出标准范围的内容，则项目组要和各专业部门配合，对设计内容进行优化，为施工环节的费用控制打下坚实的基础。

7.3 施工环节的费用控制

7.3.1 概述

建设项目的施工环节是指按照设计图纸和规范，将采购的设备、材料、半成品等通过建筑安装工作转化为工程实体的过程。根据相关数据统计，施工对项目成本的影响达到5%～10%。因此，控制施工的成本对整个项目有着一定的影响。建设项目的施工主要呈现出以下特点：

(1) 工程投资规模大，施工进度要求高

随着世界经济竞争的加剧，建设项目越来越朝着大型化的方向发展。越是大型的建设项目，投资金额也越大，对投资管理水平的要求也越高。项目从立项到竣工，时间跨度大，但其中的施工工期却很紧，对工程进度要求严格。

(2) 大量新技术、新材料、新设备不断用于工程实践，工程技术发展迅速

一方面，随着技术的进步，大量新材料、新设备、新技术不断用于工程实践，如超大型设备的吊装、特殊材料的焊接、高精密仪表的调试等。特别是我国加入世界贸易组织(WTO)后引进了国外许多尖端加工工艺和生产技术，这些新技术和工艺，对设备的制造、安装、调试提出了更为严格的要求。另一方面，项目建设的标准也更新得非常快。因此，只有专业化的工程施工

队伍和管理队伍，才能跟上技术进步和发展的步伐，才能承担起石油化工建设项目的施工及管理任务。

(3) 特殊性的生产条件和安全要求对工程质量提出了严格的标准

比如石油化工项目的建设，有许多设备仪器在高温高压条件下运行，很多运行的介质也是易燃易爆或有毒介质。这种生产工艺的特殊性，决定了对工程施工质量的高标准要求，即在施工过程中，其质量必须满足设计要求和相应标准，否则就可能导致恶性事故的发生，后果不堪设想。即使不出现恶性事故，项目一旦投料试车，再要停下来维修的成本也非常高。因此要求施工质量能够满足一次进行开车成功的要求，同时要确保项目在运行后长期保持正常稳定的状态。

(4) 项目涉及专业多，施工现场管理难度大

工业建设项目一般要涉及土建、钢结构、建筑物、构筑物、静置设备、机械设备、工艺管道、电气、仪表、给排水、暖通、防腐等专业。民用项目中也涉及基坑、打桩、幕墙等专业性很强的工作内容。对于较大规模的工程，可能需要几支队伍来完成。施工队伍多，工程合同多，特别在施工高峰期间，各施工队伍集中在一个狭窄的现场进行立体交叉施工，这对工程现场管理、安全管理、质量控制、进度控制均会带来很大难度，如果协调不及时，可能对质量、进度、安全及造价控制造成不良影响。

建设项目的施工是整个项目实施过程中持续时间最长、任务最艰巨的环节。这个阶段的工作很大程度上受到外部环境的影响。而且石油化工项目的施工涉及高空作业、焊接、密闭容器、压力容器、无损检测等工作，具有较高的风险；同时，在项目设计、采购产生的进度滞后可能需要在施工中追赶回来，争取项目如期完成甚至提前完成，产生赶工的情况，所有这些都决定了现代化建设项目施工管理非常复杂，工程造价控制的任务非常困难，如果这个阶段控制不好，项目前期阶段的工程造价控制效果将大打折扣。

7.3.2 施工影响建设项目工程造价的主要因素

影响建设项目工程造价的主要因素包括以下几个方面。

(1) 施工方案

一个项目的施工方案是对未来施工的一种规划，施工方案编制的合理与否将极大影响未来的施工费用。因此，施工的费用控制必须从施工方案的编制着手。施工方案是施工组织设计中的一项重要工作内容，合理的施工方案，可以缩短工期，保证工程质量，提高经济效益，对施工方案从技术上和经济上进行对比评价，通过定性分析和定量分析，对质量、工期、造价三项技术经济指标进行比较，可以合理有效地利用人力、物力、财力资源，取得较好的经济效益。建设项目的施工方案一般都是由施工分包商提出，而分包商一般仅对方案的可行性和可靠性负责，方案的经济性也尽量从自身的利益考虑，所以作为项目的建设单位或总承包方，除了要对施工方案进行技术评估外，还要对施工方案进行经济评估，使工程造价人员在施工方案的编制阶段主动参与，对方案各个环节的成本进行审核，对可能存在经济不合理的环节提出自己的想法，并且配合施工管理人员探讨进一步优化施工方案的可能性，这也是一种主动的费用控制方法。此外，在方案的具体实施过程中，应详细记录实际的实施情况，避免施工分包商在工程结算时出现多算、冒算的现象。比如在某炼化项目中，施工分包商在申报某初期雨水池施工方案时，计划在水池四周都打钢板桩，预计方案总费用在 85 万元左右，但在实地踏勘时发现，初期

雨水池只需三面打钢板桩即可满足现场的地质条件，因此在实际施工中节省了不少钢板桩费用，在结算时实际费用约为65万元，和最初申报的方案相比节省了约20万元。

(2) 工程预付款

工程预付款是由发包人按照合同约定，为购买工程施工所需材料以及安排人员进场和施工机械，在正式开工前预先支付给承包人的费用。工程预付款的支付比例直接影响了承包人在项目开展初期的资金充裕度。根据资金的时间价值理论，对承包人而言，在项目初期拿到的资金比例越高就越有利；而对发包人而言，则是在项目初期支付的资金比例越低就越有利。

(3) 工程变更

工程变更是指在施工合同履行过程中发生了与签订合同时的预计条件不一致的情况，导致在实际的项目实施中，改变了原施工承包范围内的工作内容。工程变更经发包人批准后，可对合同工程的工作内容、工程数量、质量要求、施工顺序、施工条件、施工工艺或其他特征进行改变。

工程变更包括工程量变更、工程项目变更、进度计划变更、施工条件变更等。工程变更的范围和内容包括：

① 增加或减少合同中任何工作，或追加额外的工作；

② 取消合同中任何工作，但转由他人实施的工作除外；

③ 改变合同中任何工作的质量标准或其他特性；

④ 改变工程的基线、标高、位置和尺寸；

⑤ 改变工程的实际安排或实施顺序。

对工程变更的费用控制是施工费用控制的重要一环。在某些项目实施过程中，发包人可能会不断追加原本不在合同之内的工程内容，使承包人的工程量越来越大，甚至影响到项目的有效推进。而在项目施工完成后，对追加的工程变更缺乏有效界定和确认，使得承包人索赔困难，造成损失。

(4) 工程签证

工程签证指施工承包商在项目进行过程中，针对超出合同或施工图部分的工作量，提出费用索赔的依据。石油化工建设项目的施工现场是一个复杂的空间，在施工期间，任何自然条件、人文条件、经济条件的变化都可能导致施工现场有预料不到的变化。因此，施工签证是大多数石油化工项目建设过程中不可避免的一个问题。

7.3.3 施工费用控制的主要措施

施工费用控制的主要措施包括以下几个方面内容。

1. 对于施工方案的费用控制

选用合理的施工方案是降低工程成本的有效途径。施工方案是工程施工的指导性文件，它具有强制性。施工过程应按照方案有步骤、有条理地进行，积极合理地配置人力和机械，有计划地组织物资进场，避免出现施工的盲目，做到均衡施工，通过合理安排有效避免物资的闲置和积压。

在施工方案编制中应注意以下几个重要的成本环节：

(1) 大件吊装

建设项目施工过程中有时需要对一些体积和重量巨大的设备进行安装，诸如现代城市中高层、超高层建筑屋顶的预制构件，工业项目中的塔、压缩机、某些高压立式容器大型设备等。由于这些设备可能重达几百吨，使用一般的中小型机械无法起吊，此时，就需要使用一些大型机械进行吊装。而大型机械的使用费用高昂，主要体现在以下几个方面：

① 大型机械进出场费。大型机械本身的体积非常庞大，移动不便，一般是将其拆卸后进行运输，运输到现场后，还要进行搭设拼装，组装完成后，还要先进行试运转，然后才能投入使用。这个运输和组装过程需要消耗大量的人工、燃料和材料费用。

② 机上人工费。项目施工过程中，大型设备的吊装往往是最关键的进度节点之一，因此，进行吊装作业的大型机械操作人员需要经过长期培训，确保万无一失，这些操作人员的人工单价普遍较高。

③ 折旧费。一台大型设备的使用寿命是有限的，对每一种类型的大型机械，国家都规定了总耐用台班(1 台班=8 小时)，达到总耐用台班的机械不能使用。因此，每一次使用大型机械的折旧费为

$$\text{本次使用的折旧费}=\frac{\text{机械预算价格}\times(1-\text{残值率})}{\text{总耐用台班}}\times\text{本次使用台班} \qquad (7-1)$$

④ 检修费和维护费。检修费和维护费是指大型机械在规定的间隔进行必要的检修、维护所发生的费用。

⑤ 场地硬化费用。大型机械由于本体重量大，一般的地面承载力无法达到要求，因此，需要在大型机械的安装地点提前进行地面硬化。

一台大型机械的台班费，少则几万元，多则几十万元。因此，在施工方案的编制过程中，大型机械的吊装方案应该重点关注，应提前做好现场各项准备，确保所需吊装的设备按时到场，使大型机械进场后就能立刻开始吊装作业。尽量减少大型机械在现场的滞留时间，绝不能出现设备延迟交付导致大型机械窝工的现象。

(2) 自然条件

自然条件对建设项目的费用影响很大，因此，在制订施工方案时，必须充分考虑自然条件的因素。

① 应避免在雨季进行挖土、铺设地下管道、墙面粉刷等施工作业。因为施工现场基本都是在室外，下雨会使现场一片泥泞，土质黏性增大。不仅会造成施工人员进入现场的不便，也会使挖土作业效率降低甚至无法进行，为使土壤避免进水，有时不得不在地面上铺设塑料薄膜。当地下管道敷设完成但还未覆土时，遇雨水会使管沟内积水，必须使用排水泵等措施将沟内积水排除。建筑物的粉刷应尽量在干燥的环境下进行，因为某些涂料对潮湿环境较为敏感，涂料中的湿气可能会使墙面在 1～2 年后就产生脱落现象，不得不进行返修。因此，下雨不仅会拖慢现场施工进度，而且会增加额外的排水措施或维修费用。

② 应利用土质承载力，进行桩基施工优化。项目施工前应对现场进行充分踏勘，对土质进行评估，形成完整详细的地质勘查报告。针对土质特性，编制经济合理的施工方案。土质承载力如果较高，可以在充分论证后，适当缩减原基础设计中桩基的数量、长度、尺寸，压缩施工成本。

③ 进度安排。一个建设项目的施工进度安排得是否合理，会影响到施工的最终成本。在编制施工进度计划的经济性时，应主要考虑以下几个方面。

① 减少交叉作业界面。在制订施工方案时，应尽量减少不同专业、不同分包的施工人员在同一时间进入同一场地进行交叉作业的可能，需要控制整个施工现场的总人数。避免现场人员过多造成的管理负担、安全隐患，以及交叉作业带来的诸如重复作业、人员窝工、成品破坏等可能产生额外签证的成本风险。

② 大型设备的安装节点尽量提前。一台大型设备的安装，牵扯到施工现场的各个方面。安装之前，现场需为庞大的吊装机械预留出足够的场地和进出道路。因此，在安装之前，这台大型设备周围的管道、框架等设施都无法施工，必须等到吊装完成之后才能进行。而一旦吊装节点安排靠后的话，会影响后续的施工安排，为追赶进度，可能会安排赶工，从而产生赶工费用。因此，大型设备的吊装应给后续施工留下充足的时间，避免赶工造成的成本增加。

施工方案应由施工技术人员编制，造价人员从成本的角度进行评估。在保证质量、安全、进度的前提下，配合技术人员优化方案，使方案的经济性得到满足。

2. 对于工程预付款的费用控制

(1) 预付款的支付

工程预付款额度，各地区、各部门的规定不完全相同，主要是保证施工所需材料和构件的正常储备。工程预付款额度一般是根据施工工期、建安工作量、主要材料和构件费用占建安工程费的比例以及材料储备周期等因素经测算来确定。工程预付款比例在各地区、各部门的规定中不完全一样，主要是为了保证施工所需的材料和构件的正常储备。工程预付款比例一般按照施工工期、建筑安装工程量、主要材料和构件成本占施工费用的比例、材料储备周期等因素来综合测定。

① 百分比法。根据项目特点、工期、市场情况、供需规律等因素，发包人在合同中约定工程预付款的比例。包工包料工程的预付款的比例不得低于合同价(扣除暂列金额)的 10%，不宜高于合同价(扣除暂列金额)的 30%。

② 公式计算法。公式计算法是根据主要材料费占年度工程总价的比例，材料储备定额天数和年度施工天数等因素，通过公式计算出预付款额度的一种方法。

其计算公式为

$$\text{工程预付款数额}=\frac{\text{年度工程总价}\times\text{材料比例}(\%)}{\text{年度施工天数}}\times\text{材料储备定额天数} \qquad (7-2)$$

式中，年度施工天数按 365 天计算，材料储备定额天数由当地材料供应的在途天数、加工天数、整理天数、供应间隔天数、保险天数等因素决定。

(2) 预付款的扣回

发包人支付给承包人的工程预付款属于预支性质，随着工程的逐步实施，前期支付的预付款应以抵扣工程价款的方式陆续扣回，抵扣方式应当由双方当事人在合同中约定。扣款的方式主要有以下两种。

① 按合同约定扣款。由发包人和承包人在合同中约定预付款的扣款方式，一般是在发包人支付给承包人的累计工程进度款达到合同总价的一定比例后，开始进行预付款的抵扣。发包人从每次应付给承包人的金额中扣回工程预付款，工程预付款的总金额应在合同规定的完工期之前全部扣回。国际工程中的扣款方法一般为当累计支付的工程进度款超过合同额的 10%～20%时，每月按一定比例从进度款中扣回。

② 起扣点计算法。当尚未施工工程中的主要材料费达到工程预付款金额时，开始抵扣预付款。此后，每次支付工程进度款时，按主要材料费占合同额的比重扣减工程进度款，至工程竣工前全部扣清。具体计算公式如下

$$T = P - \frac{M}{N} \tag{7-3}$$

式中 T——起扣点(即工程预付款开始扣回时)的累计完成工程金额；

P——承包工程合同总额；

M——工程预付款总额；

N——主要材料费占合同额的比重。

起扣点计算法使承包人在项目前期的现金流较为充裕，而对发包人的流动资金占用较大，不利于发包人的资金使用。

(3) 预付款的扣回

预付款担保是指承包人在与发包人签订合同后，在收到发包人支付的预付款前，为了使发包人正确合理支付预付款而提供的担保。主要目的是确保承包人能按照合同条款使用并且按时偿还预付款。如果承包人中途毁约，终止工程，使发包人无法在规定期限内从应付的工程款项中扣除全部预付款，则发包人有权从担保金额中获得补偿。预付款担保的主要形式为银行保函。预付款担保的担保金额通常与发包人的预付款是等值的。预付款通常从工程进度款中逐月扣除，预付款担保的担保金额也逐月减少。承包人的预付款保函的担保金额根据预付款扣回的数额相应扣减，但在预付款全部扣回之前一直保持有效。

3. 对于工程变更的费用控制

要合理控制工程变更的费用，主要方法是制订合理的工程变更程序。一般而言，工程变更主要有两类：监理人直接指示的工程变更、与施工承包单位协商后确定的工程变更。不同类型的工程变更应制订不同的变更流程。

(1) 监理人直接指示的工程变更

监理人直接指示的工程变更属于必须的变更，如按照建设单位的要求提高质量标准、设计错误需要进行的设计修改、协调施工中的交叉干扰等情况。此时不需要征求施工承包单位意见，监理人经过建设单位同意后发出变更指示，要求施工承包单位完成工程变更工作。

(2) 与施工承包单位协商后确定的工程变更

此类情况属于可能发生的变更，与施工承包单位协商后再确定是否实施变更，如增加承包范围外的某项新工作等。此时，工程变更程序包括以下步骤。

① 监理人首先向承包单位发出变更意向书，说明变更的具体内容和建设单位对变更的时间要求等，并附必要的图纸和相关资料。

② 施工承包单位收到监理人的变更意向书后，如果同意实施变更，则向监理人提出书面变更建议。建议书的内容包括拟实施变更工作的计划、措施、竣工时间等内容的实施方案以及费用要求。若施工承包单位收到监理人的变更意向书后认为难以实施此项变更，也应立即通知监理人，说明原因并附详细依据。比如不具备实施变更项目的施工资质、无相应的施工机具等原因或其他理由。

③ 监理人审查施工承包单位的建议书，施工承包单位根据变更意向书要求提交的变更实

施方案可行并经建设单位同意后，发出变更指示。

4. 对于签证管理的费用控制

签证管理是施工费用管理中的一个重要组成部分。据统计，工程签证费用占到了整个施工成本的1%～5%。合理控制签证费用也体现了项目管理的水平。

(1) 从源头控制，减少签证发生的事由

在石油化工建设项目的施工过程中，签证发生有各种原因。比如，建设单位超出合同范围之外另行委托的工作；按照设计和规范要求进行施工，但在施工图和施工方案中无法体现的工程量；因不可抗力导致的额外工程内容等，都可能产生签证费用，这类签证是无法避免的。签证费用控制，需要避免的是那些由于工程管理疏漏而产生的额外签证事项。

① 设计原因引起的返工、拆除。例如，施工图升版后改变了钢筋规格，原先已预制完成的钢筋就需要重新制作。

② 因施工方案不完善引起的损失。例如，大型机械进入场地后，发现没有足够的吊装空间，需要拆除一些周边的构筑物。

③ 现场管理缺漏导致的损失。例如，因施工管理人员的错误指令，使得施工过程中产生额外或重复的工作。

从源头控制签证费用，就要在设计、采购、施工等各个环节做好精细化管理，做好每一项工作的预案，消除签证事项出现的隐患，主动而不是被动地对签证费用进行控制。

(2) 强化现场管理人员对于签证的审核意识

在建设项目中，施工承包商为尽可能地谋取最大利润，可能会利用签证这一手段向建设单位或总承包单位索赔费用，许多项目的管理人员审核签证的态度也不够严谨，容易引起签证费用的失控。因此，加强现场管理人员的审核意识也是控制现场签证工作量的主要方法之一。这要求现场管理人员不仅对签证做到“随做随签”，而且要对签证内容仔细审核，不能马虎。

(3) 规范签证流程，合理确定签证费用

从源头控制签证费用，可以有效降低签证产生的概率，但并不能完全杜绝签证发生的可能。而当签证申请发生时，首先应该明确签证原因，然后判断该事宜是否符合合同要求；其次，根据实际情况准确计量签证工程量。而要达到上述要求，需要采取合理、有效的签证流程来规范签证的费用认定。

① 明确签证原因。明确签证的原因，就是要将签证的原因说清楚，归好类。要做好这一步，首先需要在签证申请单上全面、详细地写明签证为什么要发生，阐述其发生的必要性。现场施工管理人员必须对签证单上的申请理由进行核实。比如签证申请的理由确实充分，为保证项目的顺利进行，进行签证上的工作是必不可少的。如果认定签证理由不过硬，那么签证申请就不能通过。明确了签证理由并不代表批准签证申请。因为，签证理由必须符合合同相关条款的要求，只有在不违背合同条款的情况下，签证申请才能最终通过。例如，某些施工合同，可能规定了在费用单价中包含了现场排水措施费。在这种情况下，哪怕天降大雨，施工人员投入巨大人力、物力组织抽水，现场采取了排水措施，也不符合合同条款，不能通过签证审批。

② 准确计量签证工程量。在明确签证内容真实、理由充足且满足合同要求之后，需要准确计量实际发生的签证工程量，核定签证的最终费用。签证工作发生在施工图之外的，无法通过施工图计算出工作量。因此，签证工作量必须通过现场实地测量和记录获得。对于转化为

实物量的签证内容，例如混凝土浇筑或者管道焊接等工作，应在现场测量实物量，依据合同约定的计价方法计费。对于无法转化为实物量的签证内容，例如清洁打扫等工作，应准确记录耗用的人工或机械台班数量，再根据合同中的约定计费。

图7-1是签证审批流程。

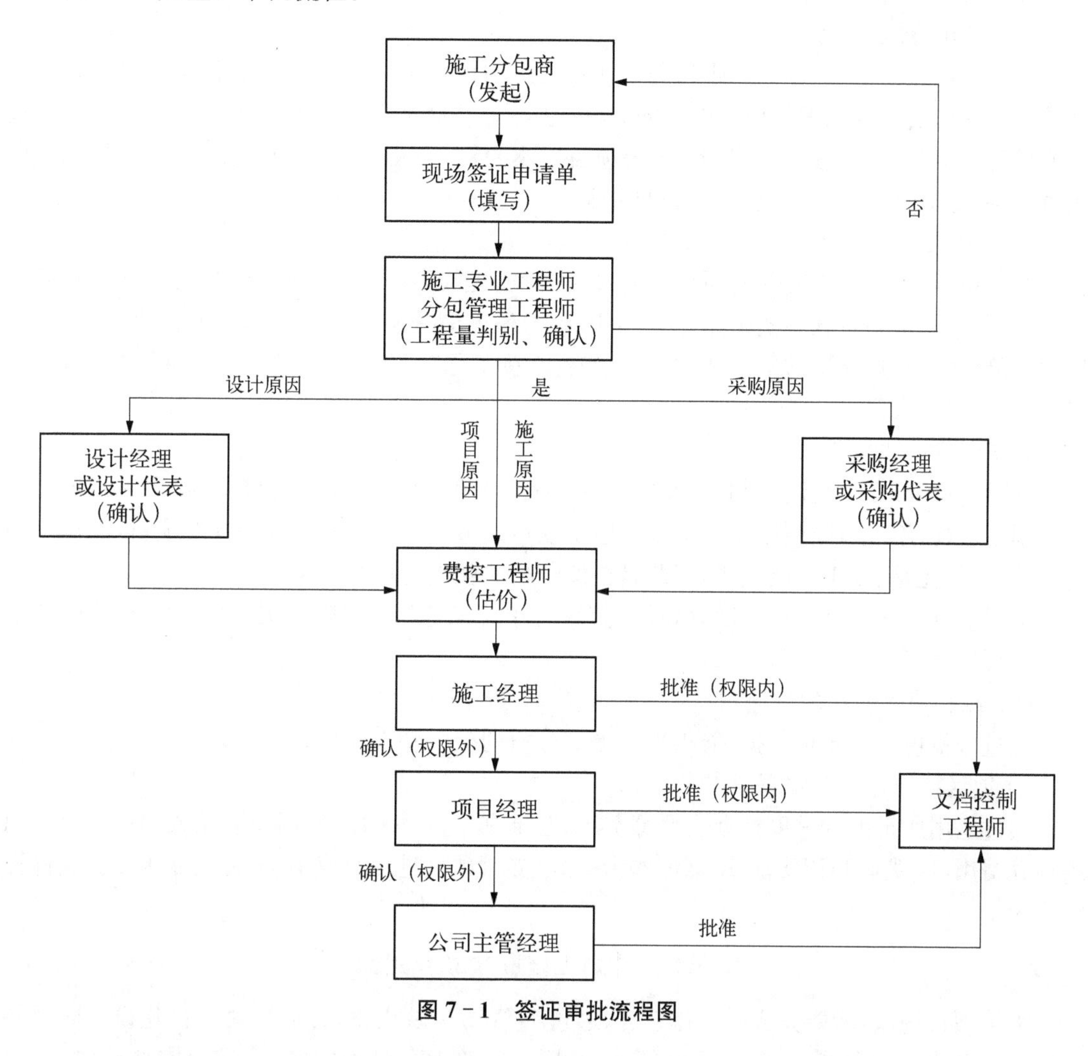

图7-1 签证审批流程图

5. 利用赢得值法衡量进度和费用状况

赢得值是一种能全面衡量工程进度、成本状况的整体方法。其基本要素是用货币量代替工程量来测量工程的进度。

(1) 赢得值理论

赢得值理论的概念起源于19世纪末20世纪初的工业工程，最早是在1958年由美国海军采用。赢得值分析是基于之前的偏差分析方法，通过增加运用“赢得值”，对项目支出费用及进度进行全面分析。对已制订的预算金额、已支出的各项费用及预算费用，进行有效测量、计算，从而获得工程项目建设进度，掌握实际费用和预算费用的差异，最终对项目进度及预算实施有准确的判断，在此基础上，管理者能采用集成手段，管理项目工期及成本，并合理有效预测两者的发展状况。

赢得值理论并不适合所有项目，适用赢得值分析法的项目必须具备以下特征：

① 清晰的项目目标和路径

必须确保目标清晰，才能对工程项目建设途径及终点进行有效确定，收集项目进度及成本数据，从而科学衡量不同计划的绩效。

② 劳动因素含量高

若某项目需要极少劳动力，或者是劳动时长与项目成本之间的关系是非线性的，例如，一个项目中外购设备成本占总项目成本的90%，占项目总成本10%的设备安装劳务成本要在整个项目时期中分配。在这种情况下，开展项目成本控制，应用赢得值分析法不会有明显效果。此时，运用定价合同的模式，会有更好的效果。

③ 工作具有创造性

有些项目，如国防工程开发项目需要采用很多的创新手段，容易超出成本和工期，其风险性较高，对其未定项目状态实施监控时，可以运用赢得值分析法。如果工作内容非常明确，而且是重复性的，则这一方法效果不佳。适当地汇总工程项目进度状况上报，并设定明确的价格，会有更好的效果。

④ 成本和工期限制

项目工期及成本目标在相同时间内实现，是赢得值分析法的根本目标。如果项目未限制其控制基线，就不能有效限制相关工作内容及项目成本。例如历时很久的开发项目，没有人确定花费20年还是25年才能完成，因此赢得值分析法就没有什么意义了。

赢得值分析法就是通过运用以赢得值为核心的三个基本参数，对另外的指数及分析变量进行分析，开展预测及控制。

(2) 赢得值分析法的内涵

通过分析项目的各项数据，能得出赢得值分析的三个基本参数。

① 项目计划作业的预算成本

通过运用所批准的进度计划及预算费用，在推进项目时，某个时间点应完成的任务所支出的预算费用，这就是BCWS；运用该值作为标准，能对项目进度及成本，进行全面衡量。其计算公式为

$$\text{BCWS}=\text{计划工作量}\times\text{预算定额}$$

根据项目进度，所能完成的工作任务，通过BCWS反映出来，并非是对项目建设工时及各项成本的反映。通常来讲，在工程项目建设过程中，BCWS是固定的，只有合同调整时，才会发生改变；调整合同内容，对项目建设进度及费用产生影响，此时也要调整BCWS。

② 项目已完成作业的实际成本

在某个时间点上，已经完成的实际工作消耗的费用，就是ACWP，也被叫作实际成本，其公式如下

$$\text{ACWP}=\text{已完成工作量}\times\text{实际定额}$$

根据真实价格算出的、已完成的工作所消耗的各项成本，这就是ACWP，它是对项目推进中具体消耗的费用的集中体现。

③ 已完成作业的预算成本

依照已经获批的预算，在某个时间点上已结束的工作量消耗的费用，就是BCWP，也被叫

作赢得值，其计算方程式如下

$$BCWP = 已完成工作量 \times 预算定额$$

通过分析其计算方程式可知，在推进项目时，通过分析预算金额及已完成的具体工作，算出的费用就是 BCWP。

通过运行所得的各项参数，能创建赢得值分析的差异分析变量，它们对绝对差异能进行有效的表达。

a. 成本偏差(Cost Variance, CV)

CV 计算公式为

$$CV = BCWP - ACWP$$

如果 CV 为负值，则表示项目实际消耗费用超出预算值，即超支；如果 CV 为正值，则表示项目实际消耗费用低于预算值，即有结余或效率高；如果 CV 为 0，则表示实际消耗费用等于预算值。

b. 进度偏差(Schedule Variance, SV)

SV 计算公式为

$$SV = BCWP - BCWS$$

同理，如果 SV 为负值，则表示项目进度落后的情况；如果 SV 为正值，表示项目的进度超前；如果 SV 为 0，表示进度与计划进度一致。

也可以进一步构建两个表达相对差异的指数变量。

a. 成本绩效指数(Cost Performed Index, CPI)

CPI 计算公式为

$$CPI = BCWP/ACWP$$

当 $CPI > 1$，表示低于预算，即实际成本低于预算成本；

当 $CPI < 1$，表示超出预算，即实际成本高于预算成本；

当 $CPI = 1$，表示实际费用与预算费用相吻合。

b. 进度绩效指数(Schedule Performed Index, SPI)

SPI 计算公式为

$$SPI = BCWP/BCWS$$

当 $SPI > 1$，表示进度超前，即实际进度比计划进度快；

当 $SPI < 1$，表示进度延误，即实际进度比计划进度慢；

当 $SPI = 1$，表示项目是按进度计划进行的。

通常情况下，运用 S 曲线来直观分析赢得值不同参数变量的关系。在项目工期及成本坐标轴上，通过项目 BCWS、BCWP、ACWP 构成 S 形曲线，因此这一方法，也被称为 S 曲线分析法。

(3) 赢得值分析可能出现的情况及应对措施

根据赢得值分析的三个基本参数的相互关系，可得出 6 种可能情况，具体见表 7-1。

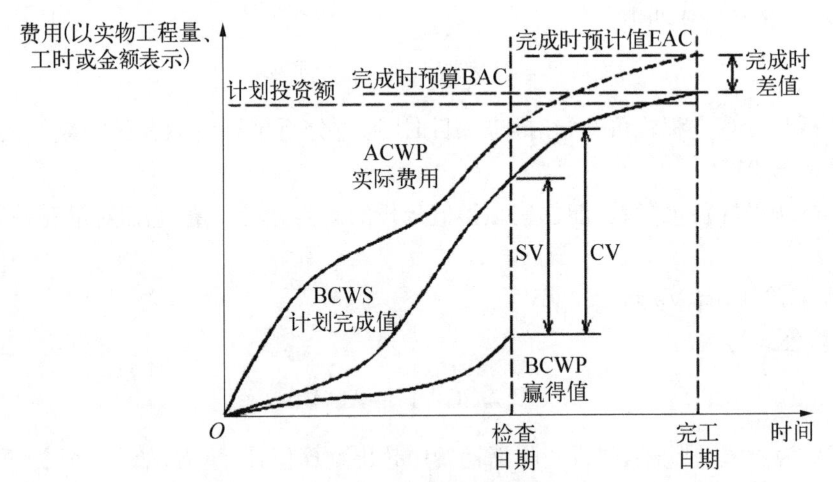

图 7-2　赢得值曲线图

表 7-1　赢得值基本参数

情况	参数关系	分　析	措　施
1	ACWP＞BCWP＞BCWS；CV＜0，SV＞0	进度较快，有所超前；但成本效率偏低导致成本花费高于预计水平	适当通过减缓项目进展强度，降低成本，提高成本效率
2	BCWP＞ACWP＞BCWS；CV＞0，SV＞0	成本效率较高；由于项目超前高速进展，实际成本花费显示偏高	在保持目前状况前提下，可以按情况适当抽调出一部分人员加速其他进度较低的项目进展
3	ACWP＞BCWS＞BCWP；CV＜0，SV＜0	成本效率很低；项目进度也落后于计划，实际花费显示较高	撤换低效的人员，全面强化成本绩效管理，调整项目进程计划
4	BCWP＞BCWS＞ACWP；CV＞0，SV＞0	成本效率很高；同时项目进展速度也有所超前，实际成本花费显示偏低	在保持目前状态的前提下，可以根据需要加大成本投入，加速项目进度
5	BCWS＞BCWP＞ACWP；CV＞0，SV＜0	成本效率较高；但项目进展较慢，低于计划水平，实际花费显示较低	增加人员，加大投入力度，采取激励措施，全面提高项目进展速度
6	BCWS＞ACWP＞BCWP；CV＜0，SV＜0	成本效率较低，项目进度远落后于计划，实际花费显示较高	增加高效人员，强化工作标准，加速项目进展，同时注意监控成本

6. 对于其他几个方面的费用控制

对于控制施工的工程费用，除了施工方案和签证管理的控制外，在项目实施中还有许多额外的工作要做。不能以降低工程质量获得的成本空间来实现施工的费用控制目标，需要明确和细化施工费用控制的内容，进行有目的性、有针对性的费用控制。

首先，应该明确施工过程中费用控制的具体内容，确立和各个费用控制内容相关的责任人，制订相应的奖惩制度，充分激励项目组人员对于费用控制的积极性。

其次，确立项目经理作为项目费用控制的第一责任人，项目经理应依据费用控制的内容带领项目组成员制订具体控制预案和措施，在项目开始前对项目成员进行费用方面的培训，强化费用控制的意识。

具体来说，在项目的施工阶段，需要对于合同、质量、技术、人工、材料、机械、管理和财务这8个方面进行有针对性的控制，从而达到费用控制的目的。

(1) 合同方面

市场经济讲究的是契约精神。因此，在签订合同之前，需要仔细研读合同条款，"吃透"合同精神。签订合同之后，需要不折不扣地履行合同承诺，避免因合同纠纷或合同疏漏而对项目的最终收益产生负面影响。合同管理是项目费用控制的重要组成部分，在施工阶段，项目组需要认真研究合同和施工图，根据合同内对于项目的工艺标准、质量要求、进度计划，结合具体施工图规划的内容和现场的自然状况等指标来详细编制施工组织计划、进度安排计划和费用控制计划。要重点关注合同中关于工程变更、工程签证的条款情况，根据项目具体情况，提前预判现场可能出现的变更或签证的情况，事前做好预案，事中及时沟通，事后按时申报。

(2) 质量方面

在施工过程中，项目要对施工质量严格把控。力争达到"更优、更新、至精、至诚"的质量标准。从材料入场开始，到施工完成，对每一个工序加强质量检查，要求各质量监督人员对检查工作做到"定点、定责、定岗"，消除质量隐患，使施工成品质量一次合格，避免因返工而造成的经济损失。

(3) 技术方面

企业根据自身的技术积累和优势，在确保工程安全和质量的前提下，积极探索采用新技术、新工艺和新材料，充分鼓励和调动技术人员和管理人员的积极性，提出合理化建议，扩大费用控制的广度和深度。要根据施工现场的实际情况，科学运用各种技术，减少材料损耗，为节约开支创造条件。

(4) 人工方面

人工成本占整个施工总成本的比例很高。因此控制好人工成本是施工的重中之重。在人工成本的控制方面，需要根据施工组织计划、进度计划和天气状况，合理调度各个施工队伍，合理安排每天的工作计划，尽量避免无效劳动和现场窝工，提高劳动效率。在非施工高峰期，要精减现场人员，避免现场人员过多造成的管理混乱。要对现场人员定期组织培训和演练，提高施工班组的组织管理水平与工人的技术水平。

(5) 材料方面

在材料管理方面，要根据施工进度计划和材料库存来科学安排施工材料的使用，避免出现供不应求或者停工待料现象的发生。要制订严格的材料使用制度，实时监督和控制材料的领用，定期盘点，记录实际消耗，并随时掌握工程进度的对比数据。要及时回收和整理并退场周转材料，这样有利于减少租赁费用与周转使用，从而达到降低材料成本的目的。

(6) 机械方面

对于机械管理，需要合理地安排施工计划，提高现场机械的利用率，减少机械使用成本；对于大型机械的进出场，要会同建设单位、监理单位、总承包单位、施工单位等几个方面做好记录，以免结算中出现纠纷。要确保机械的完好率，以免因机械故障拖延进度。

(7) 行政管理方面

根据项目组织结构和内部管理流程，合理组建项目团队，使得项目组各成员做到职责明确、各司其职，避免因权责不清导致的互相扯皮。确保项目组年龄结构合理，既要有经验丰富的老同志，又要有敢闯敢试的新同志，以老带新，传承经验。要培养"一专多能"的复合型人才，使得某一个岗位的人员暂时缺失时，能有其他人及时补充。对于项目的招待费用，公司要制订严格的标准，规范报销流程和手续，使得项目组风清气正，廉洁自律。

(8) 财务方面

财务部门还要对工程进行全方位的成本分析，进而及时反馈到决策部门，以便管理者采取有效措施来纠正项目成本出现的偏差。财务部门还要及时追踪国家各类税收政策的变化情况，并将情况反馈给项目组，使项目组能够对于税费波动而导致的成本变化做出快速预估和应对。

7.4 采购环节的费用控制

7.4.1 概述

采购是在建设项目总投资中所占比重较大的费用，在石油化工建设项目中，设备材料的采购费用通常要占项目总投资的60%以上。采购货物质量的好坏和价格的高低，对项目的投资效益影响极大。这一环节费用控制的关键是要进行限额采购。造价人员要根据设计组提出的设备和散装材料清单，确定限额采购工作包，并以此作为控制项目采购费用的最小单元。项目的特点不同，采购工作包的划分方法也不尽相同。

7.4.2 采购影响建设项目工程造价的主要因素

1. 采买

根据有关数据显示，在石油化工建设项目中，设备采购费通常占到了工程费的50%～55%，主要材料采购费占了工程费的20%左右，如果一个项目控制住了设备材料的采购费，那么实现项目费用控制目标的可能性就非常大，也就是说，一个项目费用控制的成败，很大程度上取决于设备材料的采购。而在整个采购环节中，采买环节无疑是最重要也是最基础的。采买工作的核心目标就是选出一个合格的供应商，这也是项目采购工作成功的前提条件。

2. 催交和检验

催交和检验是设备采购工作的一个重要环节。催交的主要目的是督促供货厂商按合同规定的期限提供设备和技术文件，满足工程施工安装要求。要做好催交工作，需要催交人员能够预见性地发现供应商可能出现的问题，及时采取有效的措施来保证设备和材料按计划进度交付现场，以防进度的延误。检验工作就是对设备或材料在制造过程进行监造、检验和验证，确保出厂质量达到国家和合同标准。检验工作需要严格把关项目中的长周期设备和重点设备，一旦这些设备质量出现问题，将会导致项目进度被严重拖后，给项目造成不可估量的损失。

催交和检验的费用在整个建设项目总投资中所占比例不大，但对项目的整体费用影响不容忽视。

3. 运输

进口设备材料的海外运费和国内运费，要占设备材料费的10%左右，对于一些引进国外专有技术的项目，由于进口设备或材料的比重较大，项目总运费可能就是一笔不少的费用。因此，对于设备材料运费的控制也是项目费用控制的一个要点。

7.4.3 采购费用控制的主要措施

1. 实行供应商资质审查,编制合格的供应商短清单

资质审查是不可或缺的工作。审查内容主要考察供应商的企业资质等级、人员水平、技术能力、财务状况、装备种类数量、信誉以及过往的业绩等状况。审查的目的是排除不符合要求的供应商,确保供应商均具有符合要求的技术水平、资金保障和履约信誉,以减轻在技术评审环节的工作量,加快采购工作的进程。供应商的资质、业绩和经营状况决定了合同履约的能力和可信度。如果供应商的财务状况不佳,那么支付给供应商的价款就不能保证专款专用,甚至有可能被银行冻结来还债,从而无法确保有充足的资金来投入相应的工作中。而工人一旦收入无法得到保障,工作就没有积极性,因此质量和工期就很难得到保证。

供应商的技术能力和业绩是决定产品质量的关键因素。如果供应商的技术积累薄弱,项目经验不足,那么很可能无法交出满意的成果。甚至,某些供应商为了履行合同,可能将相关产品外包给别人,这样既增加了合同执行的难度,也很难保证产品的整体质量。供应商的信誉决定了履行合同的可靠性。应充分了解供应商在过往的其他项目中的履约表现,必要时应咨询一下行业内与其有过合作关系的第三方单位的意见。如果反馈情况不佳,则应引起足够的重视,在选择时加以考虑,以防日后出现被动局面。

资质审查文件应包括如下内容:

(1) 是否有能力满足产品质量要求。供应商/制造商所拥有的资源情况,主要包括设施、装备、机具的能力、生产和管理人员的素质。

(2) 是否有完整并已付诸实施的质量管理保证体系。

(3) 商业信誉、资信情况和财务状况。

(4) 目前的生产负荷情况。

(5) 同类或以往的供货经历。

(6) 所拥有的证书、资质情况。

2. 提高询价或招标文件的编制质量

向拟定的供应商发出询价书之前,应确保询价书中的技术标准、工程量、规格、品种等资料已完全明确,这样可以减少供应商在日后因询价书中条件有缺失而要求增加费用的可能。询价文件还应要求供应商根据其经验提供开车备品备件和两年备品备件的数量和费用单价。

询价文件的编制是一项复杂而细致的基础工作。编制质量的好坏直接关系到采购工作能否顺利进行,甚至影响供应商能否顺利履行合同。所以询价文件应力求内容完整、详尽,用词准确严谨,避免双方对文件的理解和解释产生分歧,影响采购工作的顺利进行。

询价可以通过招标方式进行,询价文件(招标文件)通常由下列文件组成。

(1) 技术文件:设备材料的技术条件、要求和技术参数。

(2) 商务文件:包括询价函、报价须知及供货一览表、合同基本条件及包装、运输方案等。

询价文件(招标文件)要经过反复地推敲、审查、修改后定稿。对于关键设备材料的选用,应在广泛了解市场及使用情况的基础上,在询价文件(招标文件)中予以明确规格型号、技术参数等。这样做有利于提高供应商对文件的响应性,防止询价文件(招标文件)内容及价格差异过大,从而减少采购工作量。

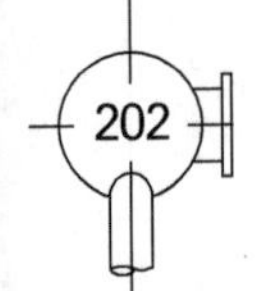

3. 实行限额采购

采购环节费用控制的基本原则是在满足设备、材料使用功能的前提下，尽量降低费用。目前，市场上的新设备、新材料层出不穷，而且有些设备、材料的价格还在不断地变化，如何准确确定每个采购包的限额价格是采购环节费用控制的难点，所以作为EPC工程公司应建立自己完整的设备、材料价格数据库，必须掌握不断变化的市场价格，并利用计算机进行管理，用科学的方法对价格进行动态分析，同时充分利用公司已经完成的项目对价格历史数据库进行更新和积累。

在项目实施过程中，项目组的采购人员应根据限额采购的要求对相关设备和材料制订最高限价。在采购合同的谈判期间，造价人员可根据需要参与重要设备和材料的采购合同谈判，对供货商的价格、供货方式、制造周期、运输方式、到货地点等对费用产生影响的因素进行分析比较，对相关费用进行有效控制。在采购合同签订之前，如果拟签订的最终价格(或供货商的最终报价)超出限额采购工作包价格时，采购人员应及时以书面形式提出"采购费用变更报告"，上报项目造价人员确认后，按项目变更程序规定报项目经理批准后方可调整，金额特别巨大时，还应上报给更高层的领导部门。

建设项目的采购只有按照限额采购的原则，对各项设备材料的单价和各个采购包总价进行限定，才能真正达到控制采购费用、创造盈利的目的。例如在某炼油项目的某装置中，项目组对部分采购工作包的范围划分和限额采购的控制基准就是通过编制表7-2来进行控制的。

表7-2　某炼油项目的某装置设备采购

序号	请购单编号	请购单名称	工程量控制数		限额采购数/万元
			台/(套·米)	吨　位	
1	EQ-RQ-1114	碳钢立式容器	50	500	**
2	EQ-RQ-2154	碳钢换热器	20	60	**
3	RE-RQ-2303	氮气压缩机	2	20	**
4	RE-RQ-2305	尾气回收压缩机	2	200	**
5	RE-RQ-2501	添加剂系统	2		**
6	MH-RQ-2502	起重设备	15		**
7	IN-RQ-3201	压力/差压表	200		**

其划分原则基本上按设备或材料的大类，个别关键设备可单独设置分类。如设备按压缩机组、容器类、换热器类、泵类等进行划分，工艺管道按照管材、阀门、管件等进行划分，电气按照开关柜、电缆、桥架、灯具等进行划分，仪表按照控制系统、温度仪表、压力仪表等进行划分。只有确定了每一个采购工作包的内容和数量才能对每个包进行限额设定，作为建设项目采购环节费用控制的基准。

4. "以标底作基准价"的评标原则

采用招标方式进行的采购，在满足招标文件要求的前提下，确定中标单位不能只采取"低价中标"的原则。价格并非越低越好，合理的价格才能得到合适的产品。俗话说"一分钱一分货"，市场经济的逐利性质，决定了投标单位必然要注重经济效益。有些投标单位为了中标，尽量压低标价。一旦中标后，则在项目实施过程中想方设法追加费用，形成"钓鱼工程"。虽然可以通过加强现场监造来保证产品质量，但往往会拖延工期，导致设备材料不能按期交货，项目无法按时发挥效益。表面上看似节省了设备投资，实际上得不偿失。因此，应以标底作为基准价，中标价应接近标底为宜。

5. 综合考虑评审方法

对采用招标方式进行采购时，评标应依据采购标的的性质和特点不同，选择最低投标价法、综合评标法和以寿命周期成本为基础的评标法等方法。评标时，除了投标价格以外，还需要考虑以下几个因素：

(1) 运输费用。这部分费用包括运费、保险费和其他费用。例如，为了满足超限设备的运输条件需要加宽道路、加固桥梁，这些措施费用应含在超限设备运输费中。评标时，可以按照运输部门、保险公司，以及其他有关部门公布的取费标准，计算货物运抵最终目的地将要发生的费用。

(2) 交货期。一般以招标文件或供货一览表中规定的具体交货时间作为标准。通常情况下，即使设备材料的交货期早于合同规定时间，也不会使采购方获得提前收益。因为设备材料的施工节点未到，提早到货的设备材料反而要增加仓储管理费等支出。

(3) 付款条件。投标单位应按照招标文件中规定的付款条件进行报价，对于不符合规定的投标，招标人可视为非响应性投标而予以拒绝。在订购大型设备的招标中，如果投标单位在投标书内提出，假如招标人给予不同的付款条件(如增加预付款或前期阶段支付款的比例)，投标人即可降低报价时，那么招标人对于这些情况也应在评标时予以考虑。

(4) 备品备件和售后服务。备品备件以设备在两年时间的使用中，相关备件的价格和获取途径作为评标要素。售后服务包括安装监督、设备调试、备件提供、负责维修、人员培训等工作，评标时需要考虑提供这些服务的价格因素。如果投标人在报价时将备品备件和售后服务费用包含在了投标价之内，则评标时不再考虑这些因素；如果投标人在报价之外单独计列这些费用，则应将其加到报价上。

6. 避免在技术、商务澄清和决标后的谈判时的不公正行为

采用招标方式进行采购的，招标人在技术、商务澄清时应采用公开和公正的方法。招标人对有关招标文件条款的澄清和对每一投标者所提问题的解释均应以书面形式发给全体投标者，并不允许公开提问。

决标后的谈判是签订合同的最后环节，也是招标人最容易向供应商讨价还价的阶段。在此期间，有些招标人会提出一些不公正的要求，如强行压价、增加供货范围或提高设备材料的档次，这就给以后的合同履行工作造成很多障碍。投标人的投标价格通常都是在充分考虑了工期、质量、供货范围等各种因素的前提下而综合形成的价格。如过招标人强行压价，增加供货范围或提高设备档次，往往就很难保证设备的供货期和质量，有时甚至可能导致合同无法继续履行。

例如，某个设备制造、安装工程，由于招标人在谈判时提高了设备的档次，而设备供应商参加谈判的人员没有经验，迁就了招标人的要求。签完合同后才发现设备价款缺口较大，导致合同无法履行。后经法院调解，招标人补偿供应商一定费用后，合同才得以继续履行，但这个事件导致工期拖延了将近一年，影响了生产的正常进行，给建设项目造成了较大的经济损失。

7. 进行材料等级划分

根据项目的工艺特点，将设备材料划分为A、B、C、D四个等级，对于A级的设备材料以技

术标的评分为主，技术标的评分权重可以提高到80%，商务标评分权重只有20%；B级的设备材料的技术评分标权重为60%，商务标为40%；C级的设备材料的技术标评分权重为50%，商务标为50%；D级的设备材料基本以价格为主要考量因素来选择承包商。这样既可以保证设备材料的质量要求，也可以降低采购费用。

8. 合理安排采购管理模式

项目采购实行采购部门与项目组协同配合的管理模式，并实行项目经理责任制，项目采购业务的负责人是采购经理，采购经理受项目经理和采购部门的双重领导，向项目经理和公司采购部门报告工作，尽量避免采购人员的短期行为，降低采购成本；利用工程公司的长期购买力强的优势，同全球供应商形成战略框架采购和协作协议，以取得较低的价格、较好的服务和较短的交货期。

9. 审查设备制造质量文件

对制造商编制的有关设备制造质量文件（包括设备订单、设备制造规范、质量计划和检验方法标准、检测手段、检测仪器等）进行审查，目的是检查设备订单与主合同是否相符，同时审查质量计划的准确性。

10. 重要设备实施现场监造

对重要的设备进行现场监造，主要是为了检验制造商在设备制造时是否严格按照合同条款和标准技术规范，对影响设备质量的因素是否采取了控制措施。应根据设备的重要程度采用不同的监造等级。例如，对于“重要设备”，原则上应进行驻厂监造，要求监造人员全过程跟踪设备制造状况；对“非重要设备”，一般可以对设备进行最终出厂验收检查。对于用于设备制造的原材料、外购配套件、元器件、标准件、坯料的质量证明文件及检验报告等应严格检查，对于合格的原材料和检验报告予以签认。在实际操作中，针对某一设备的监督方式，还应视设备制造商的具体情况而加以调整，力求使所有设备制造处于受控状态。

根据进度安排，设备运到工地前，现场监理人员要检查厂方对待运设备采取的防护和包装措施是否符合运输、装卸、储存、安装的要求，相关的随机文件、装箱单和附件是否齐全。设备运抵工地现场后，设备采购经理应组织设备制造商按合同规定与安装单位的交接工作，包括开箱清点、检查、验收、移交。

11. 采取合理的运输策略

如果项目中有较多的设备需要在国外进行制造，可以通过招投标方式选择优质的货运公司对国外制造的设备进行运输管理。设备材料应根据不同情况而具体决策，选择合适的运输方式，在保证进度要求的前提下合理安排运输计划，减少中间压港、压库、压车的时间，尽量降低物流成本，大型设备要一次运到施工安装地点，及时安装就位，减少二次转运。

进口设备材料的运输一般采用两种方式：一种是委托某家货运公司提供全过程的货物运输总代理服务，包括选择国外的陆地运输承包商、订舱、转关、清关、代理建设单位选择国内运输等服务。另一种是委托一家国外货运公司提供国外运输的代理服务，国内运输由采购单位自己控制。利用货运公司专业化的服务和网络可以降低进口设备材料的运费。

国内设备材料采购一般采用货到现场的供货方式，由于货到现场是国内采购的惯用方式，多年来供应商已经形成了一个比较固定、运费较低的网络，利用他们的网络比建设单位自己组织运输更便宜。

7.5 石油化工建设项目施工阶段费用控制的特点

1. 建设周期长，价格波动大

一个石油化工建设项目从可行性研究批复，到项目最终落成投产，这个过程可能会长达3～5年。而在这一期间内，材料价格很有可能出现较大的波动，从而导致在项目正式实施时，材料价格和当初的概算价格出现偏离。例如，某项目概算批复中的钢结构单价是4 000元/吨，等到两年后动工建设时，钢结构价格已经涨到了5 000元/吨。这些不可预期的价格波动，会给项目的费用控制带来很大的难度。

2. 工艺流程复杂，设备要求高

化工生产从原材料到最后的产品，需要经过很多复杂的工艺流程，有些可能要经历十几次的化学反应才能完成。而每一次的反应，需要的压力、温度都不相同。例如，在合成氨的过程中，压力需要32 Mpa，温度要求500℃；又比如，在化工深冷流程中，温度可能要低至－192℃。这些极端的压力和温度条件，再加上某些化工介质易燃、易爆、剧毒以及强腐蚀性等特点，对石油化工的设备质量提出了很高的要求。因此，一些技术难度很高的设备，往往只有少数几家供应商能够制造，价格竞争并不充分，采购成本居高不下。甚至，某些设备专利在国外厂家手上，只能从国外引进设备。这些国外采购的设备，一般以美元计价，还要额外承担汇率的风险。比如在某项目的压缩机采购过程中，采购时美元兑换人民币的汇率是1∶6.30，结果交货期的半年时间内，汇率剧烈波动，结算时美元兑换人民币的汇率已经到了1∶6.96，等于以人民币计价的压缩机成本上涨了10%。因此，对于特定设备的成本控制，也是石油化工建设项目施工阶段的难点之一。

3. 投资数额大，专业种类多

石油化工建设项目的一个生产装置的投资往往就是几亿元，一体化项目的投资甚至可以达到几百亿元。而且石油化工项目涉及的专业种类众多，有土建、静设备、机械设备、工艺管道、电气、仪表、暖通等，每种专业又都有许多不同的分项工程。比如仪表根据不同的种类可以分为过程检测仪表、执行仪表、分析仪表等。而过程检测仪表还可以细分为各种不同型号的流量器、压力表、变送器等。每种仪表根据口径、材质、形式的不同，费用也不相同。因此，针对石油化工建设项目投资数额大，专业种类多的特点，需要专业的设计人员、采购人员、工程造价人员和财务人员对项目整体费用进行细致的把控。

4. 施工环境特殊

某些石油化工建设项目的作业地点是在已建成的厂区内，给项目的开展带来一些不便。比如，一些大型设备由于受到厂区地形条件的限制，不能顺利运抵施工现场，在这种情况下，可能需要拆除某些厂区内的设施来满足运输要求。又比如，实施地基处理作业时，一些厂区内原有的地下管道或构筑物，可能会阻碍工程的推进。此时，如果无法修改原先的设计，绕过这些障碍物的话，可能就需要对这些管道或构筑物做好保护措施后，再进行施工。但无论采取何种措施，势必要额外增加项目成本。此外，石油化工建设项目的施工，有时还会面临在有毒有害环境、高空环境、狭窄空间内的作业，这些都会造成施工降效，且都会增加施工成本。

5. 施工阶段工期紧张

石油化工建设项目的建设周期可能会长达好几年，但往往在施工阶段的工期卡得非常紧，建设单位总是期望早一天将项目投产，产生效益。这就意味着，施工阶段的各项工作往往争分夺秒。工期紧的时候，施工人员常常通宵达旦地赶工，争取按时完成任务。而为了赶工期，往往会投入超额的人力、物力和财力，这些也会额外增加项目的建设成本。

第八章　建设项目竣工结算

8.1　概述

工程竣工结算是工程的发承包双方在工程项目完工之后，根据合同规定的程序和方法计算合同标的物成本，并依此作为最终费用支付依据的经济活动。

8.1.1　竣工结算的作用

竣工结算的作用主要包含以下几个方面。

(1) 竣工结算是发承包双方确定工程最终费用的依据

对于发包方而言，只有工程项目经过了竣工结算，才能确定自己在项目上最终需要支出多少费用；而对于承包方而言，只有工程项目经过了竣工结算，才能明确自己在项目上能够获得多少收入。

(2) 竣工结算是发承包双方考核项目成本，进行经济核算的依据

承发包双方在确定了各自的收入和支出后，需要对项目的某些经济指标进行核算，例如工程费成本、毛利率等。通过这些数据，可以对项目总体经济状况做出评价和总结。

(3) 竣工结算是竣工决算的依据

竣工结算一般由工程造价人员负责，竣工决算一般由财务人员负责。在竣工结算完成后，工程造价人员需要向财务人员提供竣工结算的有关资料，以便财务人员办理竣工决算。

(4) 竣工结算是编制概算定额、概算指标和预算定额的依据

竣工结算是发承包双方博弈后的结果，是最能够反映市场真实水平的一手资料。而编制概算定额、概算指标和预算定额最重要的原则就是能够体现出社会平均基准的价格水平。因此，积累的不同地区、不同项目的结算资料，对于编制概算定额、概算指标和预算定额是重要的基础资料。

(5) 竣工结算是投标报价的依据

竣工结算体现的不仅仅是发承包方为项目花费的成本或赚取的收益，更反映了各方在项目过程中的参与程度。我们可以从竣工结算资料中计算出项目消耗的人工时、了解项目进行时的人材机市场价格、统计出签证等在施工图中无法体现的工作所占的比例、还可以获得单位体积混凝土的钢筋含量，这些资料对于今后的投标报价工作非常有用。造价人员在报价时往往无法获得详细的工程资料，这就需要按照以往类似项目的经验数据去预估。因此，汇总归类结算数据，就是今后能够准确进行投标报价工作的重要基础。

(6) 竣工结算有利于承包方加速资金周转，提高资金的使用效率

一般而言，工程合同条款中会明确，工程中交时，发包方会付给承包人合同额 75%～90%

的费用，而在双方办理完竣工结算之后，发包方会付给承包方结算额的95%左右，剩余约5%的质保金，需要在质保期后支付。因此，如果承包方面临较大的资金周转压力，则应尽快和发包方办理竣工结算，早日拿到工程款。

8.1.2 竣工结算的方式

竣工结算一般采用以下方式。

(1) 预算结算方式

预算结算方式指的是以施工图预算为基础，以工程签证和设计变更为补充的结算方式。任何在施工过程中实际发生的、符合合同要求的、却无法在施工图中明确体现的工程内容，发承包方可以办理工程签证等资料，并在结算时和施工图一并结算。这种方式又被称为施工图预算加签证的结算方式。

(2) 承包总价结算方式

这种结算方式也称为固定总价结算方式。除非发生了合同中规定的可以调整合同价款的情况，否则固定总价合同额不得调整。比如，重大的工艺技术变化、超出基础设计范围的内容、发包方另行委托的且不属于承包方合同范围内的工作。因此，固定总价合同是发包方向承包方转移未来可能出现的工程风险的一种方式；而对于承包方而言，自身有更大的动力去优化施工方案、节约成本、控制风险，从而获得更大的利润。

(3) 平方米造价包干方式

这种结算方式指的是发承包双方依据有关工程资料，经双方协商后，按标的建筑物的单位建筑面积(平方米)单价签订工程承包合同，结算时以实际完成的建筑面积计算费用。

(4) 工程量清单结算方式

按照招标人在招标时给出的项目详细的工程量清单、清单内容和项目特点，投标人需要对每一个清单子目报价。结算时，发承包双方根据实际工程量和中标单价为计算费用。

8.1.3 竣工结算与竣工决算的区别

“结算”与“决算”在六个方面有所不同。

1. 范围不同

工程结算范围只包括项目的工程费(包含设备购置费、主要材料费、建筑工程费、安装工程费等)；竣工决算则包括了项目从筹措到竣工投产全过程的全部实际费用，既包括了工程费，也包括了固定资产其他费、无形资产投资、其他资产投资、预备费、建设期资金筹措费、铺底流动资金等费用。

2. 主体不同

在工程结算中有两个主体，即发包单位和承包单位，这两个主体是平等的；而在工程决算中只有建设单位这一个主体，建设单位负责对整个工程项目发生的费用进行归类、汇总。

3. 时间不同

只有先完成了工程结算，才能开始工程决算。因此，工程结算必须在工程决算之前完成。

4. 作用不同

工程结算是发承包双方确定项目工程造价的途径，也是承包单位向发包单位索取工程报酬的依据；而工程决算是对新增固定资产价值进行正确核算，对投资效果进行考核分析，反映综合、全面、完整的项目建设的最终成果的方法。

5. 依据法规不同

目前，工程结算主要以财政部、建设部联合发布的《建设工程价款结算暂行办法》为依据进行编制；而工程决算则主要以财政部发布的《基本建设财务管理规定》为依据进行编制。

6. 审计侧重点不同

工程造价审计是工程结算审计的主要侧重点；而工程决算审计则需要涵盖工程和财务等方面的全部建设费用。

8.2 竣工结算的编制和审核

8.2.1 竣工结算的编制

竣工结算书的编制应由承包人负责，编制内容必须符合发包人的要求，发包人可以自己审核结算书，也可以另行委托有资质的第三方审计机构进行审核。结算书必须经过发承包双方签字盖章后才有效。第三方审计意见不能作为竣工结算的最终依据，只能作为结算参考。

8.2.2 竣工结算的编制依据

竣工结算的依据主要包含以下几个方面：

(1) 工程合同；

(2) 发承包双方在实施过程中确认的工作内容；

(3) 发承包双方在实施过程中确认的调整追加(减)的合同价款；

(4) 投标文件；

(5) 建设工程设计文件及相关资料；

(6) 其他依据。

8.2.3 竣工结算的审核

对于国有资金投资的工程项目的竣工结算审计，发包人应委托有资质的第三方审计机构。审计机构应在审核完成后出具全面、客观、完整的审核意见，并在合同中约定的期限内将结果通知承包人。如果承包人没有按时答复，则根据合同约定的办法处理，如果合同中没有约定处理办法，则视为承包人接受了审核结果。

对于非国有资金投资的工程项目的竣工结算审计，发包人在收到承包人提交的竣工结算文件后，应按照合同约定对结算内容进行及时答复。如果发包人没有及时答复，那么就根据合同约定的方法进行处理，如果在合同中没有约定处理方法，则视为发包人已经接受了竣工结算文件。发包人如果对竣工结算文件的内容持有不同意见，则应该在答复期内向承包人提出，并且在规定期限内和承包人进行协商；如果发承包双方在协商期内没有进行协商或者协商无果，那么发包人应当将竣工结算审计委托给有资质的第三方工程造价咨询单位，在第三方工程造价咨询单位出具完整的审计结果后，发包人应在协商期满后的约定期限内向承包人提交审计结果。

接到发包人委托的项目审核任务后，工程造价咨询单位应在规定的时间内完成审核工作，同时需要将审核结论发送给承包人，承包人应及时对审核结果进行复核，并且在规定的时间内将意见反馈给工程造价咨询机构。如果承包人对复核结果有不同意见，那么工程造价咨询机构应对相关内容再次进行审核，如果再次审核后达成一致，那么发承包双方应在规定时间内完成结算手续。如果再次审核后双方依然无法达成一致，那么发承包双方应对已达成一致的部分办理结算手续，这称为“不完全竣工结算”。而对于无法达成一致意见的部分，双方应通过协商等方式来解决。如果双方协商后依然持有异议，那么应根据合同内规定的方式进行处理。如果承包人没有在规定期限内提出书面异议，则视为接受结算结果。

工程造价咨询机构从接受竣工结算审核的委托开始，到最终完成审核工作，通常需要经历以下三个阶段：

(1) 准备阶段

这个阶段首先需要做好收集、归纳、分类项目的竣工资料，然后在此基础上完成资料的交接、判别、校验等工作。如果发现有缺陷的资料，需要向委托方提出书面要求和意见。

(2) 审核阶段

这个阶段需要进行现场实地踏勘。如果在踏勘中发现问题，则应协调相关部门或单位召开审核会议，提出发现的问题，并在会议上或会后予以澄清，如果对有关问题缺乏资料，则相关部门或单位应提出补充依据资料和必要的弥补措施，并且形成会议纪要。在此阶段，工程造价咨询机构还应根据已有的资料对工程进行计量计价，形成初步审核报告。

(3) 审定阶段

在这个阶段，工程造价咨询机构需要就初步审核报告与发承包双方进行协商沟通，召开协调会议，处理存在的分歧，并且形成最终的竣工结算审核成果文件，签字确认竣工结算审定签署表，提交审核报告。

竣工结算审核成果文件应包括封面、签署页、竣工结算审核报告、竣工结算审定签署表、竣工结算审核汇总对比表、单项工程竣工结算审核汇总对比表、单位工程竣工结算审核汇总对比表等。

8.2.4 竣工结算的价款支付

发包人应以已审定确认的竣工结算文件为依据进行竣工结算款的支付。发包人应将审定好的竣工结算文件上报工程所在地县级以上的地方人民政府住房城乡建设主管部门备案。

(1) 承包人提交竣工结算款支付申请

承包人应以已确认的竣工结算文件为依据，向发包人提出竣工结算价款支付申请。支付申请应包含以下的内容：① 竣工结算总额；② 累计已支付的工程价款；③ 应扣留的质量保证金；④ 实际应支付的竣工结算款。

(2) 发包人签发竣工结算支付证书

在收到承包人提交的竣工结算款支付申请后，发包人应该在合同约定的时间内予以审核确认，并且向承包人签发竣工结算支付证书。

(3) 支付竣工结算款

向承包人签发竣工结算支付证书之后，发包人应在合同约定的时间内，依据竣工结算支付证书中列明的金额向承包人支付结算款。

收到承包人提交的竣工结算款支付申请后，发包人应在规定的时间内予以核实，如果发包人逾期未核实且未向承包人签发竣工结算支付证书的，视为发包人已认可承包人的竣工结算款支付申请；承包人提交竣工结算款支付申请后，发包人应在收到申请后的规定时间内，根据申请中列明的金额向承包人支付结算款。

如果承包人没有按照合同约定的期限收到发包人支付的竣工结算款，承包人可以催告发包人进行支付，并且有权获得延迟支付的利息。如果发包人在收到承包人提交的竣工结算款支付申请后的规定时间内没有支付竣工结算款，除非法律另行规定之外，发包人可以和承包人协商将该工程折价，承包人也可以直接向人民法院申请将该工程依法拍卖。该工程折价或拍卖的款项，承包人将优先受偿。

8.2.5 竣工结算中的方法

目前，承包方在投标过程中为了中标，很可能会采用低价竞争的方式，这就造成了承包方会在结算时想尽一切办法尽可能地索取工程费，一般而言，方式有以下几种：① 虚报工作量；② 变换定额编号；③ 虚增工作项目；④ 曲解合同条款；⑤ 对于人工费取费的工程，更改定额中的人工费含量使得工程造价增高。

因此，结算人员需要掌握一些方法和技巧，使得结算审核能够准确高效地进行。

1. 分组计算审查法

分组计算审查法是把结算书中的项目划分为若干组，并把相连且有一定内在联系的项目编为一组，审查或计算同一组中某个分项工程量，利用工程量间具有相同或相似计算基础的关系、判断同组中其他几个分项工程量计算的准确程度的方法。

① 地槽挖土、基础砌体、基础垫层，槽坑回填土、运土。

② 底层建筑面积、地面面层、地面垫层、楼面面层、楼面找平层、楼板体积、大棚抹灰、大棚刷浆、屋面层。

在①中，先将挖地槽土方、基础砌体体积(室外地坪以下部分)、基础垫层计算出来，而槽坑回填土、外运的体积按以下确定：

回填量＝挖土量－(基础砌体＋垫层体积)

余土外运量＝基础砌体＋垫层体积

在②中，先把底层建筑面积、楼(地)面面积计算出来。而楼面找平层、顶棚抹灰、刷白的工程量与楼(地)面面积相同；垫层工程量等于地面面积乘垫层厚度，空心楼板工程量由楼面工程量乘楼板的折算厚度；底层建设面积加挑檐面积，乘坡度系数(平层面不乘)就是屋面工程量；底层建筑面积乘坡度系数(平层面不乘)再乘保温层的平均厚度为保温层工程量。

2. 对比审查法

本方法是用已结算的类似工程的结算结果来进行对比审核，对比审查法一般有以下几种情况，应根据工程的不同条件区别对待。

(1) 两个工程采用同一施工图，但基础部分和现场条件不同，那么工程基础以上部分可采用对比审查法；不同部分可分别用相应的审查方法进行审查。

(2) 两个工程面积相同，但设计图纸不完全不同。可把相同的部分进行工程量对比审查，不能对比的分部分项工程按图纸计算。

3. 全面审查法

对于一些工程量比较小、工艺比较简单的工程，可采用全面审查法。此方法全面、细致，经审查的工程结算差错比较少，质量比较高，但工作量大。

4. 利用手册审查法

把工程常用的预制构配件，如洗池、大便台、检查井、化粪池、碗柜等按标准图集计算出工程量，套上单价，编制成手册，利用手册进行审查，可大大简化结算的审核工作。

5. 重点抽查法

重点审查工程量大或造价较高、工程结构复杂的工程，补充单位估价表，取费标准等。此方法审查时间短，重点突出，效果好。

8.3 质保金的处理

8.3.1 缺陷责任期的概念和期限

1. 缺陷责任期与保修期的概念区别

(1) 缺陷责任期

缺陷是指工程质量没有达到国家强制性规定、设计文件、合同约定的标准。缺陷责任期是指承包人对已交付的合同标的承担缺陷修复的期限。

(2) 保修期

建设工程保修期是指在正常使用条件下，建设工程的最低保修期限。其期限长短由《建设工程质量管理条例》规定。

2. 缺陷责任期与保修期的期限

(1) 缺陷责任期的期限

缺陷责任期从工程通过竣工验收之日起计。由于承包人原因导致工程无法按规定期限进行竣工验收的，缺陷责任期从实际通过竣工验收之日起计。由于发包人原因导致工程无法按规定期限进行竣工验收的，在承包人提交竣工验收报告 90 天后，工程自动进入缺陷责任期。缺陷责任期一般为一年，最长不超过两年，由发、承包双方在合同中约定。

(2) 保修期的期限

保修期自实际竣工日期起计算，按照《建设工程质量管理条例》的规定，保修期限如下：

① 地基基础工程和主体结构工程，为设计文件规定的该工程的合理使用年限；

② 屋面防水工程、有防水要求的卫生间、房间和外墙面的防渗漏为 5 年；

③ 供热与供冷系统为两个采暖期和供热期；

④ 电气管线、给排水管道、设备安装和装修工程为 2 年。

8.3.2 质量保证金的使用及返还

1. 质量保证金的含义

在缺陷责任期内承包人可能对工程进行缺陷修复，为此而预留的资金就是质量保证金。发包人在工程进度款支付过程中将质量保证金预留，只有在缺陷责任期结束之后，才支付给承包人。工程承包合同中应对质量保证金的比例进行约定，一般在合同额的 2%～

5%左右。

2. 质量保证金预留及管理

(1) 质量保证金的预留

发包人预留的质量保证金比例不能高于工程结算价款总额的5%,且质量保证金的预留方式应按照合同约定执行。如果合同中约定由承包人以银行保函的方式来替代预留的质量保证金,则银行保函金额不得高于工程结算价款总额的5%。如果承包人已经在工程竣工前缴纳了履约保证金,那么发包人不能再同时预留质量保证金。如果采用了工程质量保证担保、工程质量保险等其他方式的,发包人不得再预留质量保证金。

(2) 质量保证金的管理

实行国库集中支付的政府投资项目,质量保证金的管理在缺陷责任期内应按国库集中支付的有关规定执行。其他政府投资项目,质量保证金可以预留在财政部门或发包方。如果工程发包方被撤销,那么在缺陷责任期内的质量保证金将随交付使用资产一并移交使用单位,发包人的职责由使用单位代行。对于采用预留质量保证金方式的社会投资项目,发承包双方经过协商后,可以约定由金融机构对质量保证金进行托管。

(3) 质量保证金的使用

在缺陷责任期内,承包人应负责维修由其自身原因造成的工程缺陷,并承担相应的维修和鉴定费用。如果承包人拒绝进行维修也拒绝承担费用,发包人可以根据合同的条款将相关费用从质量保证金或者银行保函中扣除,如果费用额度超出了质量保证金,则发包人可以根据合同的条款向承包人提出索赔。承包人对缺陷进行维修并承担了相关费用之后,不能免除其对工程损失的赔偿责任。如果缺陷由第三方或者不可抗力造成,则维修工作由发包人负责组织,承包人不承担相关费用,且发包人不得从质量保证金中扣除费用。发承包双方对缺陷责任有不同意见时,可以委托有资质的单位进行鉴定,鉴定费用和维修费用由责任方承担。

3. 质量保证金的返还

在缺陷责任期内,承包人应认真履行合同约定的责任,到期后,承包人向发包人申请返还质量保证金。

发包人应在接到承包人申请返还质量保证金的14天内根据合同约定的条款进行核实,核实工作应会同承包人一起进行。如果核实后双方无异议,发包人应依据合同条款的约定将质量保证金返还给承包人。如果合同条款中没有约定返还期限或者约定的期限不明确,发包人应在核实后的14天内将质量保证金返还承包人,逾期未返还的,依法承担违约责任。发包人应在接到承包人返还质量保证金申请后的14天内予以答复,如果逾期未予答复的,承包人可进行催告,如催告后的14天内仍不答复,视为承包人的返还保证金申请已被发包人认可。

8.4 合同纠纷的处理

建设工程合同价款纠纷是指发承包双方对于建设工程合同价款的约定、调整和结算等过程中存在的异议。按照争议合同的类型不同,可以把工程合同价款纠纷分为总价合同价款纠纷、单价合同价款纠纷以及成本加酬金合同价款纠纷;按照纠纷发生的阶段不同,可以分为合同价款约定纠纷、合同价款调整纠纷和合同价款结算纠纷;按照纠纷的成因不同,可以分为合同无效的价款纠纷、工期延误的价款纠纷、质量争议的价款纠纷以及工程索赔的价款纠纷。常见的纠纷有以下几种。

1. 工程项目招投标过程不规范

按照我国有关建设政策法规要求，招投标不受地区、部门、行业的限制，采取公开招标、邀请招标等方式合理选择价优质高的施工单位。有些建设单位违反国家有关建设政策法规，擅自采取私下议标并提出诸如带资或垫资等一些苛刻条件。而在当今激烈竞争的市场经济条件下，施工单位为承揽工程而违心承诺。建设单位在工程中拖欠施工单位的工程款，直接指定承包商或分包商，甚至搞假招标，这些都会给将来的工程竣工结算埋下隐患。

2. 合同管理观念淡薄

如今的市场经济，就是法律经济。建设工程施工合同是建设单位和承包单位之间明确双方权利、义务的法定性文件，各方应予高度重视。在起草合同时，应由专业技术人员与造价合同管理人员共同斟酌确定合同的内容、条款、细则，但有些单位重视度不够，专业技术人员与造价合同管理人员很少参与合同的起草，而是由某些领导直接操纵，以谋取某些利益。施工合同的重要内容之一就是工程造价，合同中的诸多条款最终都要反映和表现为工程造价，从这种意义上讲，对施工合同的管理，也就是对工程造价的管理。

3. 工程开工前的准备工作不完善

建设工程开工前的“五通一平”即路通、水通、电通、气通、通讯通、土地平整，这些通常应由建设单位来完成。目前，相当一部分建设工程在承包单位正式进入施工现场时，“五通一平”条件不具备，建设单位只好委托承包商全部或部分完成，而当时双方又未正式签订书面协议或合同，只有建设单位的口头承诺，这也会给今后的工程结算埋下隐患。

4. 施工过程中的不规范行为

工程在建设期间，建设单位与承包单位、设计单位、监理单位势必要发生一系列的工作关系。不论哪一方在施工过程中发生了不规范行为，都会影响工程今后的结算。如建设单位办事程序烦琐、效率低下，施工单位呈报的有关工程事宜不能及时得到反馈，而施工单位又不敢随意耽搁工期，造成工程量的变化；工程在建设施工过程中不可避免地要发生一些设计变更、工程签证，若其程序不合法，手续不齐全，签字不及时，引起变化的工程量就缺乏结算的依据，待工程结算时再进行补充，就容易引起意见分歧。

8.4.1 合同价款纠纷的解决途径

建设工程合同价款纠纷的解决途径主要有四种：和解、调解、仲裁和诉讼。建设工程合同发生纠纷后，当事人可以通过和解或者调解解决合同争议。当事人不愿和解、调解或者和解、调解不成的，可以根据仲裁协议向仲裁机构申请仲裁。当事人没有订立仲裁协议或者仲裁协议无效的，可以向人民法院起诉。当事人应当履行发生法律效力的法院判决或裁定、仲裁裁决、法院或仲裁调解书；拒不履行的，对方当事人可以请求人民法院执行。

1. 和解

和解指当事人在自愿互谅的基础上，就已经发生的争议进行协商并达成协议，自行解决争议的一种方式。发生合同争议时，当事人应首先考虑通过和解解决争议。采用和解的方式不仅能够经济、高效地解决纠纷，而且可以有效维护合同双方的友好关系，使合同能够得到更好的履行。按照《建设工程工程量清单计价规范》GB 50500—2013 的规定，双方可通过以下方式进行和解：

(1) 协商和解

合同价款争议发生后，发承包双方在任何时候都可以进行协商。协商达成一致的，双方应签订书面和解协议，和解协议对发承包双方均有约束力。如果协商不能达成一致协议，发包人或承包人都可以按照合同约定的其他方式解决争议。

(2) 监理或造价工程师暂定

如果发包人和承包人之间关于工程质量、进度、价款支付与扣除、工期延期、索赔、价款调整等内容发生任何法律上、经济上或技术上的争议，首先应根据已签订合同的条款，将上述争议向合同约定职责范围内的总监理工程师或造价工程师提交解决，并抄送另一方。总监理工程师或造价工程师应在收到提交件后的14天内，将暂定意见通知发包人和承包人。发承包双方对暂定意见认可的，则暂定意见成为最终决定，决定应以书面形式予以确认。

发承包双方在收到总监理工程师或造价工程师的暂定意见通知之后的14天内，应对暂定意见予以确认或提出不同意见，如果逾期未予回应，视为该暂定意见已被发承包双方认可。

发承包双方或一方不同意暂定意见的，应以书面形式向总监理工程师或造价工程师提出，说明自己的意见，同时抄送另一方，此时该暂定意见成为争议。在暂定意见不实质影响发承包双方当事人履约的前提下，发承包双方应实施该意见，直到其按照发承包双方认可的争议解决办法被改变为止。

2. 调解

调解指双方当事人以外的第三人应纠纷当事人的请求，依据法律规定或合同约定，对双方当事人进行疏导、劝说，促使他们互相谅解、自愿达成协议解决纠纷的一种途径。《建设工程工程量清单计价规范》GB 50500—2013规定了以下的调解方式：

(1) 管理机构的解释或认定

合同价款争议发生后，发承包双方可就工程计价依据的争议以书面形式提请工程造价管理机构对争议以书面文件进行解释或认定。工程造价管理机构应在收到申请的10个工作日内就发承包双方提请的争议问题进行解释或认定。

发承包双方或一方在收到工程造价管理机构书面解释或认定后，仍可按照合同约定的争议解决方式提请仲裁或诉讼。除工程造价管理机构的上级管理部门做出了不同的解释或认定，或在仲裁裁决获法院判决中不予采信的外，工程造价管理机构做出的书面解释或认定是最终结果，对发承包双方均有约束力。

(2) 双方约定争议调解人进行调解

通常按照以下程序进行。

① 约定调解人。发承包双方应在合同中约定或在合同签订后共同约定争议调解人，负责双方在合同履行过程中发生争议的调解。合同履行期间，发承包双方可以协议调换或终止任何调解人，但发包人或承包人都不能单独采取行动。除非双方另有协议，在最终结清支付证书生效后，调解人的任期即终止。

② 争议的提交。如果发承包双方发生了争议，任何一方可以将该争议以书面形式提交调解人，并将副本抄送另一方，委托调解人调解。发承包双方应按照调解人提出的要求，给调解人提供所需要的资料、现场进入权及相应设施。调解人应被视为不是在进行仲裁人的工作。

③ 进行调解。调解人应在收到调解委托后28天内，或由调解人建议并经发承包双方认可的其他期限内，提出调解书，发承包双方接受调解书的，经双方签字后作为合同的补充文件，对发承包双方具有约束力，双方都应立即遵照执行。

④ 异议通知。如果发承包任意方对调解人的调解书有异议，应在收到调解书后28天内向另一方发出异议通知，并说明争议的事项和理由。除非并直到调解书在协商和解或仲裁裁决、诉讼判决中做出修改，或合同已经解除，承包人应继续按照合同实施工程。

⑤ 如果调解人已就争议事项向发承包双方提交了调解书，而任一方在收到调解书后28天内，均未发出表示异议的通知，则调解书对发承包双方均具有约束力。

3. 仲裁

仲裁是当事人根据在纠纷发生前或纠纷发生后达成的有效仲裁协议，自愿将争议事项提交双方选定的仲裁机构进行裁决的一种纠纷解决方式。

(1) 仲裁方式的选择。在民商事仲裁中，有效的仲裁协议是申请仲裁的前提，没有仲裁协议或者仲裁协议无效的，当事人就不能提请仲裁机构仲裁，仲裁机构也不能受理。因此发承包双方如果选择仲裁方式解决纠纷，必须在合同中订立仲裁条款或者以书面形式在纠纷发生前或者纠纷发生后达成请求仲裁的协议。

仲裁协议的内容应当包括：① 请求仲裁的意思表示；② 仲裁事项；③ 选定的仲裁委员会。

前述三项内容必须同时具备，仲裁协议方为有效。

(2) 仲裁裁决的执行。仲裁裁决做出后，当事人应当履行裁决。一方当事人不履行的，另一方当事人可以向被执行人所在地或者被执行财产所在地的中级人民法院申请执行。

(3) 关于通过仲裁方式解决合同价款争议，《建设工程工程量清单计价规范》GB 50500—2013做出了如下规定：

① 如果发承包双方的协商和解或调解均未达成一致意见，其中一方已就此争议事项根据合同约定的仲裁协议申请仲裁的，应同时通知另一方。

② 仲裁可在竣工之前或之后进行，但发包人、承包人、调解人各自的义务不得因在工程实施期间进行仲裁而有所改变。当仲裁是在仲裁机构要求停止施工的情况下进行时，承包人应对合同工程采取保护措施，由此增加的费用由败诉方承担。

③ 如果在双方通过和解或调解形成的有关的暂定或和解协议、调解书已经有约束力的情况下，当发承包中一方未能遵守暂定或和解协议、调解书时，另一方可在不损害可能具有的任何其他权利的情况下，将未能遵守暂定或不执行和解协议或调解书达成的事项提交仲裁。

4. 诉讼

民事诉讼是指当事人请求人民法院行使审判权，通过审理争议事项并做出具有强制执行效力的裁判，从而解决民事纠纷的一种方式。在建设工程合同中，发承包双方在履行合同时发生争议，双方当事人不愿和解、调解或者和解、调解未能达成一致意见，又没有达成仲裁协议或者仲裁协议无效的，可依法向人民法院提起诉讼。

关于建设工程施工合同纠纷的诉讼管辖，根据《最高人民法院关于适用〈中华人民共和国民事诉讼法〉的解释》(法释〔2015〕5号)的规定，建设工程施工合同纠纷按照不动产纠纷确定管辖。根据《中华人民共和国民事诉讼法》的规定，因不动产纠纷提起的诉讼，由不动产所在地人民法院管辖。因此建设工程合同纠纷提起的诉讼，应当由工程所在地人民法院管辖。

8.4.2 合同价款纠纷的处理原则

建设工程合同履行过程中会产生大量的纠纷，有些纠纷并不直接适用于现有的法律条款予以解决。针对这些纠纷，可以通过相关司法解释的规定进行处理。2002 年 6 月 11 日，最高人民法院通过了《关于建设工程价款优先受偿权问题的批复》(法释〔2002〕16 号)，2004 年 9 月 29 日，最高人民法院通过了《关于审理建设工程施工合同纠纷案件适用法律问题的解释》(法释〔2004〕14 号)。这些司法解释和批复为人民法院审理建设工程合同纠纷提供明确的指导意见，同样为建设工程实践中出现的合同纠纷指明了解决的办法。司法解释中关于施工合同价款纠纷的处理原则和方法，更为发承包双方在工程合同履行过程中出现的类似纠纷的处理，提供参考性极强的借鉴。

1. 施工合同无效的价款纠纷处理

(1) 建设工程施工合同无效的认定。建设工程施工合同具有下列情形之一的，应当根据合同法的规定，认定无效：

① 承包人未取得建筑施工企业资质或者超越资质等级的；

② 没有资质的实际施工人借用有资质的建筑施工企业名义的；

③ 建设工程必须进行招标而未招标或者中标无效的。

(2) 建设工程施工合同无效的处理方式。建设工程施工合同无效，但建设工程经竣工验收合格，承包人请求参照合同约定支付工程价款的，应予支持。建设工程施工合同无效，且建设工程经竣工验收不合格的，按照以下情形分别处理：

① 修复后的建设工程经竣工验收合格，发包人请求承包人承担修复费用的，应予支持；

② 修复后的建设工程经竣工验收不合格，承包人请求支付工程价款的，不予支持；

③ 因建设工程不合格造成的损失，发包人有过错的，也应承担相应的民事责任。

承包人非法转包、违法分包建设工程或者没有资质的实际施工人借用有资质的建筑施工企业名义与他人签订建设工程施工合同的行为无效。人民法院可以根据相关法律的规定，收缴当事人已经取得的非法所得。承包人超越资质等级许可的业务范围签订建设工程施工合同，在建设工程竣工前取得相应资质等级，当事人请求按照无效合同处理的，不予支持。

2. 垫资施工合同的价款纠纷处理

对于发包人要求承包人垫资施工的项目，涉及垫资施工部分的工程价款结算，最高人民法院《关于审理建设工程施工合同纠纷案件适用法律问题的解释》提出了处理意见：

(1) 当事人对垫资和垫资利息有约定，承包人请求按照约定返还垫资及其利息的，应予支持，但是约定的利息计算标准高于中国人民银行发布的同期同类贷款利率的部分除外。

(2) 当事人对垫资没有约定的，按照工程欠款处理。

(3) 当事人对垫资利息没有约定，承包人请求支付利息的，不予支持。

3. 施工合同解除后的价款纠纷处理

(1) 承包人具有下列情形之一，发包人请求解除建设工程施工合同的，应予支持：

① 明确表示或者以行为表明不履行合同主要义务的；

② 合同约定的期限内没有完工，且在发包人催告的合理期限内仍未完工的；

③ 已经完成了建设工程质量不合格，并拒绝修复的；

④ 将承包的建设工程非法转包、违法分包的。

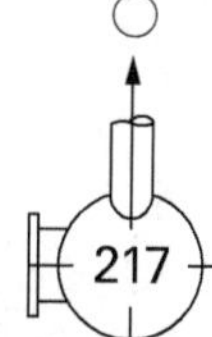

(2) 发包人具有下列情形之一，致使承包人无法施工，且在催告的合理期限内仍未履行相应义务，承包人请求解除建筑工程施工合同的，应予支持：

① 未按约定支付工程价款的；

② 提供的主要建筑材料、建筑构配件和设备不符合强制性标准的；

③ 不履行合同约定的协助义务的。

(3) 建设工程施工合同解除后，已经完成了建设工程质量合格的，发包人应当按照约定支付相应的工程价款。

(4) 已经完成的建设工程质量不合格的：

① 修复后的建设工程经验收合格，发包人请求承包人承担修复费用的，应予支持；

② 修复后的建设工程经验收不合格，承包人请求支付工程价款的，不予支持。

4. 发包人提前占用的价款纠纷处理

建设工程未经竣工验收，发包人擅自使用后，又以使用部分质量不符合约定为由主张权利的，不予支持；但是承包人应当在建设工程的合理使用寿命内对地基基础工程和主体结构质量承担民事责任。

5. 其他工程结算价款纠纷的处理

(1) 阴阳合同的结算依据。当事人就同一建设工程另行订立的建设工程施工合同与经过备案的中标合同实质性内容不一致的，应当以备案的中标合同作为结算工程价款的根据。

(2) 对承包人竣工结算文件的认可。当事人约定，发包人收到竣工结算文件后，在约定期限内不予答复，视为认可竣工结算文件的，按照约定处理。承包人请求按照竣工结算文件结算工程价款的，应予支持。

(3) 当事人对工程量有争议的，按照施工过程中形成的签证等书面文件确认。承包人能够证明发包人同意其施工，但未能提供签证文件证明工程量发生的，可以按照当事人提供的其他证据确认实际发生的工程量。

(4) 计价方法与造价鉴定。工程造价鉴定结论确定的工程款计价方法和计价标准与建设工程施工合同约定的工程款计价方法和计价标准不一致的，应以合同约定为准。当事人约定按照固定价结算工程价款，一方当事人请求人民法院对建设工程造价进行鉴定的，不予支持。

(5) 工程欠款的利息支付。

① 利率标准。当事人对欠付工程价款利息计付标准有约定的，按照约定处理；没有约定的，按照中国人民银行发布的同期同类贷款利率计息。

② 计息日。利息从应付工程价款之日计付。当事人对付款时间没有约定或者约定不明的，下列时间视为应付款时间：

a. 建设工程已实际交付的，为交付之日；

b. 建设工程没有交付的，为提交竣工结算文件之日；

c. 建设工程未交付，工程价款也未结算的，为当事人起诉之日。

8.4.3 工程造价鉴定

工程造价鉴定是指工程造价咨询企业接受国家、政府等有权机关或机构的委托，对纠纷项目的工程造价以及由此延伸而引起的经济问题，依据其建设工程造价方面的专门知识和技能进行鉴别和判断并提供鉴定意见的活动。

8.4.3.1 工程造价鉴定的资质要求

1. 鉴定机构的资质要求

承办工程造价鉴定业务的鉴定机构必须是依法取得工程造价咨询资质的企业。工程造价咨询企业应在其资质等级许可的范围内，接受国家、政府等有权机关的委托开展鉴定活动，超出资质等级许可出具的鉴定意见书无效，并承担相应责任。

2. 鉴定人员的资格要求

工程造价鉴定机构中的工程造价鉴定人员必须是依法注册于该鉴定机构的执业造价工程师，但因故意犯罪或者职务过失犯罪受过刑事处罚的，受过开除公职处分的人员，不得从事鉴定业务。

3. 回避制度

鉴定机构或鉴定人员具有下列情况之一的，应当自行回避；未自行回避，鉴定委托人、当事人及利害关系人要求其回避的必须回避。

(1) 是本纠纷项目的当事人、代理人，或者是当事人、代理人近亲属的；

(2) 鉴定机构、鉴定人员与本纠纷项目有利害关系的；

(3) 担任过本纠纷项目的证人、勘验人、辩护人、诉讼代理人、咨询人、咨询机构的；

(4) 与本纠纷项目当事人、代理人有其他关系可能影响鉴定公正的；

(5) 私自会见本纠纷项目的当事人、代理人，或者接受当事人、代理人请客送礼的。

8.4.3.2 工程造价鉴定的取证

1. 鉴定所需资料的收集

鉴定所需的资料包括鉴定机构自行收集的鉴定依据、委托人转交的举证资料以及纠纷项目当事人提交的举证资料。

(1) 鉴定机构自行收集的资料。鉴定机构进行工程造价鉴定工作，应自行收集以下(但不限于)鉴定依据：

① 是用于鉴定项目的法律、法规、规章、规范性文件以及规范、标准、定额；

② 鉴定项目同时期同类型工程的技术经济指标及其各类要素价格的。

(2) 委托人提交的资料

鉴定机构收集鉴定项目的鉴定依据时，应向鉴定项目委托人提出具体书面要求，其内容包括：

① 与鉴定项目相关的合同、协议及其附件；

② 相应的施工图纸等技术经济文件；

③ 施工过程中施工组织、质量、工期和造价等工程资料；

④ 存在争议的事实及各方当事人的理由；

⑤ 其他有关资料。

鉴定委托人向鉴定机构转交，但要求鉴定机构对资料有效性进一步认定的资料称为鉴定委托人转交的举证资料。鉴定委托人向鉴定机构交付、能直接用作鉴定依据的资料称为鉴定资料。

(3) 当事人提交的举证资料

当事人按鉴定机构的要求提交或主动提交与本项目鉴定有关、尚未经当事人质证的资料称为当事人提交的举证资料。

此外，鉴定机构在鉴定过程中要求鉴定项目当事人对缺陷资料进行补充的，应征得鉴定项目委托人同意，或者协调鉴定项目各方当事人共同签认。

2. 现场勘验

根据项目鉴定工作需要，鉴定机构可组织当事人对被鉴定的标的物进行现场勘验。

(1) 现场勘验的组织

鉴定机构组织当事人对被鉴定的标的物进行现场勘验的，应先行书面通知纠纷双方当事人参加，同时应请鉴定委托人派员参加。当事人拒绝参加勘验的，应请鉴定委托人决定处理办法。

(2) 勘验记录的确认

勘验现场应制作勘验记录、笔录或勘验图表，记录勘验的时间、地点、勘验人、在场人、勘验经过、结果，由勘验人、在场人签名或者盖章。对于绘制的现场图应注明绘制的时间、方位、测绘人姓名、身份等内容。必要时鉴定机构应采取拍照或摄像取证，留下影像资料。鉴定项目当事人对现场勘验图表或勘验笔录等不予签字确认的，鉴定机构应提请鉴定委托人决定处理办法，并在鉴定意见中做出表述。

3. 鉴定过程和结论

(1) 鉴定程序

进入鉴定工作程序后，鉴定机构宜采取与当事人核对工作量、套取定额(或计取单价)、取费等过程逐步完成鉴定；对鉴定委托人认为鉴定机构不必要与当事人做核对工作，或鉴定机构认为不必要与当事人核对的纠纷项目，鉴定机构可直接出具鉴定意见或鉴定意见征询意见稿。

(2) 鉴定方法

项目鉴定范围和内容必须符合鉴定委托文书，鉴定成果文件表述的鉴定范围和内容必须符合鉴定委托文书要求，不得做出不符合委托的鉴定表述。在鉴定项目合同约定有效的情况下，鉴定应采用合同约定的计价方法。除非合同纠纷各方另行达成一致约定，否则不得采用不符合原合同约定的计价方法做出鉴定意见，也不得修改原合同计价条件而做出鉴定意见。

鉴定机构在开展鉴定工作之前应首先确定合同文件的解释程序。如果当事人对纠纷项目合同、工程量清单、洽商、变更、索赔、工程报价单或结算书等相关文件有效性的约定有分歧，其有效性应提请鉴定委托人决定；如果是因对国家计价规定性文件有不同理解而产生的分歧，分析各方应共同提请相应有权机关解释。

(3) 鉴定成果文件及鉴定结论意见。鉴定成果文件包括鉴定意见书、补充鉴定意见书、补充说明等。

① 鉴定意见书

鉴定意见书应包括鉴定意见书封面、签署页、目录、鉴定人员声明、鉴定意见书正文、有关附件等。其中鉴定意见书正文应包括如下内容：项目名称、文号、基本情况、鉴定依据、鉴定过程及分析、鉴定结论意见、特殊说明、鉴定机构出具鉴定意见书的签章(字)、附件。

② 鉴定结论意见

鉴定意见中应含有结论性意见，鉴定结论意见可包括可确定的部分意见以及无法确定的部分意见：

可确定的造价结论意见。当整个鉴定项目事实清楚、依据有力、证据充足时，鉴定机构应出具造价明确的造价鉴定结论意见。

当鉴定项目中仅部分事实清楚、依据有力、证据充足时，鉴定机构应出具项目中该部分造价明确的鉴定结论意见，称为“可确定的部分造价结论意见”。

对当事人在鉴定过程中达成一致的书面妥协性意见而形成的鉴定结果也可以纳入造价鉴定结论意见或“可确定的部分造价结论意见”。

无法确定部分项目的造价结论意见。当鉴定项目中有一部分事实不清、证据不力或依据不足，且当事人争议较大无法达成妥协，鉴定机构依据现有条件无法做出准确判断时，鉴定机构可以提交无法确定部分项目的造价结论意见，称为“无法确定部分项目的造价结论意见”。

对鉴定中无法确定的项目、部分项目及其造价，凡依据鉴定条件可以计算造价的，鉴定意见书中均宜逐项提交明确的计算结果，并提出不能做出可确定结论意见的原因或当事人双方的分歧理由；凡依据鉴定条件无法计算造价的，鉴定意见书中宜提交估算结果或估价范围；提交估算结果或估价范围的条件也不具备时，鉴定机构可不提交估算结果或估价范围并说明理由；对鉴定委托人要求提交鉴别和判断性结论的，鉴定机构可提交鉴别和判断性结论。

4. 鉴定期限

鉴定机构应在确定受理鉴定委托之日起，根据纠纷项目工程造价金额，在规定的时限内完成鉴定工作。鉴定机构与鉴定委托人对完成鉴定的时限另有约定的，从其约定。但等待当事人提交举证资料、补交资料、交换资料、质证、对征询意见稿和反馈意见等所需的时间不应计入鉴定期限。

5. 出庭接受质询

鉴定机构应当依法出庭接受鉴定项目当事人对工程造价司法鉴定意见书的质询。如确因特殊原因无法出庭的，经审理该鉴定项目的仲裁机关或人民法院准许，可以书面答复当事人的质询。

8.5 石油化工建设项目竣工结算的特点

一般来说，石油化工建设项目的竣工结算有以下几个特点。

1. 专业涉及面广，设备材料种类多

石油化工建设项目的建设涉及土建、钢结构、静设备、机械设备、工艺管道、电气、仪表、给排水、暖通等专业。因此，在项目结算时，应严格按照合同约定的结算原则进行。

石油化工项目的设备材料种类很多。以材料的材质为例，碳钢管和碳钢板虽然都是“碳钢”，两者的金属牌号却不同。我国一般把碳钢管的材质分为3类(Q235、10、20)，而把碳钢管的材质分为8类(Q235－F、Q235、Q255A、A3R、20 g、15 g、25 g、25)。不同的金属牌号，代表着不同的材质、不同的性能、不同的价格。

2. 结算工程量大，工程造价高

一般而言，一个石油化工建设项目工程结算都会涉及不小的工程算量。不仅仅是因为石油化工建设项目牵涉的专业、设备、材料多种多样，这些都需要结算人员仔细甄别，分类计算，而且石油化工建设项目是一个庞大的系统工程，单个装置可能就包含了成百上千台不同的设备、几十公里的管道，以及各类功能的厂房等。将一个装置的工程量梳理清楚并不是一项容易的任务，常常需要不同专业的结算人员协同配合。

新建石油化工建设项目的造价高昂，少则几亿，多则几十亿。这不仅是因为设备材料工程量众多，还由于近年来我国原材料的高企和用人成本的增加，进一步推高了石油化工建设项目工程造价。

3. 设计变更和工程签证数量多

石油化工建设项目的建设成本对于原材料市场的价格涨跌和国家政策等因素有很大的敏感性。因此，建设单位一般都希望尽量压缩项目周期，尽早生产出合格的产品从而占领市场获取收益，以避免受到原材料价格的波动影响。所以，我国石油化工建设项目的建设周期常常压得很紧，同类型的在国外需要3～5年建设周期的项目，在国内有可能要压缩建设周期。在这样的进度压力下，国内石油化工建设项目在实施过程中往往采取了边设计、边采购、边施工的做法。这就造成了在项目过程中的设计、采购、施工等工作经常脱节，导致了返工、赶工、窝工等现象，使项目的不确定因素加大，也给施工单位带来了额外的成本风险。上述的一系列因素，使得竣工结算时，承发包双方需要面对大量的设计变更和工程签证。

4. 结算审核程序较多

对于石油化工建设项目建设单位而言，一个石油化工建设项目EPC的结算额最终确定，需要经过多次审核程序。

首先，建设单位在收到总包单位提交的所有结算资料后，应按照石油化工建设项目的规定进行一审，一审可以由建设单位进行内部审计，也可以由建设单位通过外部招标，由中标单位进行审计。所有的审计投标单位，都必须有审计石油化工建设项目的执业资格，在石油化工建设项目相关的审计数据库中备案。参与审计的人员，也必须有相应的职业证书。

一审结束后，建设单位应按要求开展二审，同一审一样，二审既可以由建设单位内部进行，也可以委托外部单位执行。

在一审、二审之后，石油化工建设项目内部还要经过一次总部审计，在经过了总部审计之后，整个石油化工建设项目的审计才算全部完成，最终结算金额才完全确定。因此，石油化工建设项目结算审计至少需要经过三次审计，个别项目甚至可能更多。一般而言，整个审计环节要长达一年左右。

通过多次结算审计，能够最大程度地得到客观、公正、全面的结算数据。同时，对于审计中发现的不足之处，也能在未来的工作中积累经验，查缺补漏。

5. 结算资料庞杂

一个完整的石油化工建设项目结算，会涉及大量的工程资料，这主要有两方面的原因。

(1) 石油化工建设项目结算涉及的主体单位众多。一般而言，一个石油化工建设项目的结算，主要有以下几种不同的结算关系：

① 建设单位和总承包单位之间的结算关系；

② 总承包单位和施工分包单位之间的结算关系；

③ 总承包单位和采购供应商之间的结算关系；

④ 施工分包单位和各个施工队伍之间的结算关系。

此外，还有建设单位和审计单位的结算关系、总承包单位和设计分包单位的结算关系等其他的结算关系。从这些结算关系中可以看出，一个石油化工项目的建设需要众多不同的组织机构和上下游企业协同配合来完成。而在完成合同内容后，甲乙双方需要进行费用结算，而确定结算金额的依据就是相关的工程资料。一个石油化工项目的建设，背后往往会有上百家不同的采购供应商提供服务，每一家采购供应商的结算都需要详细的结算资料来支撑，这导致了整个项目牵涉的结算资料非常庞大和复杂。

(2) 石油化工建设项目结算涉及的资料种类繁多。主要有以下几类：

① 甲乙之间的合同

合同规定了双方结算的范围、时间、计价方法等结算原则，是最主要的结算依据。如其他结算资料和合同内容有矛盾，必须以合同为准。

② 工程竣工图

对于以综合单价方式进行结算的工程项目，竣工图的工程量大小基本决定了项目的结算金额。竣工图应充分体现现场的实物量情况，凡是在施工过程中的结构改变、工程改变、平面布置改变、项目改变以及其他重大改变，都应在竣工图上全面反映，避免造成现场施工量和图纸计算量上的差异。

③ 设计变更

这里的设计变更指项目在详细设计过程中，为满足现场实际情况而对技术设计文件或施工图设计文件所进行的修改、完善、优化等活动。一般而言，设计变更的内容应更新到工程竣工图中，以避免造成设计变更和竣工图内容的重复。对于没有及时体现在竣工图或在竣工图中无法合理体现的变更，应由设计人员确认是否与竣工图内容重复之后，作为结算资料保存。

④ 工程签证

工程签证一般用于办理诸如零星用工(施工现场发生的与主体工程施工无关的用工，如定额费用以外的搬运拆除用工等)、零星工程、临时设施的修建、隐蔽工程、超出合同规定的窝工、非承包单位原因停工造成的人员和机械经济损失(如停水、停电，发包方提供的材料不足或不及时，设计图纸修改)等无法在竣工图纸、设计变更和施工方案中明确体现的，但现场实际发生且符合合同要求的工作内容。

⑤ 工程联络单

工程联络单是用于建设项目相关参与单位在日常工作中联系的单据。工程联络单作为结算依据时，需在联络单中明确事件缘由和价格依据，并由各当事方签字确认。

⑥ 往来的正式函件

在项目过程中甲乙双方往来的电子邮件和信函也是一种结算的依据，和工程联络单一样，函件如果作为结算依据，必须将事件起因和价格标准等与结算相关的事宜明确，并签字盖章。

⑦ 施工现场记录

施工现场记录是记录施工现场客观状况的资料。其可以以文件、图片、影像等形式存在，并作为结算的参考依据(见表 8－1)。

表 8－1 是一份强夯工程的施工记录，它记录了对现场每一个夯坑的夯沉量、填砂量等数据。这些数据由施工单位、总承包单位和监理单位三方确认。结算时，如果需要计算回填砂石的工程量，这份现场记录将是有效的参考依据。

表 8-1　施工记录示例表

强　夯　＋　夯　坑　填　料　施　工　记　录

天气　阴

工程名称						施工日期	
施工单位						施工能量/kN * m	4 000
锤重/t	19.17	锤底直径/m	2.5	落距/m	20.83	施工机组	1# 一遍三次

序号	夯点编号	地面标高	项目 / 参数	累计		最后两击平均夯沉量/cm	起算点/cm	各夯击次数下夯沉量读数/cm												起止时间	备注
				夯沉量/cm	填料量/m²			1	2	3	4	5	6	7	8	9	10	11	12		
1	D-57	39	读数	240	7 铺砂 3.5	22.5	110	206	197	223	242									9:11～9:30	填石块
			填料量/m²					7													
			填料后读数					98													
			相邻两击夯沉量					96	99	26	19										
2	D-48	39.2	读数	140	铺砂 3.5	29.5	99	180	214	239										9:31～9:44	
			填料量/m²																		
			填料后读数																		
			相邻两击夯沉量					81	34	25											
3	D-39	39.0	读数	112	铺砂 3.5	23.0	102	168	201	214										9:45～10:04	
			填料量/m²																		
			填料后读数																		
			相邻两击夯沉量					66	33	13											

续表

序号	夯点编号	地面标高	项目 参数	累计		最后两击平均夯沉量/cm	起算点/cm	各夯击次数下夯沉量读数/cm												起止时间	备注
				夯沉量/cm	填料量/m^2			1	2	3	4	5	6	7	8	9	10	11	12		
4	D-30	39	读数	110	铺砂 3.5	27.5	112	167	201	222										10:04～10:12	
			填料量/m^2																		
			填料后读数																		
			相邻两击夯沉量					55	34	21											
5	D-21	39.1	读数	118	铺砂 3.5	28.0	105	167	204	223										10:13～10:19	
			填料量/m^2																		
			填料后读数																		
			相邻两击夯沉量					62	37	19											
施工单位								总包单位						监理单位							

施工记录填写注意事项：

1. 记录的填写要及时、准确、完整，不得随意乱编、篡改。
2. 数据若出现错误、算错、记错等情况，用“/”划掉，在旁边填写上修改后的数据，不得涂黑或在原数据上修改。

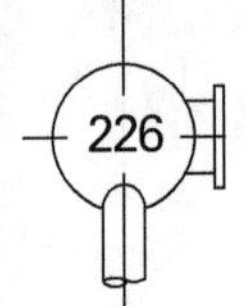

⑧ 会议纪要

在工程实施过程中如果遇到需要不同单位或部门协调解决的问题和情况，往往会由主要负责人召集各相关单位和部门举行会议，由大家共同商议解决办法。会议上形成的观点和共识就是会议纪要的主要内容。会议纪要不同于会议记录。会议记录只是一种客观的记录材料，记录会议中每个人的发言。而会议纪要则集中、综合地反映了会议主要议定事项的讨论结果和未来拟采取的措施，有较强的政策性和指示性。因此，直接或间接的涉及费用问题的会议纪要，也应作为结算资料。比如，在项目实施过程中，建设单位拟另行委托总承包单位一些合同之外的工作内容，为此召开了项目协调会。在会议上，总承包单位同意了建设单位的委托要求，并商定用签证的方式对这部分内容进行结算。会议纪要记录的内容，就是关于双方对这部分工作内容的结论性意见。这份会议纪要，可作为结算支撑文件。

⑨ 施工方案

施工方案指施工单位在综合考虑了项目施工质量要求、进度、造价和所在地的自然条件等因素后所制订的施工措施和计划。同工程签证一样，有些施工方案的工作内容无法在施工图内得到体现，因此，这部分工作量必须通过施工方案进行结算。比如，某项目的工程施工图中标示了一座地下深5 m的水池，水池所在的现场土质比较松软。在这种情况下，按正常的放坡系数无法满足施工安全要求，根据现场地质条件要求，综合考虑采取临时钢板桩方式进行基坑维护。而钢板桩的选型、排列、数量等数据一般不在施工图中体现，而是根据现场实际情况在施工方案中制订。因此，在进行水池的结算时，就必须参考施工方案。

第九章　建设项目后评价

9.1　概述

9.1.1　项目后评价的概念

项目周期是指项目从建设规划、勘察设计、建设施工、竣工验收、生产运营直到资产报废的整个过程。在项目开始进行建设之前，存在一个前期工作阶段，包括编制项目建议书、可行性研究报告及相关审批等过程，通过这个过程可以决定项目是否由思想转入行动，与之相关的研究和评估工作（包括产品方案与规模的选择、拟采用技术的可行性、经济的合理性、产品市场容量、原料供应的可获得性、项目的竞争能力以及安全、消防、环保、职业卫生、社会稳定等）称之为项目评估或事前项目评估；与之相对应，在这个阶段之外所进行的评估，包括从开工建设到竣工验收期间所进行的项目事中评价或竣工验收之后进行的项目评价，从广义上统称为项目后评价。

与项目前期评估相比，并不是每个项目都需要进行事中评价，也就是说事中评价并不是项目建设过程中的必要程序，它往往发生在一些比较特殊的场合，如项目建设方案大幅调整、建设期大幅延长、投资严重超标或外部环境发生重大变化（如国际油价暴跌）等情况，这些改变往往会影响项目的生存与持续，需要借助项目事中评价及时进行判断或调整。

在项目竣工验收投入生产运营一段时间后，可以对整个项目当初的投资决策、实施过程、实施结果以及对各方面的影响进行系统性的回顾，与当初前期工作阶段所预计的各方面指标相对照，分析项目目标的实现程度，找出变化与差距，分析原因、总结经验教训，提出对策建议，这就是狭义上的后评价，我们工作中所谈论的后评价更多指这种。

9.1.2　项目后评价的目的与作用

项目后评价的目的在于通过对各个环节（项目前期、施工建设、竣工验收、生产运营等）、各个方面（技术、资源、市场、投融资、计划进度控制、费用控制、质量控制、安全目标和风险控制、竣工验收、生产运营、经济效益、环境影响、社会影响等）全过程、全方位的回顾，检验评估项目是否实现了预期目标及其与预期目标的差距，总结经验与不足、分析原因、提出建议，为未来同类项目投资决策提供参考和借鉴。

除了服务于改进和完善已建、在建项目，项目后评价最主要的作用在于服务于投资决策，即通过了解预测数据与实施情况的差异以及所产生的原因，帮助决策者对未来项目进行合理的调整与完善，使之更贴近于实际情况，这有利于提高决策者的能力与水平，增强责任心、促进投资效益的改善和提升。

9.1.3 项目后评价的形式与主要内容

9.1.3.1 项目后评价的形式

根据开展评价工作主体和内容及深度的不同,项目后评价的形式主要分为简化后评价和独立后评价。

简化后评价就是简要评价,是对项目的前期论证、设计施工、竣工验收和生产运行等全过程以及项目目标、投资效益、影响与持续性等方面进行简要分析和评价。简化后评价的主要特点就是简要。它是通过基础数据对比,直接回答项目主要目标是否实现,简要分析影响目标实现的直接原因,一般不进行深层次原因的详细分析。

目前国内大型石油化工企业都制订了投资项目后评价的有关规章制度和实施办法,其要求所有固定资产投资项目在竣工且投产1～2内年均需开展简化后评价,评价的主体一般为项目业主,评价主要根据标准化模板以填写表格的方式进行。

简化后评价是一种自评价,企业亲身经历了项目周期的全过程,拥有最完善的第一手资料,对碰到的各种问题体会最深、感受最切,由其开展简化后评价具有及时、高效、时效性强、资料来源丰富、体会深刻等特点。项目在不同阶段的不同工作内容往往归口在不同的部门,通过后评价,可以将分散在各部门的资料搜集汇总起来,通过系统梳理,对项目系统性完整档案的建立也具有积极意义。简化后评价有助于上级部门及时、全面了解和掌握项目完成的基本情况和目标实现程度,为详细后评价项目的挑选和制订后评价计划提供依据。

独立后评价是投资主管部门委托第三方独立咨询机构开展的详细后评价,是在项目建设单位简化后评价和现场调查研究的基础上,对项目全过程的决策与管理、投融资与财务效益、环境与社会影响、目标与可持续性发展等各方面进行全面的、合乎实际的评价分析,评判项目规划与决策的合理性,项目实际所产生的效益,建设目标实现的契合程度,分析各目标值与实际情况产生偏差的主要原因,通过对项目经验教训的总结,提出改进意见以利于未来的工作。

独立后评价一般在项目运营及竣工验收后2年左右进行。

目前并非每个项目都进行独立后评价,一般是项目上级主管部门在项目自评价的基础上选择一些典型性项目,委托第三方独立咨询机构组织开展项目后评价。

根据国资发规划〔2005〕92号《中央企业固定资产投资项目后评价工作指南》的有关精神,一般将以下特点作为选择后评价项目的条件:

(1) 投资额巨大、建设工期长、建设条件较复杂,或跨地区、跨行业的;

(2) 项目采用新技术、新工艺、新设备,对提升企业核心竞争力有较大影响的;

(3) 项目在建设实施中,产品市场、原料供应及融资条件发生重大变化的;

(4) 项目组织管理体系复杂(包括境外投资项目)的;

(5) 项目对行业或企业发展有重大影响的;

(6) 项目引发的环境、社会影响较大的。

项目后评价应委托独立第三方咨询机构开展,要避免出现自己参与了项目前期的有关工作,又从事后评价来评估自己曾做的工作的情况,这对保证后评价过程和结论的客观独立具有重要意义,应提供一种制度上的保障,避免参与项目可行性研究报告编制、评估、设计、监理、项目管理、工程建设等工作的有关机构和主要人员从事同一项目的后评价工作。

9.1.3.2 项目后评价的主要内容

1. 项目决策及建设管理后评价

项目决策后评价指对项目决策依据、过程和程序的评价。

项目建设管理后评价指对项目组织管理、工程质量、计划进度、工程造价、投融资、招投标、项目合同管理(合同签约、履行情况)、施工监理、竣工验收、档案管理等方面的评价。

2. 项目实施结果后评价

主要包括项目建成后市场与建设方案、工艺技术方案、总图运输、公用工程及辅助工程方案、环保、节能、安全、消防、职业卫生等与前期预期目标的对比评价。

3. 项目经济后评价

主要包括建设资金筹措与使用、项目财务效益评价、不确定性因素对效益的影响分析等内容。

4. 项目影响后评价

主要包括项目经济影响、环境影响和社会影响等内容。

5. 项目可持续性后评价

主要分析影响项目可持续的宏观因素、项目竞争力、项目财务运作和项目可重复性等。

9.1.4 项目后评价应遵循的原则与方法

9.1.4.1 项目后评价应遵循的原则

项目后评价的一般原则主要体现在独立性、科学性、实用性、透明性和反馈性等方面。

独立性指后评价工作不受项目相关人员观点的影响,既包括上级部门、项目业主、设计、施工和建设管理单位,也包括项目前期编制及评估单位和人员,要排除一切可能的影响和干扰以保障项目后评价工作的独立性。要避免利益相关方自我评价,就必须从人员组成、机构设置、经费保障和项目选取等方面进行合理安排,思想和行动的独立性是评价结论客观公正的重要保障。只有坚持独立性,才能使评价结论客观公正不带任何偏见,才能提高评价的可信度,发挥评价真正的借鉴作用。

科学性即可信性。这就要求评价者具有较为丰富的经验和阅历,能够通过后评价总结出项目的成功经验和失败教训。可信性还取决于选取适当的评价方法以及所搜集的项目有关资料丰富详实可靠,取决于项目相关人员是否积极参与项目的评价活动,为评价工作提供真实完整的信息资料。

实用性主要指后评价报告的文字应具有可读性,鉴于后评价报告主要给投资决策人员提供借鉴和参考,因此文字应简练明确,针对性强,也可以使用一些图表对比来突出和强化变化情况,使想要说明的问题更为简单形象、直观明了。不宜引用过多的专业术语,不要面面俱到。所总结的经验教训应具有可借鉴性,提出的建议和措施应具有可操作性。

透明性要求后评价工作在一定程度上公开透明,以便项目中所总结的经验与教训能够为更多的相关单位或人员所了解和借鉴,以利于改进工作,少走弯路,这也是后评价工作的目的所在。

反馈性指既然项目后评价的最主要作用在于服务于投资决策,那么就应该形成一种制度和机制,使评价意见能及时顺畅地反馈到投资决策部门,使其在新的相关建设项目规划和评估时能够有所借鉴。因此,反馈机制也是评价项目后评价成败的一个关键因素。

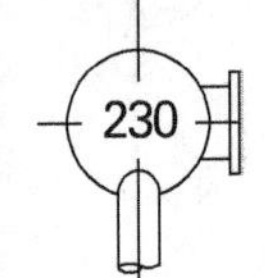

9.1.4.2 项目后评价的主要方法

作为后评价工作的工具和手段，选择适当的后评价方法对保证后评价质量具有重要意义。在项目后评价的工作实践中，经常会运用对比法、调查法、逻辑框架法、因果分析法和成功度评价法等基本方法。根据需要对不同的评价内容应采用不同的评价方法，或不同评价方法在后评价中混合使用。

1. 对比法

对比法主要包括前后对比、有无对比和横向对比三种方法。

前后对比法是把项目建设之前的状况与建设之后的状况进行对照，用以直接估量项目实施的相对成效。在项目后评价中运用此方法，则指将可行性研究和项目评估等前期阶段的技术经济预测指标与项目建成后实际运行结果以及在项目后评价时点对未来更新后的预测测算指标相对照，找出变化差异并分析其原因。这种前后对比的方法简单易行、便于操作，在项目后评价中经常被使用。采用前后对比法要注意前后数据的可比性，当对比内涵或口径不一致时应进行适当调整或加以说明以使其具有可比性。

有无对比法是将项目建与不建两种状态情况下各自的结果相对比，以此来度量项目本身的真实效益、作用和影响。由于一些大型项目实施后的效果可能除了项目本身的作用，还会受到项目外部因素的影响，因而，有无对比的重点就是要正确区分哪些是项目自身所带来的影响，哪些是项目之外因素所带来的影响，要从有项目时最终产生的效果中扣除无项目所带来的自然影响，得出项目本身真实的影响效果。

有无对比法的实质就是获得增量数据，"无项目"时的数据指不实施该项目时，项目在计算期内效益和费用等数据；"有项目"时的数据指实施该项目后计算期内的总量效益和费用等数据；"增量数据"是指"有项目"情况下效益和费用等数据与"无项目"情况下效益和费用等数据的差额，即通过"有无对比"后所得出的差额数据，有无对比法一般适用于改扩建项目的效益后评价和影响后评价。

横向对比法是将项目实施后的结果与国内外同类项目进行横向比较，通过对投资、技术水平、质量、效益等方面的比较，评价项目的优势与劣势、项目的竞争能力以及项目在行业及国内国际所处水平。

2. 调查法

后评价需要通过调查研究获取所需资料。开展调查研究有多种方法，主要包括问卷调查、现场调查、访谈法和专题调查会等。

问卷调查是根据项目类型和特点有针对性地设计问卷调查表，发给相关单位或人员填写，收集项目有关信息与数据。它是后评价采集信息的主要方法之一。

现场调查就是评价人员深入现场，依据调查提纲，采用查看、查阅、座谈会和询问等方式，向相关部门和人员收集与核实有关数据与资料。它也是后评价采集和确认信息的主要方法之一。

访谈调查是后评价工作中常用的方法之一。后评价人员就项目的建设管理现状与关注的问题与有关人员进行直接交谈，主要就有关问题进行质询与核实。通过对被访谈者回答的分析总结，快速了解项目的有关情况。

专题调查会是对于一些有争议的较为重大的问题，邀请相关人员进行专题研讨，群策群力分析原因，还原事实真相。

3. 逻辑框架法

逻辑框架法是一种综合、系统地研究和分析问题的思维框架模式。它可以用来总结一个项目的诸多因素，包括投入、产出、目的和宏观目标之间的因果关系。在项目决策和评估、项目后评价等工作中使用该方法，有助于对关键因素和问题做出合乎逻辑的分析。该方法从问题入手，向一端延伸分析其影响和后果，向另一端延伸找寻其原因，进而得到所谓的“问题树”。然后把“问题树”所描绘的因果关系转换为相应的手段——目标关系，这样就得到所谓的“目标树”，进一步的工作要通过“规划矩阵”来完成。

逻辑框架法的核心是事物之间的因果逻辑关系，即如果提供了某种条件或原因，就会产生对应的结果。这些条件既包括事物内在的因素，也包括产生结果所需的外部因素。建立项目后评价逻辑框架的目的是依据实际资料，确立目标层次间的逻辑关系，用以分析项目的效率、效果及影响的持续性。

4. 因果分析法

项目后评价主要是在项目建成后，对影响项目成败的主要因素进行调查分析。由于主观认识可能脱离实际存在不足或建设期间客观环境政策发生了较大的变化，项目实施后的实际效果可能与前期工作阶段所预计的有所差异甚至差异很大，这就需要通过后评价弄清楚变化的主要原因，分析其在未来项目中发生影响的可能性，有针对性地提出相应的对策、措施和建议。通过对各项结果及其原因进行因果分析，对造成变化的原因逐一进行剖析，可以找出主要矛盾或矛盾的主要方面，这样可以有针对性地予以解决，避免缺乏重点不分主次，“眉毛胡子一把抓”，有助于对未来相关工作的开展提出有益的建议。

5. 综合评价法

一个项目的优劣往往存在不同的观察角度，存在多维评判标准，综合评价就是综合考虑各单项局部评价结果的优劣，通盘评估考虑，谋求项目整体的最优化，而不以单一指标最优化为追求目标。

对于评价方法，一般应注意遵守以下原则。

(1) 动态分析与静态分析相结合，以动态分析为主

动态分析与静态分析的主要区别在于是否考虑了资金的时间价值因素。静态指标未考虑不同时点资金具有不同价值这一特点，以静态眼光观察和计算有关经济指标，如投资利润率、投资利税率、销售利润率、年平均利润等。静态指标的优点是指标经济含义直观明了、便于理解，计算使用简单方便，但它是采用静止的眼光看待项目效益情况的，未能反映时间因素对现金流及效益的影响。动态指标则通过折现计算考虑了不同时点资金具有不同价值这一特点，其计算指标包括财务内部收益率、财务净现值、资本金内部收益率、经济内部收益率、经济净现值等。动态指标对项目的经济效果能够给予更完美更真实的体现，但和静态指标相比计算要复杂得多。若非借助现行计算机技术，仅以手工方式要快速计算相关结果具有很大难度。另外，作为一个相对现代的经济指标，其在人群中的普及性、直观性和易理解性略差于静态指标。我们在进行项目后评价分析时，应将上述两类指标结合起来使用，既用动态指标做动态分析，又用静态指标做静态分析，但应以动态分析为主。

(2) 综合分析与单项分析相结合，以综合分析为主

综合分析是根据项目的投资、成本、利润等各类综合性指标对项目的优劣进行评价。因为综合指标是对项目整体情况的综合性反映，所以我们将其作为项目后评价的主要评判指标。

单项分析是从某一方面或角度对项目该部分的情况进行评价，例如工程质量的优良品率、生产性能考核指标达标率等都属于单项指标。在进行项目后评价时，可结合使用两种分析手段，但应以综合分析为主。

(3) 定量分析与定性分析相结合，以定量分析为主

石油化工建设项目多属于盈利性生产经营活动，其在体现社会性的同时也将经济性作为一个非常重要的考量标准，而费用、效益等经济性指标往往都可以通过货币化的形式体现出来，据此进行的价值判断直观、明确，有助于考量不同因素对项目的综合影响，能够将一些无法直接比较的因素转换为对效益费用的影响，因此在项目后评价中，对于能够实行量化的指标，应该努力通过量化处理来进行分析，对于一些无法进行量化分析的内容，可以通过定性分析加以阐述。

9.2 项目经济后评价

9.2.1 项目经济后评价的主要内容和步骤

9.2.1.1 项目经济后评价的主要内容

整个项目后评价包括项目决策、项目准备及项目建设管理后评价、项目实施结果后评价、项目经济后评价、项目影响后评价和项目可持续性后评价等几大部分，涉及市场，工艺技术，总图运输，投融资，技术经济，环保，消防，安全，管理组织形式，招投标与采购，质量与进度，合同管理，工程监理，费用控制，竣工验收，生产运营等诸多方面和内容，以下着重从经济评价的角度介绍项目后评价中的有关内容。

项目经济后评价主要是通过前后对比的方式，将项目建成后实际发生的投融资情况、投产后的实际成本效益情况以及基于投产后实际情况对未来成本效益的新预测与项目前期可行性研究阶段或初步设计时的有关预测数据进行比较，分析各项指标之间的差距，探索造成差距的原因，从中获得经验并总结教训，为投资管理者未来的项目决策提供助益。

经济工作涉及的投入与产出往往是通过量化的数据来体现的，在可行性研究等前期工作阶段，通过预计的投资额、建设期、用款计划、资本结构、资金成本、生产负荷、生产成本、收入、税费和利润等数据可以计算出一系列项目盈利能力、清偿能力和抗风险能力指标，最初据此判断项目建设和运营是否具有实施价值；当项目建设完成投入生产后，仍能根据可能有别于当初预计的实际发生情况和当前对未来的新预测再一次计算出一系列相关的经济数据，这时的数据较前期工作阶段的预计可能已经发生变化，但其更贴近于实际，例如建设投资金额已经实实在在地发生，是确定数，收入、成本和费用也具有了几年的实际发生数据，据此来预测未来和评判项目的经济性将更具可靠性，和前期工作可行性研究相比，尽管仍存在一些未来年份的预测数据，但之前已经发生的投资、工期、资金成本、用款计划、投产初期各年份的产量、价格、成本、税费等数据却是实实在在的，因此后评价数据较前期工作阶段更为真实可靠，将它与可行性研究的数据相对比，可以发现可行性研究预测数据中什么是恰当的、什么是不合理的，进而探究造成这种偏差的深层次原因，为未来的工作提供借鉴。

在可行性研究报告中有一个经济指标汇总表（表 9－1），汇总了对项目进行经济评价各方面的指标数据，在进行经济后评价时以实施后的实际数据为基础可以计算同样的一系列指标，

将两者放在一起进行对照分析，并进一步细化，深入探究，可以发现可研阶段各项经济指标的实现情况及导致差异产生的主要原因，从中总结和汲取经验教训，为未来的工作提供参考和借鉴。

表 9-1　主要经济指标对比表

序号	项　　目	可研	后评价	单位	增减	比例/%	备　注
		①	②		②−①	(②−①)/①	
一	基础数据						
1	总投资			万元			
1.1	其中：建设投资			万元			后评价为决算数据
1.2	资金筹措费			万元			后评价为决算数据
1.3	铺底流动资金			万元			
2	资本金			万元			
3	年均营业收入(含税)			万元			
4	年均税金附加			万元			
5	年均增值税						
6	年均总成本			万元			
7	年均利润总额			万元			
8	年均所得税			万元			
9	年均税后利润						
二	主要经济评价指标						
1	项目财务内部收益率			%			所得税后
2	项目财务净现值(折现率 10%)			万元			所得税后
3	投资回收期			年			所得税后
4	资本金内部收益率			%			所得税后
5	投资利润率			%			
6	投资利税率			%			
7	资本金利润率			%			
8	借款偿还期			年			
9	盈亏平衡点			%			

该表格中后评价数据的计算方法与前期可行性研究经济评价是一致的，但基础数据为基于项目实际发生的建设投资、分年用款金额、资金来源、资金成本和建成投产初期所实际发生的产量、价格、成本费用、税费等数据，用它们计算项目的收益情况并基于实际数据重新预测项

目未来年份的生产经营情况，进行新的项目经济效益后评价，计算内部收益率等财务评价指标，并将评价结果逐项与可行性研究预计数据相比较，计算其偏差和比例，对偏差比较大的数据可以进一步探究其产生原因，为未来的前期工作提供借鉴。

在后评价中可以进行投资分析，融资分析，建设周期分析，目标实现程度分析，成本费用分析，税费、借款偿还等分析和不确定性分析，其结果都可以与可行性研究数据相对照，判断项目实际的经济性。归根结底，投资增减、建设周期缩短或延长和资金成本变化、产量的实现程度和成本费用的控制最终都会反映到项目的利润水平和内部收益率这一动态投资回报指标上，反过来，当结果出现较大偏差时，通过逆向追溯同样可以发现导致结果差异变化的主要原因，并层层深入找到直接原因，吸取经验与教训，为将来的项目提供借鉴。例如可以将总投资分解为建设投资、资金筹措费和铺底流动资金三部分，了解哪一部分与原来可行性研究时的预计数相差较大，原因是什么。如果是建设投资存在较大偏差，深入探究，建设投资又可以进一步细分为固定资产、其他资产和预备费；对于固定资产还可以进一步划分为建筑工程费、设备购置费、主要材料费和安装费等各项费用，对于每一个单项或装置，我们还可以继续深入，分装置比较每个单项可研估算与实际发生额的差异，分析这种差异主要是由哪些因素造成的，寻找费用偏差主要出在哪个装置、哪个方面，是设备采购还是建筑施工，是工程量估算不足还是价格偏低。如果是工程量存在较大差异，那么是当初估计不足还是建设范围扩大导致工程量增加；如果是价格存在差异，那么是当初价格低估了还是市场环境发生变化导致价格大幅上涨了，未来的趋势会怎样等。通过寻找主要矛盾，追根溯源，可以发现问题的关键影响因素，为未来的工作提供有价值的经验或建议。

9.2.1.2　项目经济后评价的主要步骤

首先是基础资料的收集。虽然后评价是以第三方独立咨询机构为主进行编制的，但工作过程中需要得到项目业主的大力协作和配合，项目前期工作和建设周期时间跨度很长，不同的人员经手的不同资料分散在不同的部门，有的甚至可能存在很多不同的更新版本或变更情况，只有得到各部门的大力支持和帮助，才能了解项目的历史更迭和来龙去脉，获得各项真实宝贵的有效数据，为下一步的工作提供坚实的物质基础。

其次是对基础数据的分析与整理。这需要通过认真听取业主对项目实际情况的介绍，双方进行深入的意见交流之后，编制者独立做出判断。出于经济分析对比口径一致的原则，一些数据需要从企业提供的报表数据中拆分提取出来，一些需要重新进行分类合并重新统计，有些数据则可能需要根据企业实际情况与业主有关部门人员共同探讨取值或拆分的原则及其合理性（如某些项目企业提供的财务报表体现的是全厂数据，对于其在评价区间的取值需要进行合理分摊等），总之应该细致耐心地听取对方意见，交流双方的看法，汲取其合理因素，去粗取精，去伪存真，不可主观武断对数据不加分析，采取“拿来主义”或自作主张的做法，这样容易偏离客观实际。

获得基础数据后可以据此建立经济评价模型，进行项目后评价的经济分析，计算相应各项经济指标并通过前后对比的方法与可行性研究数据相对照，分析其差异，寻找其原因，形成初步的评价意见。在完成经济评价初稿后，应就各方面测算情况与业主进行进一步的交流与说明，对照企业的反馈情况进一步调整完善，修正遗漏与不足，最终形成后评估报告，向上级部门提交正式报告，反馈项目后评价相关意见或建议。上级主管部门组织对后评价报告进行评审和验收。

9.2.2 后评价时点的确定与基础数据收集整理

9.2.2.1 项目后评价时点的确定

后评价与项目前期可行性研究相比，一个比较明显的特点是部分数据具有更大的确定性和可靠性。在项目前期可行性研究阶段，一切都是尚未实际发生的、基于经验进行假设和预测的，而进入项目后评价阶段，尽管对于经济后评价所包含的整个计算周期来说，未来还有许多年的生产经营数据是尚未发生的，但是从项目基本建设到项目建成投产后几年运营的这段时间，所有的数据都是已经实际发生客观存在的，是固化的，具有相当的确定性。在这期间发生的建设成本是确定的，建设周期是确定的，各年用款数额是确定的，资金成本也是确定的，产量、价格、原辅料单耗、公用工程消耗、各项成本费用都是实际发生的，都是确定数字，而依据投产之后几年发生的实际产量、成本费用等数据来预测未来较可行性研究所采用的预测数据应该具有更强的可靠性。所谓后评价时点就是区分数据来源的时间点，经济后评价中在这个时间点之前采用的评价数据是已经发生的实际数据，在这个时间点之后采用的评价数据则是对未来的预测数据。后评价一般在项目竣工验收投产 2 年左右后组织进行，这时项目已经历了约 2 个完整财务年度的生产运营，生产步入正常化，企业也能够提供较为完整的年度财务报表，为后评价提供权威的基础数据资料，而过早进行后评价则可能因为项目刚刚投产，生产数据尚不太稳定，一些数据缺乏代表性，根据这些数据预测未来可能在准确性上会有所欠缺，容易影响评价结果的准确性。后评价太晚可能不利于及时总结经验教训，对未来同类项目及时提供参考，一些前期工作和建设阶段的基础数据资料可能因年代久远而对收集整理带来一些困难。甚至企业可能在这期间又进行了其他的基本建设活动，企业经营数据范围与原可行性研究范围出现差异，所以一般在投产 2～3 年后开展后评价工作，并以此时间作为后评价的时点。

9.2.2.2 项目后评价基础数据收集整理

对于后评价工作来说，项目的背景，企业的基础资料、企业建设发展的历史沿革、项目前期工作、工程建设到竣工投产的各项工作的时间节点、后评价的范围、生产规模、建设内容与可研有无变化都是需要收集了解的，对于经济评价来说，既然是与可行性研究相关数据作对比，就需要收集项目最终版的可行性研究报告，从中能够获得当初的投资估算表和经济评价相关评价依据及计算结果，这些数据将作为进行对比分析的参照物。同时需要收集工程竣工决算书和会计师事务所出具的工程竣工决算审计报告，以及从项目投产到后评价时点的企业各年年度财务报表，包括资产负债表、利润及利润分配表、主营业务利润明细表、主营业务成本明细表、制造费用表、销售费用表、管理费用表、财务费用表等，从中提取出企业实际发生的经营数据，进行经济效益测算并据此预测未来。另外，项目的建设起讫时间、各年份的投资用款计划、资金的实际筹措和偿还方式、借贷利率以及到位时间也都是需要了解的。

取得所有相关的基础数据之后并不能直接使用，还需要进行相应的处理后才能应用于后评价。因为采用前后对比法要注意前后对比数据的可比性，当对比数据内涵或口径不一致时应进行适当调整使其具备可比性，否则因对比口径不一致比较结果将没有意义或带来误导。虽然经济评价成本费用的表式和企业实务大体相同，但在分类上并不需要严格遵循财务会计的原则，它是基于管理会计的原理，出于计算简便清晰和可比性，允许对相关内容进行适当简化、合并，这并不影响最终的总成本费用，而企业实务所形成的财务报表依据的是财务会计准则，其要求必须严格执行有关规范，即使内容相同，如果发生的场所不同就要归集在不同的栏目。两种会计统计方法的差异对于比较分析会带来一些麻烦，需要根据管理会计的原则进行调整处理。

比如，对于人工成本，在可行性研究经济分析中我们将项目全部工资福利费用汇总在一起，以工资与福利项目在总成本费用表中列出，其计算依据一般根据工人和技术管理人员的定员及相应人均年工资福利水平进行计算，这既包含实付的工资，也包含企业为员工实际支付的保险及公积金等，而在企业的实际财务报表中，全厂的工资福利费用却根据岗位的不同分列在不同的财务报表相关栏目里，比如直接生产人员工资列在主营业务成本表中的直接人工项目下，车间管理人员工资福利列在制造费用项目下，厂部管理人员工资福利和保险及公积金等列在管理费用项目下，销售人员工资有时被列在销售费用项目下，如果没有对这些报表数据进行处理，直接将可行性研究工资福利费用与报表里的直接人工费用相比较，由于内涵不一致必然带来不可比性，如果不加以分析武断地认为可研经济分析工资福利费用高估，那必然带来结论的谬误。适当的做法应该是将分散在企业不同报表中的有关工资福利费用提取出来汇总到一起，再进行相关比较，这样才具有实际意义，判断工资福利究竟是高估还是低估。同样，企业实际发生的全部折旧费用也分散在不同的财务报表中，同样需要进行处理。在可行性研究经济分析中大修理费用是在总成本费用表中单列的，而在企业实务中，常被列在管理费用栏目之下，要进行对比也需要将其提取出来。对于企业实际财务报表，其中与可研经济评价相对应的其他制造费用、其他管理费用、销售费用都应该剔除工资福利、折旧、修理费用等非相关数据，使两者内涵一致后才有比较的价值。

9.2.3 投资分析

在后评价阶段，项目基本建设已经完成，由施工建设转入生产运营，与可行性研究投资估算时存在较大的不确定性相比，此时投资已经发生，其每一项组成（建设投资、资金筹措费、流动资金）都存在确定数，都能与可研阶段数据进行一一对比，分析其差异。例如对于建设投资，可以更进一步将其分解为固定资产和无形资产，分别与可研数据相对比；对于固定资产，还可以进一步细化为不同单元的投资与原可研估算比较，分析其差异并探究其原因；对于每个单元，又可再分解为建筑工程投资、设备投资、材料与安装工程投资，每个细项分别与采购和施工相关联，通过比较，可以了解当初哪些内容在可研阶段被高估，哪些部分预计不足，进而可以分析出各分项费用超支或节约的数量和具体原因，这些分析有助于指导下一个项目的投资估算。

表 9－2　项目竣工决算投资构成表

序　号	工程或费用名称	规模或主要工程量	决算价格/万元						占投资百分比/%	备注
			设备购置费	主要材料费	安装费	建筑工程费	其他	合计		
一	建设投资									
1	固定资产投资									
1.1	工程费									
1.1.1	生产装置									

续表

序　号	工程或费用名称	规模或主要工程量	决算价格/万元						占投资百分比/%	备注
			设备购置费	主要材料费	安装费	建筑工程费	其他	合计		
1.1.1.1	A生产装置									
1.1.1.2	B生产装置									
1.1.2	总图运输									
1.1.3	储运工程									
1.1.4	公用工程									
1.1.5	辅助工程									
1.1.6	场外工程									
1.2	固定资产其他费用									
1.2.1	××费用									
1.2.2	××费用									
2	无形资产									
2.1	××费用									
3	其他资产						所得税后			
3.1	××费用						所得税后			
4	预备费						所得税后			
二	资金筹措费						所得税后			
三	铺底流动资金									
	项目总投资									

表9-3　投资变化对比表

单位：万元

序　号	工程或费用名称	可研投资估算	初步设计概算	竣工决算	决算与估算比较		决算与概算比较	
					增减/(+/-)	增减幅度/%	增减/(+/-)	增减幅度/%
		①	②	③	③-①	(③-①)/①	③-②	(③-②)/②
一	建设投资							
1	固定资产投资							
1.1	工程费							

续表

序号	工程或费用名称	可研投资估算	初步设计概算	竣工决算	决算与估算比较		决算与概算比较	
					增减/(+/−)	增减幅度/%	增减/(+/−)	增减幅度/%
		①	②	③	③−①	(③−①)/①	③−②	(③−②)/②
1.1.1	生产装置							
1.1.1.1	A生产装置							
1.1.1.2	B生产装置							
1.1.2	总图运输							
1.1.3	储运工程							
1.1.4	公用工程							
1.1.5	辅助工程							
1.1.6	场外工程							
1.2	固定资产其他费用							
1.2.1	××费用							
1.2.2	××费用							
2	无形资产							
2.1	××费用							
3	其他资产							
3.1	××费用							
4	预备费							
二	建设期利息							
三	铺底流动资金							
四	项目总投资							
	其中：外汇							

表9-4 工程费变化对比表

单位：万元

序号	工程或费用名称	可研投资估算	初步设计概算	竣工决算	决算与估算比较		决算与概算比较	
					增减/(+/−)	增减幅度/%	增减/(+/−)	增减幅度/%
		①	②	③	③−①	(③−①)/①	③−②	(③−②)/②
	工程费							
	其中：外汇							
1	生产装置							

续表

序　号	工程或费用名称	可研投资估算	初步设计概算	竣工决算	决算与估算比较		决算与概算比较	
					增减/（+/−）	增减幅度/%	增减/（+/−）	增减幅度/%
		①	②	③	③−①	(③−①)/①	③−②	(③−②)/②
	其中：外汇							
1.1	A生产装置							
	其中：外汇							
1.1.1	设备购置费							
1.1.2	主要材料费							
1.1.3	安装工程费							
1.1.4	建筑工程费							
1.2	B生产装置							
	其中：外汇							
1.2.1	设备购置费							
1.2.2	主要材料费							
1.2.3	安装工程费							
1.2.4	建筑工程费							
2	总图运输							
3	储运工程							
4	公用工程							
5	辅助工程							
6	场外工程							
	…							

根据决算投资在建设期不同年份的使用数额可以计算出其在不同建设年份的用款比例，将其与可研数据相比较，可以了解不同年份投资的变动情况。

表 9－5　估算与决算资金使用比较表　　单位：万元

序　号	项　　目	第一年	第二年	第三年	…	合计
1	可行性研究：					
1.1	建设投资					
1.2	建设期利息					
1.3	流动资金					
1.4	合计					

续表

序　号	项　　目	第一年	第二年	第三年	…	合计
1.5	投资比率/%					
2	决算：					
2.1	建设投资					
2.2	建设期利息					
2.3	流动资金					
2.4	合计					
2.5	投资比率/%					
3	增减/(+/-)：					
3.1	建设投资					
3.2	建设期利息					
3.3	流动资金					
3.4	合计					

9.2.4　融资分析

在项目可行性研究阶段一切都是基于预测和假设，融资方式也是如此，使用较多融资方式的是预计部分采用权益资金(上级公司拨款、上市公司募集、公司留存收益和累计折旧等)，剩余部分较多的是商业银行贷款或股东贷款、债券等；到项目进入实施阶段，随着情况的变化，有时项目实际融资方案会发生变化，或者是融资方式、对象、比例、资金成本、资金到位时间都可能发生变化，就资金成本而言，现在商业银行贷款利率根据不同贷款对象和银行自身风险控制水平等因素都是可以上下浮动的，这需要未来银企通过谈判协商来确定，而在可研前期工作阶段，工作深度尚未进展到这一步，在无法确定实际利息率和贷款方式的情况下往往采用商业银行的基准利率来暂时代替；从时间上来说，由前期可研到项目开始建设有一个过程，期间随着经济形势的变化贷款利率可能发生调整，这都会影响到最终的实际资金成本。在后评价中应该对实际的融资情况进行分析，说明资金的实际来源、融资成本和到位情况，分析其变化情况、发生原因和对项目的影响，并通过文字、数据或图表方式将其与可研融资方案进行对照，既可以分析不同资金来源的前后变化情况，也可以分析各来源部分占投资额的比率变化情况，说明其影响(见表9-6)。

表9-6　资金来源对比表

序　号	项　　目	可　研	决　算	增减/(+/-)	增减幅度/%
1	新增注册资金				
2	商业银行贷款				
	其中：长期贷款				
	短期贷款				

续表

序　号	项　　目	可　研	决　算	增减/(+/-)	增减幅度/%
3	其他自有资金				
4	合计				

9.2.5　建设周期分析

经济评价中所谈论的建设期可能与项目计划所谈论的建设期有所不同，后者会把从前期工作、基础设计、详细设计、施工建设到建成试生产的整个过程都归入建设期，而在经济评价中整个评价周期划分为建设期和生产期两部分，基于动态分析资金具有时间价值的概念，应该根据折现对现金流的影响来考虑建设期应该从什么时候开始计算，所以在经济评价中建设期的起始点应以建设投资中大笔资金开始使用作为起点，如建设场地动土打桩或长周期设备开始订购等，对于前期工作等所发生的小额费用可以简化合并到建设期。

项目实施实际的建设周期和可研预计的建设期可能会有所差异，但时间就是金钱，早投产早出效益，建设期久拖不决必然对项目效益带来负面影响，通过对比分析，可以探究引起工期缩短或延长的原因，总结经验教训以指导未来工作。

9.2.6　目标实现程度分析

项目建设的出发点是根据市场需求建设生产装置，根据设计消耗定额组织生产合格产品，向市场提供预计数量的相关产品并创造相应效益。

是否能够达到设计产量取决于两方面的因素，一个是从技术上是否可行，也就是是否具有按照设计消耗定额生产预计数量的相关产品的能力；另一个是在具有这种生产能力的前提下，能否实现这种生产能力，实现预计的年产量和销售量(这涉及原料的及时足量供应、产品的市场销售以及实际价格变动导致的是否有利可图)，这些都是我们在后评价中需要关注、比较和探究原因的。

对于前者，可以通过试运行对装置物耗、能耗的设计值和考核值的对比数据来衡量，该数据可以说明装置是否达到了设计能力，工程技术上有无缺陷；对于后者，可通过投产后实际年度产量或销售量与设计值对比来体现，它受制于当初对原料供应、市场判断、市场价格、利润水平等预测的准确性。如果发生较大偏差，应分析导致问题发生的主要原因，判断究竟是偶然性、临时性的还是长期性、系统性的，总结经验与教训，提出对策和建议。

表 9-7　各装置产能、产量、物耗、能耗对比表

装置名称：

序号	项　　目	单位	可研值	设计值	考核值	实　际　生　产		
						投产第一年	…	后评价年
一	装置规模							
二	××产品产量							
三	原料消耗							

续表

序号	项　目	单位	可研值	设计值	考核值	实际生产		
						投产第一年	…	后评价年
1	原料 1							
2	原料 2							
四	辅助材料消耗							
1	化学品 1							
2	化学品 2							
五	催化剂消耗							
六	公用工程消耗							
1	新鲜水							
2	脱离子水							
3	凝结水							
4	循环水							
5	电							
6	蒸汽(3.5 MPa)							
7	蒸汽(1.0 MPa)							
8	压缩空气							
9	氮气							
10	氧气							
11	燃料							
七	冷量							
八	能耗							

9.2.7　成本费用分析

和前期可行性研究经济评价一样，在后评价阶段，采用同样的方法对项目进行经济评价。所不同的是，在后评价时点之前，采用已经发生的实际数据，在后评价时点之后，采用基于实际值对之后年份所做的预测性数据(如产品、原辅材料及公用工程、工资福利、修理费用、其他制造、管理费用、销售费用等)。对于折旧，后评价时点之前采用已经发生的企业年报等实际数据，后评价时点之后根据固定资产原值、折旧年限和残值率计算年折旧费，直至固定资产净值达到根据残值率计算的残值额；财务费用和可行性研究计算方法会有所不同，在可研阶段由于贷款方式、利率未定，一般采用最大还款能力(可用于还款的折旧摊销和提取公积金后的税后利润)进行借款偿还和利息计算，项目实施后一般利率和还款方式已经确定，因此按照实际情况较多采用若干年等额还款的方式进行还本付息，同时借款额较可研也会有变化，据此计算出的利息在生产期计入财务费用。在后评价时点之前，财务费用取企业财务费用的实际发生额，和可研经济评价只计算利息支出不同，企业财务报表中可能还包括利息收入和汇兑损益等有关内容，而在评价时点之后的财务费用预测数据一般只计算利息支出，其他内容由于存在很大的不确定性，因此不予考虑。

测算后将后评价的总成本费用中各组成部分与可研报告中有关科目相对比，了解相互之间的差异，总结适当的费用计取标准，为未来其他可研经济评价工作提供借鉴。

表 9-8　总成本费用计算表

单位：万元

序号	项　　目	评价时点之前采用实际数据			评价时点之后采用预测数据		
		××年	××年	××年	××年	××年	××年
1	制造成本						
1.1	外购原材料						
1.2	外购燃料及动力						
1.3	工资与福利						
1.4	制造费用						
1.4.1	折旧费						
1.4.2	修理费						
1.4.3	其他制造费用						
2	销售费用						
3	管理费用						
3.1	摊销费						
3.2	其他管理费用						
3.3	固定资产保险费						
3.4	安全生产费						
4	财务费用						
4.1	利息支出						
4.1.1	建设投资贷款利息						
4.1.2	流动资金贷款利息						
4.1.3	短期贷款利息						
5	**总成本费用(1+2+3+4)**						
	其中：折旧						
	摊销费						
	利息支出						
6	**经营成本**						

续表

序号	项 目	评价时点之前采用实际数据			评价时点之后采用预测数据		
		××年	××年	××年	××年	××年	××年
7	固定成本						
8	可变成本						

9.2.8 效益、税费分析

对于石油化工建设项目来说，所涉及的原料和产品多来源于原油，原油价格决定了其裂解产品石脑油的价格，而石脑油价格又影响着作为生产石化产品之母的乙烯、丙烯等主要原料的价格，石脑油价格变化会快速传递影响乙烯丙烯价格，下游各种石化原料和产品多是由乙烯丙烯原料衍生而来，这就造成“牵一发而动全身”，原油价格的波动会带来几乎所有下游原料产品价格的变化。因此石油化工建设项目进行经济评价时，价格体系除了采用当前价格或过去数年的历史平均价格之外，往往也会采用不同国际原油价格水平所对应的石化产品预测价格，如采用与英国北海布伦特原油40、50、60、80美元/桶等相对应的石化产品测算价格进行效益测算。受经济周期、供需关系、地缘政治、商品投机、资源替代等诸多因素的影响，近年来国际原油价格大幅波动，这导致下游石化原料和产品价格变化较大，石油化工建设项目从可行性研究到项目建成投产，短则一两年，长则可能三四年甚至更久，尤其是大型项目前期工作和建设周期都非常长，当项目投产时原料产品的实际价格与可研阶段选取的价格相比可能偏差非常大，这时单纯比较后评价与可研的销售收入或原料成本可能没有太大的意义，但产量、物耗、能耗等指标之间仍具有可比性，价格虽然在波动，但主要原料和产品之间的价差导致的利润水平变化也是我们需要密切关注的，这会影响投资回报。所以不能仅仅从收入或成本单方面进行比较，而是应该关注两者所带来的利润水平变化。

近年来国家经济政策在不断发生变化，利率、汇率、税率如增值税、消费税、所得税、税金及附加等在后评价时期与可研阶段所取数据相比可都会有差异，后评价可以分析这种差异对项目效益的影响。

表9-9 营业收入、营业税金及附加计算表

序号	项 目	单位	评价时点之前采用实际数据			评价时点之后采用预测数据		
			××年	××年	××年	××年	××年	××年
	生产负荷							
1	营业收入							
1.1	产品1							
	数量							
	单价							
1.2	产品2							
	数量							

续表

序号	项　　目		评价时点之前采用实际数据			评价时点之后采用预测数据		
		单位	××年	××年	××年	××年	××年	××年
	单价							
	…							
2	增值税							
2.1	销项税款							
2.2	进项税款							
3	税金及附加							
3.1	消费税							
3.2	城市维护建设税							
3.3	教育费附加							

表 9-10　利润与利润分配表

单位：万元

序号	项　　目	评价时点之前采用实际数据			评价时点之后采用预测数据		
		××年	××年	××年	××年	××年	××年
1	营业收入						
2	税金及附加						
3	总成本费用						
4	利润总额						
5	弥补上一年度亏损						
6	应纳税所得额						
7	所得税						
8	税后利润						
9	法定盈余公积金						
10	可供分配利润						
11	利润分配						
12	未分配利润						
13	累计未分配利润						

9.2.9　不确定性分析

和前期工作可行性研究阶段相比，进行项目后评价时很多工作已经实施完成，一些以前的不确定性已经变成了确定性，如项目的建设成本、建设周期、分年用款计划、资金筹措方式、资金成本、借款偿还方式、已投产年份的产量、价格和成本费用等，但后评价仍涉及评价时点以后年份的生产数据，这些都是基于前几年的实际生产数据对未来进行预测的，既然是尚未发生的预测性数据，就存在一定的不确定性，如生产负荷、产品和原料价格、进口原料汇率等的变化，可以就存在的不确定性对项目效益的影响进行分析，计算临界点或临界值，分析其敏感性，提示未来的关注重点。

表 9－11　敏感性分析表

序号	影响因素	变化幅度	内部收益率	敏感系数	临界点/%	临界值
	基本方案					
1	产品产量(生产负荷)	10%				
		5%				
		−5%				
		−10%				
2	产品价格	10%				
		5%				
		−5%				
		−10%				
3	原料价格	10%				
		5%				
		−5%				
		−10%				
4	汇率	10%				
		5%				
		−5%				
		−10%				

附录一　石油化工建设项目投资估算及经济评价案例

某公司新建 2 万吨/年某装置项目可行性研究投资估算及经济评价。

一、投资估算及资金筹措

（一）投资估算的范围和依据

1. 投资估算范围

本投资估算为某公司新建 2 万吨/年某装置项目的可行性研究报告的投资估算。装置采用某公司提供的工艺包，估算内容包括装置红线范围内生产设备、管道及公用工程。

2. 投资组成

本项目工程总投资（不含税）为 5 763 万元，其中建设投资 4 728 万元，建设期资金筹措费 87 万元，流动资金 948 万元。

2 万吨/年某装置项目建设的投资估算见表 1。

3. 投资估算的主要文件依据

（1）某集团公司《石油化工建设项目可行性研究报告编制规定》；

（2）某集团公司《石油化工建设项目可行性研究投资估算编制办法》；

（3）某集团公司《石油化工建设项目工程建设费用定额》；

（4）某集团公司《石油化工建设项目建筑安装工程估算指标》；

4. 固定资产估算依据

工程费用按照相关专业提供的主要工程量，按可研投资估算编制办法、估算指标进行计算。

5. 固定资产其他费用估算依据

（1）建设管理费按某集团公司《石油化工建设项目工程建设费用定额》的相关规定计取。

（2）工程建设监理费按国家发展改革委员会、建设部《建设工程监理与相关服务收费管理规定》（发改价格〔2007〕670 号文）的相关规定计取。

（3）临时设施费按某集团公司《石油化工建设项目工程建设费用定额》的相关规定计取。

（4）环境影响评价费及验收费、安全预评价费及验收费、职业病危害预评价及控制效果评价费按地方有关规定计算。

（5）可行性研究报告编制费按国家计划委员会《建设项目前期工作咨询收费暂行规定》（计价格〔1999〕1283 号）的相关规定计取。

（6）勘察设计费按国家计划委员会、建设部《工程勘察设计收费管理规定》（计价格〔2002〕10 号）的相关规定计取。

（7）进口设备材料国内检验费、设备采购技术服务费按某集团公司《石油化工建设项目工程建设费用定额》的相关规定计取。

表1 投资估算表

	投资估算表		
		项目号：*********	
		文件号：******	
		单位：万元	
编制	******	项目名称	******公司	设计阶段	可行性研究	修改
校核	******	概算类别		专业名称		
审核	******	主项名称	新扩建 2 万吨/年某装置	分项名称		

序号	单元号或主项号	工程项目或费用名称	规模或主要工程量	概算价格/万元						占投资/%	含外币金额/万美元	备注	修改
				设备购置费	主要材料费	安装费	建筑工程费	其他费	合计				
		总投资(含增值税)		3 500.85	555.00	468.50	9.44	1 875.06	6 408.86				
		总投资(不含增值税)		3 028.50	476.99	425.91	8.58	1 822.81	5 762.79				
一		建设投资		3 028.50	476.99	425.91	8.58	787.93	4 727.91				
(一)		固定资产投资		3 028.50	476.99	425.91	8.58	520.31	4 460.29				
1		工程费用		3 028.50	476.99	425.91	8.58		3 939.98				
1.1		构筑物					8.45		8.45				
1.2		静置设备		1 271.94	33.36	172.84			1 478.13				
1.3		机械设备		751.80	0.00	30.49			782.30				
1.4		工艺管道			297.06	122.06			419.12				
1.5		电气		256.90	0.00	7.89			264.79				
1.6		自控仪表		747.85	146.58	79.28			973.71				
1.7		安全生产费				13.34	0.13		13.47				

续表

序号	单元号或主项号	工程项目或费用名称	规模或主要工程量	概算价格/万元						占投资/%	含外币金额/万美元	备注	
				设备购置费	主要材料费	安装费	建筑工程费	其他费	合计				
2		固定资产其他费						520.31	520.31				
2.1		工程建设管理费						159.27	159.27				
2.2		工程建设监理费						98.17	98.17				
2.3		临时设施费						16.15	16.15				
2.4		环境影响评价费及验收费						9.43	9.43				
2.5		安全预评价费及验收费						14.15	14.15				
2.6		职业病危害预评价及控制效果评价费						9.43	9.43				
2.7		可行性研究报告编制费						29.86	29.86				
2.8		工程设计费						174.30	174.30				
2.9		进口设备材料国内检验费						2.56	2.56				
2.10		设备采购技术服务费						6.97	6.97				
（二）		无形资产投资											
（三）		其他资产投资											

续表

序号	单元号或主项号	工程项目或费用名称	规模或主要工程量	概算价格/万元						占投资/%	含外币金额/万美元	备注	
				设备购置费	主要材料费	安装费	建筑工程费	其他费	合计				
（四）		预备费						267.62	267.62				
1		基本预备费						267.62	267.62				
2		价差预备费											
二		增值税		472.35	78.01	42.59	0.86	52.26	646.07				
三		建设期资金筹措费						86.90	86.90				
四		流动资金						947.98	947.98				

6. 预备费估算依据

预备费按某集团公司《石油化工建设项目工程建设费用定额》的规定，取值为6%。

（二）融资组织形式选择

本项目为某公司2万吨/年某装置建设项目，其融资组织形式为既有法人融资。

（三）资金来源及资金筹措

本项目共需筹集资金5 763万元，资金来源渠道主要有项目法人自有资金及国内商业银行的信贷资金。

本项目资本金暂定为报批总投资的30%，符合国家对项目运作资本金出资的最低要求。金额为1 530万元，拟由某公司用企业利润、折旧等解决。其中建设投资1 245万元，其余资本金被用于流动资金284万元（全额流动资金的30%）。资本金以外的资金，全部按信贷融资方式考虑，共计3 569万元。按国内商业银行贷款考虑。

（四）债务资金筹措

本项目债务资金总计4 233万元，其中建设投资贷款3 569万元，流动资金贷款664万元。

1. 建设投资贷款

贷款额为3 569万元，按最新颁布固定资产贷款名义年利率4.9%（大于5年）执行。根据上述建设投资的贷款来源，按建设期1年计算，共发生建设期资金筹措费87万元。

2. 流动资金贷款

流动资金贷款拟从国内银行借入人民币解决，贷款金额为664万元，贷款名义年利率为4.35%。

二、经济评价

本项目名称为某公司新建2万吨/年某装置项目，项目的经济评价是以国家现行的法规、文件和有关财税制度为依据编制的。在编制中使用增量法，根据企业产品及使用的原材料、辅助材料等的近三年的市场平均价测算项目的增量效益和费用，计算项目的技术经济指标以考察项目的获利能力和清偿能力，判断项目的经济合理性。

（一）财务评价依据、基础数据与参数

1. 财务评价依据的主要经济法规和文件

(1)《企业会计准则》；

(2)《企业会计制度》（财会〔2000〕25号）；

(3) 国家发展改革委员会、建设部《建设项目经济评价方法与参数（第三版）》；

(4) 某集团公司《石油化工建设项目可行性研究报告编制规定》。

2. 财务评价基础数据与参数

(1) 固定资产折旧年限及折旧方式

本项目固定资产折旧采用直线折旧法，建、构筑物平均折旧年限为20年；机器设备为12年。

(2) 固定资产预计净残值率

本项目固定资产折旧残值率按3%计算。

(3) 修理费计取方式或费率

本项目修理费暂按固定资产原值（扣除建设期资金筹措费）的3.5%计算。

(4) 投入物、产出物价格

本项目主要原料及产品价格按照某公司近三年平均采购和销售价格计算；外购燃料、动力价格

根据与开发区公用工程供应单位的长期合同供应价计算。原料、产品及公用工程价格详见表 2:

表 2　原料、产品及公用工程价格(含税价)

序　号	名　　称	单　位	经济效益测算价(近三年)
一	外购原料		
1	主要原料 b	元/吨	9 284
2	主要原料 a	元/吨	7 616
二	外购动力		
1	高压蒸气(变动价格)	元/吨	138.30
2	中压蒸气(变动价格)	元/吨	136.03
3	低压蒸气(变动价格)	元/吨	135.72
4	工业水(变动价格)	元/吨	0.46
5	电	元/度	0.67
6	生活水	元/吨	2.29
7	天然气	元/标准立方米	2.30
8	氮气(变动价格)	元/标准立方米	0.16
9	仪表空气(变动价格)	元/标准立方米	0.79
三	外售商品		
1	主要产品 A	元/吨	11 036
2	主要产品 B	元/吨	7 166

(5) 项目投产期及正常生产年份的生产负荷安排

本经济分析项目生产期按 15 年进行计算。投产第一年生产负荷均按 100%计算。

(6) 定员、职工工资及福利费计取标准

本项目不考虑新增加定员。

(7) 无形资产、其他资产摊销年限

无形资产在投产后 10 年内等额摊销。其他资产在投产后 5 年内等额摊销。

(8) 其他制造费用、其他管理费用

本项目其他制造费用按 309 万元/年计算。另计算排污费,污水排放变动费按 15.64 元/吨计,COD 排放费按 2.56 元/千克 COD 计。

(9) 营业费用或费率

本项目营业费用率暂按销售收入的 0.5%计取。

(10) 财务费用

财务费用为生产期所发生的建设投资贷款利息和流动资金贷款利息之和。

(11) 增值税

根据中华人民共和国国务院第 134 号令《中华人民共和国增值税暂行条例》及其实施细则,按以下方法计算增值税:按销项税款—进项税款进行计算。增值税税率按最新税率计,除水和蒸汽、天然气增值税税率按10%外，其他产品增值税税率均按16%进行计算。

(12) 销售税金及附加

本项目销售税金及附加由城市维护建设税和教育费附加构成。根据有关规定，城市维护建设税按增值税的7%计取，教育费附加按增值税的5%计取。

(13) 企业所得税

根据有关规定，本项目暂按25%税率计征企业所得税。

(14) 还款资金来源及还款方式

本项目暂按最大还款能力进行借款偿还，还款资金由税后利润(扣除公积金)、折旧费和摊销费组成。

(15) 项目计算期

本项目按建设期一年，生产运营期十五年进行测算。

(16) 财务基准收益率及折现率

财务基准收益率为10%，本项目分别以此折现率计算项目净现值。

(17) 利润及利润分配

本项目税后利润在提取10%法定盈余公积金后剩余部分用于借款偿还，在还清借款后暂按全部进行利润分配考虑。

(二) 成本费用估算及分析

项目生产运营期的平均年总成本费用为18 145万元/年。以满负荷生产年完全成本进行分析，原料a占总成本的45.5%；原料b占总成本的29.5%；由此可见原料a、b合计占总成本的75.0%；其对成本影响巨大，对其价格变化应特别关注。从成本和费用估算表中可看出，可变成本占总成本费用的94.8%左右，故控制原材料成本仍然是企业降本增效的关键之一。

(三) 财务指标计算与效益分析

1. 效益及财务指标计算

(1) 产品销售收入计算

本项目整个生产运营期的平均年营业(销售)收入为19 410万元，其中主要产品A、B营业收入19 314万元，副产品营业收入96万元。

(2) 增值税和税金及附加的计算

整个生产运营期的平均年增值税为424万元，税金及附加为51万元。

(3) 损益计算

根据有关计算，项目投产后平均年利润总额为790万元，所得税为198万元，税后利润为593万元。

(4) 偿债能力分析

本项目暂按最大还款能力进行偿债能力分析。根据计算，当项目以最大还款能力(全部折旧、摊销和提取公积金后的税后利润)还款时，项目借款偿还期为5.43年(含建设期)。

(5) 现金流量分析

① 项目财务内部收益率

项目财务内部收益率是考察确定项目融资方案前(未计算借款利息)且在所得税前整个项目的盈利能力，通过计算可知本项目所得税前财务内部收益率为19.83%，相应所得税后财务内部收益率为15.62%。

② 资本金收益率

资本金收益率是以项目资本金(自有资金)为计算基础,考察所得税后资本金可能获得的收益水平。通过计算可知本项目所得税后资本金收益率为24.13%。

③ 财务净现值

财务净现值是评价项目盈利能力的绝对指标,它反映项目在满足按设定折现率要求的盈利之外,获得的超额盈利的现值。在设定的折现率(ic=10%)条件下,本项目所得税前的财务净现值为3 173万元,所得税后的财务净现值为1 755万元。

④ 投资回收期

投资回收期指以项目的净收益偿还项目全部投资所需要的时间。本项目投资回收期(所得税前)为5.91年(含建设期),投资回收期(所得税后)为6.92年(含建设期)。

2. 财务分析

(1) 盈利能力

项目所得税后财务内部收益率为15.62%,高于基准收益率,满足集团公司对项目投资的盈利需求,由此可见整个项目具有一定的盈利能力,具有一定的投资价值。

项目资本金收益率为24.13%,由此可见通过财务杠杆的运用,资本金获得了较高的收益水平。

项目所得税后投资回收期为6.92年(含1年建设期)。

项目的盈利能力指标表明项目有一定盈利能力。

(2) 偿债能力

从长期还贷指标来看,以最大还款能力计算,本项目借款偿还期为5.43年(含建设期)。这表明本项目具有一定的还款能力。前十年已获利息倍数(NTIE)为17.32,表明该项目可用于还本付息的资金偿还借款本息的保障系数较高。

从短期还贷看,流动比率和速动比率的系列指标表明该项目亦具备较强的清偿短期债务的能力。

(四) 不确定性分析

1. 盈亏平衡分析

以满负年数据进行盈亏平衡计算可知,本项目以生产能力表示的盈亏平衡点为66.90%,即当开工能力达到设计能力的66.90%时,本项目即可保本,由此可见本项目具有较强的抗风险能力。

2. 敏感性分析

在对此项目的分析中,选取内部收益率IRR为分析指标,确定产品售价、建设投资、可变成本作为变动因素对项目收益状况进行分析,具体数据结果见5.4节辅助报表8。

从辅助报表8可见,产品的售价、可变成本的变化对IRR的影响明显,建设投资变化对IRR的影响较小。

(五) 经济评价结论

按设定的基础数据进行计算,相应结果如表3所示。

从上述各项指标分析来看,本项目经济效益显著的原因如下:2万吨/年某装置项目,具有依托条件好、投资较少、见效快、效益好、优化地区资源配置的特点。本项目的建设,对于提升公司的整体经济效益有着极其重要的意义。

从经济评价角度来看,此项目经济效益显著,亦具有一定的抗风险能力。

表3　综合经济指标汇总表

序号	项　　目	单　位	指　标	说　明
一	财务评价数据			
0	新增职工人数	人	不增加	
1	项目总投资	万元	5 763	不含税
1.1	建设投资	万元	4 728	
1.2	投资方向税	万元	0	暂停征收
1.3	资金筹措费	万元	87	
1.4	流动资金	万元	948	
2	自有资金	万元	1 530	
3	年销售收入	万元/年	19 410	平均
4	销售税金及附加、增值税	万元/年	474	平均
5	成本费用	万元/年		平均
5.1	年总成本	万元/年	18 145	平均
5.2	年经营成本	万元/年	17 780	平均
6	利润			
6.1	年销售利润	万元/年	790	平均
6.2	年税后利润	万元/年	593	平均
6.3	年利税总额	万元/年	1 265	平均
6.4	所得税	万元/年	198	平均
7	年基本折旧	万元/年	302	平均
二	项目财务评价指标			
1	投资利润率	%	13.71%	
2	投资利税率	%	21.95%	
3	借款偿还期	年(含建设期)	5.43	
4	财务内部收益率(全部投资)	%	15.62%	税后
5	财务净现值(全部投资)	万元	1 755	税后
6	投资回收期(静态)	年(含建设期)	8.25	税后
7	财务内部收益率(自有资金)	%	24.13%	税后
8	财务净现值(自有资金)	万元	2 392	税后

表 4　投资估算表(一)

投资估算表

项目号：*********

文件号：*******

单位：万元

编制	******	项目名称	******公司	设计阶段	可行性研究	修改
校核	******	概算类别		专业名称		
审核	******	主项名称	新扩建 2 万吨/年某装置	分项名称		

序号	单元号或主项号	工程项目或费用名称	规模或主要工程量	概算价格/万元						占投资/%	含外币金额/万美元	备注	
				设备购置费	主要材料费	安装费	建筑工程费	其他费	合计				
		总投资(含增值税)		3 500.85	555.00	468.50	9.44	1 875.06	6 408.86				
		总投资(不含增值税)		3 028.50	476.99	425.91	8.58	1 822.81	5 762.79				
一		建设投资		3 028.50	476.99	425.91	8.58	787.93	4 727.91				
(一)		固定资产投资		3 028.50	476.99	425.91	8.58	520.31	4 460.29				
1		工程费用		3 028.50	476.99	425.91	8.58		3 939.98				
1.1		构筑物					8.45		8.45				
1.2		静置设备		1 271.94	33.36	172.84			1 478.13				
1.3		机械设备		751.80	0.00	30.49			782.30				
1.4		工艺管道			297.06	122.06			419.12				
1.5		电气		256.90	0.00	7.89			264.79				
1.6		自控仪表		747.85	146.58	79.28			973.71				
1.7		安全生产费				13.34	0.13		13.47				

续表

序号	单元号或主项号	工程项目或费用名称	规模或主要工程量	概算价格/万元						占投资/%	含外币金额/万美元	备注	
				设备购置费	主要材料费	安装费	建筑工程费	其他费	合计				
2		固定资产其他费						520.31	520.31				
2.1		工程建设管理费						159.27	159.27				
2.2		工程建设监理费						98.17	98.17				
2.3		临时设施费						16.15	16.15				
2.4		环境影响评价费及验收费						9.43	9.43				
2.5		安全预评价费及验收费						14.15	14.15				
2.6		职业病危害预评价及控制效果评价费						9.43	9.43				
2.7		可行性研究报告编制费						29.86	29.86				
2.8		工程设计费						174.30	174.30				
2.9		进口设备材料国内检验费						2.56	2.56				
2.10		设备采购技术服务费						6.97	6.97				

表 5　投资估算表(二)

	投资估算表			项目号：********	
				文件号：******	
				单位：万元	
编制	******	项目名称	******公司	设计阶段	可行性研究
校核	******	概算类别		专业名称	
审核	******	主项名称	新扩建 2 万吨/年某装置	分项名称	

序号	单元号或主项号	工程项目或费用名称	规模或主要工程量	概算价格/万元						占投资/%	含外币金额/万美元	备注	修改
				设备购置费	主要材料费	安装费	建筑工程费	其他费	合计				
(二)		无形资产投资											
(三)		其他资产投资											
(四)		预备费						267.62	267.62				
1		基本预备费						267.62	267.62				
2		价差预备费											
二		增值税		472.35	78.01	42.59	0.86	52.26	646.07				
三		建设期资金筹措费						86.90	86.90				
四		流动资金						947.98	947.98				

表6　项目综合经济指标汇总表

序号	项　　目	单　位	指　标	说　明
一	财务评价数据			
1	新增职工人数	人	不增加	
2	项目总投资	万元	5 763	不含税
2.1	建设投资	万元	4 728	
2.2	投资方向税	万元	0	暂停征收
2.3	资金筹措费	万元	87	
2.4	流动资金	万元	948	
3	自有资金	万元	1 530	
4	年销售收入	万元/年	19 410	平均
5	销售税金及附加、增值税	万元/年	474	平均
6	成本费用	万元/年		平均
6.1	年总成本	万元/年	18 145	平均
6.2	年经营成本	万元/年	17 780	平均
7	利润			
7.1	年销售利润	万元/年	790	平均
7.2	年税后利润	万元/年	593	平均
7.3	年利税总额	万元/年	1 265	平均
7.4	所得税	万元/年	198	平均
8	年基本折旧	万元/年	302	平均
二	项目财务评价指标			
1	投资利润率	%	13.71%	
2	投资利税率	%	21.95%	
3	借款偿还期	年(含建设期)	5.43	
4	财务内部收益率(全部投资)	%	15.62%	税后
5	财务净现值(全部投资)	万元	1 755	税后
6	投资回收期(静态)	年(含建设期)	8.25	税后
7	财务内部收益率(自有资金)	%	24.13%	税后
8	财务净现值(自有资金)	万元	2 392	税后

表 7　财务现金流量表

单位：万元

序号	项　　目	1	2	3	4	5	6	7	8	9	10	11	12	13	14	15	16
		建设期	生产期	生产期	生产期	生产期	生产期	生产期	生产期	生产期	生产期	生产期	生产期	生产期	生产期	生产期	生产期
1	现金流入																
1.1	产品销售收入		19 410	19 410	19 410	19 410	19 410	19 410	19 410	19 410	19 410	19 410	19 410	19 410	19 410	19 410	19 410
1.2	回收固定资产和无形资产余值																283
1.3	回收流动资金																948
1.4	其他																
	小计		**19 410**	**19 410**	**19 410**	**19 410**	**19 410**	**19 410**	**19 410**	**19 410**	**19 410**	**19 410**	**19 410**	**19 410**	**19 410**	**19 410**	**20 641**
2	现金流出																
2.1	建设投资	4 728	0	0	0	0	0	0	0	0	0	0	0	0	0	0	0
2.2	流动资金		948	0	0	0	0	0	0	0	0	−0	−0	−0	0	0	0
2.3	经营成本		17 780	17 780	17 780	17 780	17 780	17 780	17 780	17 780	17 780	17 780	17 780	17 780	17 780	17 780	17 780
2.4	销售税金		474	474	474	474	474	474	474	474	474	474	474	474	474	474	474
2.5	所得税		196	196	196	196	196	196	196	196	196	196	196	196	282	282	282
2.6	其他																
	小计	**4 728**	**19 399**	**18 451**	**18 451**	**18 451**	**18 451**	**18 451**	**18 451**	**18 451**	**18 451**	**18 451**	**18 451**	**18 451**	**18 537**	**18 537**	**18 537**
3	净现金流量	−4 728	11	959	959	959	959	959	959	959	959	959	959	959	873	873	2 104
4	累计净现金流量	−4 728	−4 717	−3 758	−2 799	−1 840	−881	78	1 037	1 996	2 955	3 914	4 873	5 832	6 705	7 578	9 682
5	所得税前净现金流量	−4 728	207	1 155	1 155	1 155	1 155	1 155	1 155	1 155	1 155	1 155	1 155	1 155	1 155	1 155	2 386
6	累计所得税前净现金流量	−4 728	−4 521	−3 366	−2 211	−1 056	99	1 254	2 409	3 564	4 720	5 875	7 030	8 185	9 340	10 495	12 881

计算指标：	所得税后	所得税前
财务内部收益率：	15.62%	19.83%
财务净现值：(Ic=10%)	1 755 万元	3 173 万元
投资回收期：	6.92 年	5.91 年

表 8　财务现金流量表(自有资金)

单位：万元

序号	项　　目	1	2	3	4	5	6	7	8	9	10	11	12	13	14	15	16
		建设期	生产期	生产期	生产期	生产期	生产期	生产期	生产期	生产期	生产期	生产期	生产期	生产期	生产期	生产期	生产期
1	现金流入																
1.1	产品销售收入		19 410	19 410	19 410	19 410	19 410	19 410	19 410	19 410	19 410	19 410	19 410	19 410	19 410	19 410	19 410
1.2	回收固定资产和无形资产余值																283
1.3	回收流动资金																948
	小计		**19 410**	**19 410**	**19 410**	**19 410**	**19 410**	**19 410**	**19 410**	**19 410**	**19 410**	**19 410**	**19 410**	**19 410**	**19 410**	**19 410**	**20 641**
2	现金流出																
2.1	建设投资中自有资金	1 245	0	0	0	0	0	0	0	0	0	0	0	0	0	0	0
2.2	投资方向税																
2.3	流动资金中自有资金		284	0	0	0	0	0	0	0	0	0	0	0	0	0	0
2.4	借款本金偿还		760	786	812	840	372	0	0	0	0	0	0	0	0	0	664
2.5	借款利息支出		207	170	130	90	48	29	29	29	29	29	29	29	29	29	29
2.6	经营成本		17 780	17 780	17 780	17 780	17 780	17 780	17 780	17 780	17 780	17 780	17 780	17 780	17 780	17 780	17 780
2.7	销售税金		474	474	474	474	474	474	474	474	474	474	474	474	474	474	474
2.8	所得税		144	154	163	174	184	189	189	189	189	189	189	189	275	275	275
2.9	其他																
	小计	**1 245**	**19 651**	**19 364**	**19 361**	**19 358**	**18 859**	**18 473**	**18 473**	**18 473**	**18 473**	**18 473**	**18 473**	**18 473**	**18 559**	**18 559**	**19 222**
3	净现金流量	−1 245	−241	46	49	52	551	937	937	937	937	937	937	937	851	851	1 418
4	累计净现金流量	−1 245	−1 487	−1 440	−1 391	−1 339	−788	149	1 086	2 023	2 960	3 897	4 834	5 771	6 622	7 473	8 891

计算指标：

财务内部收益率：24.13%

财务净现值：(i_c=10%)2 392 万元

表 9　利润及利润分配表

单位：万元

序号	项　　目	2	3	4	5	6	7	8	9	10	11	12	13	14	15	16
		生产期	生产期	生产期	生产期	生产期	生产期	生产期	生产期	生产期	生产期	生产期	生产期	生产期	生产期	生产期
1	净销售收入	19 410	19 410	19 410	19 410	19 410	19 410	19 410	19 410	19 410	19 410	19 410	19 410	19 410	19 410	19 410
2	销售税金	474	474	474	474	474	474	474	474	474	474	474	474	474	474	474
3	总成本	18 358	18 320	18 281	18 241	18 199	18 180	18 180	18 180	18 180	18 180	18 180	18 180	17 837	17 837	17 837
4	税前利润	577	615	654	695	736	755	755	755	755	755	755	755	1 098	1 098	1 098
5	税前补亏额															
6	应税利润	577	615	654	695	736	755	755	755	755	755	755	755	1 098	1 098	1 098
7	所得税	144	154	163	174	184	189	189	189	189	189	189	189	275	275	275
8	税后利润	433	461	490	521	552	566	566	566	566	566	566	566	824	824	824
9	盈余公积金	43	46	49	52	55	57	57	57	57	57	57	57	82	82	82
10	可供分配的利润	389	415	441	469	497	510	510	510	510	510	510	510	741	741	741
10.1	应付利润	0	0	0	0	496	510	510	510	510	510	510	510	741	741	741
10.2	未分配利润	389	415	441	469	1										
11	累计未分配利润	389	804	1 246	1 715	1 716	1 716	1 716	1 716	1 716	1 716	1 716	1 716	1 716	1 716	1 716

表 10　财务计划现金流量表

单位：万元

序号	项　目	1	2	3	4	5	6	7	8	9	10	11	12	13	14	15	16	合计
		建设期	生产期	生产期	生产期	生产期	生产期	生产期	生产期	生产期	生产期	生产期	生产期	生产期	生产期	生产期	生产期	
1	**经营活动净现金流量**	**0**	**1 011**	**1 001**	**992**	**981**	**971**	**966**	**966**	**966**	**966**	**966**	**966**	**966**	**881**	**881**	**2 111**	**15 593**
1.1	现金流入	0	19 410	19 410	19 410	19 410	19 410	19 410	19 410	19 410	19 410	19 410	19 410	19 410	19 410	19 410	20 641	**292 377**
1.1.1	营业收入		19 410	19 410	19 410	19 410	19 410	19 410	19 410	19 410	19 410	19 410	19 410	19 410	19 410	19 410	19 410	**291 146**
1.1.2	增值税销项税额																	**0**
1.1.3	补贴收入																	**0**
1.1.4	其他收入																1 231	**1 231**
1.2	现金流出	0	18 399	18 408	18 418	18 428	18 439	18 443	18 443	18 443	18 443	18 443	18 443	18 443	18 529	18 529	18 529	**276 784**
1.2.1	经营成本		17 780	17 780	17 780	17 780	17 780	17 780	17 780	17 780	17 780	17 780	17 780	17 780	17 780	17 780	17 780	**266 703**
1.2.2	增值税进项税额																	**0**
1.2.3	营业税金及附加		51	51	51	51	51	51	51	51	51	51	51	51	51	51	51	**763**
1.2.4	增值税		424	424	424	424	424	424	424	424	424	424	424	424	424	424	424	**6 355**
1.2.5	所得税		144	154	163	174	184	189	189	189	189	189	189	189	275	275	275	**2 964**
1.2.6	其他支出																	**0**
2	**投资活动净现金流量**	**−4 815**	**−948**	**0**	**0**	**0**	**0**	**0**	**0**	**0**	**0**	**0**	**0**	**0**	**0**	**0**	**0**	**−5 763**
2.1	现金流入	0	0	0	0	0	0	0	0	0	0	0	0	0	0	0	0	0
2.2	现金流出	4 815	948	0	0	0	0	0	0	0	0	0	0	0	0	0	0	**5 763**
2.2.1	建设投资	4 815	0	0	0	0	0	0	0	0	0	0	0	0	0	0	0	**4 815**

续表

序号	项　目	1	2	3	4	5	6	7	8	9	10	11	12	13	14	15	16	合计
		建设期	生产期	生产期	生产期	生产期	生产期	生产期	生产期	生产期	生产期	生产期	生产期	生产期	生产期	生产期	生产期	
2.2.2	维持运营投资																	**0**
2.2.3	流动资金		948	0	0	0	0	0	0	0	0	0	0	0	0	0	0	**948**
2.2.4	其他流出																	**0**
3	**筹资活动净现金流量**	4 815	−20	−955	−943	−929	−916	−539	−539	−539	−539	−539	−539	−539	−770	−770	−1 434	**−5 695**
3.1	现金流入	4 815	948	0	0	0	0	0	0	0	0	0	0	0	0	0	0	**5 763**
3.1.1	项目资本金投入	1 245	284	0	0	0	0	0	0	0	0	0	0	0	0	0	0	**1 530**
3.1.2	建设投资借款	3 569	0	0	0	0	0	0	0	0	0	0	0	0	0	0	0	**3 569**
3.1.3	流动资金借款	0	664	0	0	0	0	0	0	0	0	0	0	0	0	0	0	**664**
3.1.4	债券																	**0**
3.1.5	短期借款																	**0**
3.1.6	其他流入																	**0**
3.2	现金流出	0	968	955	943	929	916	539	539	539	539	539	539	539	770	770	1 434	**11 458**
3.2.1	各种利息支出		207	170	130	90	48	29	29	29	29	29	29	29	29	29	29	**938**
3.2.2	偿还债务本金		760	786	812	840	372	0	0	0	0	0	0	0	0	0	664	**4 233**
3.2.3	应付利润		0	0	0	0	496	510	510	510	510	510	510	510	741	741	741	**6 287**
3.2.4	其他流出																	**0**
4	**净现金流量**	**0**	**43**	**46**	**49**	**52**	**55**	**427**	**427**	**427**	**427**	**427**	**427**	**427**	**110**	**110**	**677**	**4 135**
5	**累计盈余资金**	0	43	89	138	191	246	673	1 100	1 528	1 955	2 383	2 810	3 237	3 347	3 457	4 135	**25 333**

表11 资产负债表

单位：万元

序号	项目	1	2	3	4	5	6	7	8	9	10	11	12	13	14	15	16
		建设期	生产期	生产期	生产期	生产期	生产期	生产期	生产期	生产期	生产期	生产期	生产期	生产期	生产期	生产期	生产期
1	**资产**	**4 815**	**6 868**	**6 543**	**6 222**	**5 903**	**5 588**	**5 644**	**5 701**	**5 757**	**5 814**	**5 871**	**5 927**	**5 984**	**6 066**	**6 149**	**6 231**
1.1	流动资产总额	0	2 424	2 470	2 519	2 571	2 626	3 054	3 481	3 908	4 336	4 763	5 191	5 618	5 728	5 838	5 948
1.1.1	应收账款		1 617	1 617	1 617	1 617	1 617	1 617	1 617	1 617	1 617	1 617	1 617	1 617	1 617	1 617	1 617
1.1.2	存货		728	728	728	728	728	728	728	728	728	728	728	728	728	728	728
1.1.3	现金		35	35	35	35	35	35	35	35	35	35	35	35	35	35	35
1.1.4	累计盈余资金	0	43	89	138	191	246	673	1 100	1 528	1 955	2 383	2 810	3 237	3 347	3 457	3 567
1.2	在建工程	4 815															
1.3	固定资产净值		4 444	4 073	3 703	3 332	2 961	2 590	2 220	1 849	1 478	1 107	737	366	338	311	283
1.4	无形资产及其他资产净值		0	0	0	0	0	0	0	0	0	0	0	0	0	0	0
2	**负债及投资人权益**	**4 815**	**6 868**	**6 543**	**6 222**	**5 903**	**5 588**	**5 644**	**5 701**	**5 757**	**5 814**	**5 871**	**5 927**	**5 984**	**6 066**	**6 149**	**6 231**
2.1	流动负债总额	0	2 096	2 096	2 096	2 096	2 096	2 096	2 096	2 096	2 096	2 096	2 096	2 096	2 096	2 096	2 096
2.1.1	应付账款		1 433	1 433	1 433	1 433	1 433	1 433	1 433	1 433	1 433	1 433	1 433	1 433	1 433	1 433	1 433
2.1.2	流动资金借款		664	664	664	664	664	664	664	664	664	664	664	664	664	664	664
2.1.3	其他		0	0	0	0	0	0	0	0	0	0	0	0	0	0	0

续表

序号	项　　目	1	2	3	4	5	6	7	8	9	10	11	12	13	14	15	16
		建设期	生产期	生产期	生产期	生产期	生产期	生产期	生产期	生产期	生产期	生产期	生产期	生产期	生产期	生产期	生产期
2.2	建设投资借款	3 569	2 809	2 024	1 211	372	0	0	0	0	0	—0	—0	—0	—0	0	0
	负债合计	3 569	4 906	4 120	3 308	2 468	2 096	2 096	2 096	2 096	2 096	2 096	2 096	2 096	2 096	2 096	2 096
2.3	投资人权益	1 245	1 962	2 423	2 914	3 435	3 491	3 548	3 604	3 661	3 718	3 774	3 831	3 888	3 970	4 052	4 135
2.3.1	自有资金	1 245	1 530	1 530	1 530	1 530	1 530	1 530	1 530	1 530	1 530	1 530	1 530	1 530	1 530	1 530	1 530
2.3.2	累计盈余公积金		43	89	138	191	246	302	359	416	472	529	585	642	724	807	889
2.3.3	企业发展基金		0	0	0	0	0	0	0	0	0	0	0	0	0	0	0
2.3.4	累计未分配利润		389	804	1 246	1 715	1 716	1 716	1 716	1 716	1 716	1 716	1 716	1 716	1 716	1 716	1 716
	计算指标：																
1	资产负债率	0.74	0.71	0.63	0.53	0.42	0.38	0.37	0.37	0.36	0.36	0.36	0.35	0.35	0.35	0.34	0.34
2	流动比率		1.16	1.18	1.20	1.23	1.25	1.46	1.66	1.86	2.07	2.27	2.48	2.68	2.73	2.78	2.84
3	速动比率		0.81	0.83	0.85	0.88	0.91	1.11	1.31	1.52	1.72	1.92	2.13	2.33	2.39	2.44	2.49

表 12　总 估 算 表

单位：万元

序号	工程或费用名称	建筑工程	估算价值 设备购置	安装工程	其他费用	合　计	含外币/ 万美元
一	建设投资	9	3 505	426	788	4 728	0
1	固定资产费用	9	3 505	426	520	4 460	
1.1	工程费用	9	3 505	426		3 940	
1.2	其他固定资产费用	0	0	0	520	520	
2	无形资产费用	0	0	0		0	
3	递延资产费用	0	0	0		0	
4	预备费、价差				268	268	
二	投资方向税				0	0	
三	资金筹措费				87	87	
四	流动资金				948	948	
	共计	9	3 505	426	1 823	5 763	0

表 13　流动资金估算表

单位：万元

序号	项　　目	周转期	周转次数	2	3	4	5	6	7	8	9	10	11	12	13	14	15	16
				生产期	生产期	生产期	生产期	生产期	生产期	生产期	生产期	生产期	生产期	生产期	生产期	生产期	生产期	生产期
1	**流动资产**			**2 381**	**2 381**	**2 381**	**2 381**	**2 381**	**2 381**	**2 381**	**2 381**	**2 381**	**2 381**	**2 381**	**2 381**	**2 381**	**2 381**	**2 381**
1.1	应收账款	30	12	1 617	1 617	1 617	1 617	1 617	1 617	1 617	1 617	1 617	1 617	1 617	1 617	1 617	1 617	1 617
1.2	存货			728	728	728	728	728	728	728	728	728	728	728	728	728	728	728
1.2.1	原、辅材料	10	36	334	334	334	334	334	334	334	334	334	334	334	334	334	334	334
1.2.2	动力费用	0		0	0	0	0	0	0	0	0	0	0	0	0	0	0	0
1.2.3	在产品	3	120	147	147	147	147	147	147	147	147	147	147	147	147	147	147	147
1.2.4	产成品	5	72	247	247	247	247	247	247	247	247	247	247	247	247	247	247	247
1.3	现金	30	12	35	35	35	35	35	35	35	35	35	35	35	35	35	35	35
2	**流动负债**			**1 433**	**1 433**	**1 433**	**1 433**	**1 433**	**1 433**	**1 433**	**1 433**	**1 433**	**1 433**	**1 433**	**1 433**	**1 433**	**1 433**	**1 433**
2.1	应付账款	30	12	1 433	1 433	1 433	1 433	1 433	1 433	1 433	1 433	1 433	1 433	1 433	1 433	1 433	1 433	1 433
3	**流动资金**			**948**	**948**	**948**	**948**	**948**	**948**	**948**	**948**	**948**	**948**	**948**	**948**	**948**	**948**	**948**
4	流动资金本年增加额			948	0	0	0	0	0	0	0	0	0	0	0	0	0	0
5	新增流动资金贷款			664	0	0	0	0	0	0	0	0	0	0	0	0	0	0
6	利息(i=4.42%)			29	29	29	29	29	29	29	29	29	29	29	29	29	29	29

表 14 投资计划与资金筹措表

单位：万元

序号	项目	合计	1	2	3	4	5	6	7	8	9
			建设期	生产期	生产期	生产期	生产期	生产期	生产期	生产期	生产期
1	投资总额										
1.1	建设投资	4 728	4 728								
1.2	投资方向税	0	0								
1.3	资金筹措费(建设期利息)	87	87								
1.4	流动资金	948		948	0	0	0	0	0	0	0
	小计	**5 763**	**4 815**	**948**	**0**	**0**	**0**	**0**	**0**	**0**	**0**
2	资金筹措										
2.1	自有资本	1 530	1 245	284	0	0	0	0	0	0	0
	其中：建设投资	1 245	1 245								
	流动资金	284	0	284	0	0	0	0	0	0	0
2.2	借款	4 233	3 569	664	0	0	0	0	0	0	0
2.2.1	建设投资借款	3 569	3 569								
2.2.2	流动资金借款	664	0	664	0	0	0	0	0	0	0
2.3.	其他										
	小计	**5 763**	**4 815**	**948**	**0**	**0**	**0**	**0**	**0**	**0**	**0**

表 15　固定资产折旧费估算表

单位：万元

序号	项　目	折旧率	合计	2	3	4	5	6	7	8	9	10	11	12	13	14	15	16
1	房屋及建筑物	4.85%																
1.1	投入原值		571	571	543	516	488	460	432	405	377	349	322	294	266	239	211	183
1.2	折旧费			28	28	28	28	28	28	28	28	28	28	28	28	28	28	28
1.3	净值			543	516	488	460	432	405	377	349	322	294	266	239	211	183	156
2	机器设备	8.08%																
2.1	投入原值		4 244	4 244	3 901	3 558	3 215	2 872	2 529	2 186	1 843	1 500	1 156	813	470	127	127	127
2.2	折旧费			343	343	343	343	343	343	343	343	343	343	343	343			
2.3	净值			3 901	3 558	3 215	2 872	2 529	2 186	1 843	1 500	1 156	813	470	127	127	127	127
3	电子设备	18.00%																
3.1	投入原值		0	0	0	0	0	0										
3.2	折旧费			0	0	0	0	0										
3.3	净值			0	0	0	0	0										
4	运输设备	18.00%																
4.1	投入原值		0	0	0	0	0	0										
4.2	折旧费			0	0	0	0	0										
4.3	净值			0	0	0	0	0										
5	固定资产合计																	
5.1	投入原值		4 815	4 815	4 444	4 073	3 703	3 332	2 961	2 590	2 220	1 849	1 478	1 107	737	366	338	311
5.2	折旧费			371	371	371	371	371	371	371	371	371	371	371	371	28	28	28
5.3	净值			4 444	4 073	3 703	3 332	2 961	2 590	2 220	1 849	1 478	1 107	737	366	338	311	283

表 16　无形资产及其他资产摊销估算表

单位：万元

序号	项　目	摊销期限/年	合计	4	5	6	7	8	9	10	11	12	13	14	15	16
1	无形资产小计															
	摊销			0	0	0	0	0	0	0	0	0	0	0	0	0
	净值		0	0	0	0	0	0	0	0	0	0	0	0	0	0
1.1	场地使用权	50														
1.1.1	摊销			0	0	0	0	0	0	0	0	0	0	0	0	0
1.1.2	净值		0	0	0	0	0	0	0	0	0	0	0	0	0	0
1.2	专有技术和专利费	10														
1.2.1	摊销			0	0	0	0	0	0	0	0	0	0	0	0	0
1.2.2	净值		0	0	0	0	0	0	0	0	0	0	0	0	0	0
1.3	其他无形资产	10														
1.3.1	摊销			0	0	0	0	0	0	0	0	0	0			
1.3.2	净值		0	0	0	0	0	0	0	0	0	0	0			
2	其他资产(开办费)	5														
2.1	摊销			0	0	0	0	0	0	0	0	0	0	0	0	0
2.2	净值		0	0	0	0	0	0								
3	无形资产和其他资产合计															
3.1	摊销			0	0	0	0	0	0	0	0	0	0	0	0	0
3.2	净值		0	0	0	0	0	0	0	0	0	0	0	0	0	0

表 17　生产成本和费用估算表

单位：万元

序号	项　　目	2	3	4	5	6	7	8	9	10	11	12	13	14	15	16
		生产期	生产期	生产期	生产期	生产期	生产期	生产期	生产期	生产期	生产期	生产期	生产期	生产期	生产期	生产期
1	制造成本	18 037	18 037	18 037	18 037	18 037	18 037	18 037	18 037	18 037	18 037	18 037	18 037	17 694	17 694	17 694
1.1	外购原材料	14 338	14 338	14 338	14 338	14 338	14 338	14 338	14 338	14 338	14 338	14 338	14 338	14 338	14 338	14 338
1.2	外购燃料及动力	2 854	2 854	2 854	2 854	2 854	2 854	2 854	2 854	2 854	2 854	2 854	2 854	2 854	2 854	2 854
1.3	工资	0	0	0	0	0	0	0	0	0	0	0	0	0	0	0
1.4	制造费用	845	845	845	845	845	845	845	845	845	845	845	845	502	502	502
1.4.1	折旧费	371	371	371	371	371	371	371	371	371	371	371	371	28	28	28
1.4.2	修理费	165	165	165	165	165	165	165	165	165	165	165	165	165	165	165
1.4.3	其他制造费用	309	309	309	309	309	309	309	309	309	309	309	309	309	309	309
2	销售费用	97	97	97	97	97	97	97	97	97	97	97	97	97	97	97
3	管理费用	16	16	16	16	16	16	16	16	16	16	16	16	16	16	16
3.1	摊销费	0	0	0	0	0	0	0	0	0	0	0	0	0	0	0
3.2	其他管理费用	0	0	0	0	0	0	0	0	0	0	0	0	0	0	0
3.3	污水、渣处理费	16	16	16	16	16	16	16	16	16	16	16	16	16	16	16
3.4	技术转让费	0	0	0	0	0	0	0	0	0	0	0	0	0	0	0

续表

序号	项　目	2	3	4	5	6	7	8	9	10	11	12	13	14	15	16
		生产期	生产期	生产期	生产期	生产期	生产期	生产期	生产期	生产期	生产期	生产期	生产期	生产期	生产期	生产期
4	财务费用	207	170	130	90	48	29	29	29	29	29	29	29	29	29	29
4.1	利息支出	207	170	130	90	48	29	29	29	29	29	29	29	29	29	29
4.1.1	建设投资贷款利息	178	140	101	60	19	0	0	0	0	0	(0)	(0)	(0)	(0)	0
4.1.2	流动资金贷款利息	29	29	29	29	29	29	29	29	29	29	29	29	29	29	29
4.1.3	短期贷款利息	0		0	0	0	0	0	0	0	0	0	0	0	0	0
5	**总成本**	**18 358**	**18 320**	**18 281**	**18 241**	**18 199**	**18 180**	**18 180**	**18 180**	**18 180**	**18 180**	**18 180**	**18 180**	**17 837**	**17 837**	**17 837**
	其中：折旧	371	371	371	371	371	371	371	371	371	371	371	371	28	28	28
	摊销费	0	0	0	0	0	0	0	0	0	0	0	0	0	0	0
	利息支出	207	170	130	90	48	29	29	29	29	29	29	29	29	29	29
6	**经营成本**	**17 780**	**17 780**	**17 780**	**17 780**	**17 780**	**17 780**	**17 780**	**17 780**	**17 780**	**17 780**	**17 780**	**17 780**	**17 780**	**17 780**	**17 780**
7	固定成本	1 166	1 128	1 039	1 048	1 007	988	988	988	988	988	988	988	645	645	645
8	可变成本	17 192	17 192	17 192	17 192	17 192	17 192	17 192	17 192	17 192	17 192	17 192	17 192	17 192	17 192	17 192

表 18　外购原辅包装材料成本估算表

单位：万元

序号	项　目	单位	单价*/元	达产年耗量	达产年费用	2	3	4	5	6	7	8	9	10	11	12	13	14	15	16
						生产期	生产期	生产期	生产期	生产期	生产期	生产期	生产期	生产期	生产期	生产期	生产期	生产期	生产期	生产期
1	a	吨	7 616.29	10 956	8 344	8 344	8 344	8 344	8 344	8 344	8 344	8 344	8 344	8 344	8 344	8 344	8 344	8 344	8 344	8 344
2	b	吨	9 283.96	5 841	5 423	5 423	5 423	5 423	5 423	5 423	5 423	5 423	5 423	5 423	5 423	5 423	5 423	5 423	5 423	5 423
3	c	吨	427.00	225	10	10	10	10	10	10	10	10	10	10	10	10	10	10	10	10
4	d	吨	598.00	88	5	5	5	5	5	5	5	5	5	5	5	5	5	5	5	5
5	e 变动费	标准立方米	2.12	24	0	0	0	0	0	0	0	0	0	0	0	0	0	0	0	0
	e 固定费	年	2 238 509.16	1	224	224	224	224	224	224	224	224	224	224	224	224	224	224	224	224
6	催化剂等	万元	54.84	1	55	55	55	55	55	55	55	55	55	55	55	55	55	55	55	55
	小计				14 061	14 061	14 061	14 061	14 061	14 061	14 061	14 061	14 061	14 061	14 061	14 061	14 061	14 061	14 061	14 061
7	管输费				278	278	278	278	278	278	278	278	278	278	278	278	278	278	278	278
	合计				14 338	14 338	14 338	14 338	14 338	14 338	14 338	14 338	14 338	14 338	14 338	14 338	14 338	14 338	14 338	14 338

注：*均为含税价格。

表 19　外购燃料和动力估算表

单位：万元

序号	项　目	单位	单价*/元	达产年耗量	达产年费用	2	3	4	5	6	7	8	9	10	11	12	13	14	15	16
						生产期	生产期	生产期	生产期	生产期	生产期	生产期	生产期	生产期	生产期	生产期	生产期	生产期	生产期	生产期
1	工业水固定费用		1 470 811.21	1	147	147	147	147	147	147	147	147	147	147	147	147	147	147	147	147
	工业变动费用	吨	0.46	134 667	6	6	6	6	6	6	6	6	6	6	6	6	6	6	6	6
2	生活水变动费用	吨	2.29	1 000	0	0	0	0	0	0	0	0	0	0	0	0	0	0	0	0
3	高压蒸汽固定费用		9 665 823.95	1	967	967	967	967	967	967	967	967	967	967	967	967	967	967	967	967
	高压蒸汽变动费用	吨	138.30	40 000	553	553	553	553	553	553	553	553	553	553	553	553	553	553	553	553
4	中压蒸汽固定费用		3 209 659.56	1	321	321	321	321	321	321	321	321	321	321	321	321	321	321	321	321
	中压蒸汽变动费用	吨	136.03	12 500	170	170	170	170	170	170	170	170	170	170	170	170	170	170	170	170
5	低压蒸汽凝液		0.00	0	0	0	0	0	0	0	0	0	0	0	0	0	0	0	0	0
	低压蒸汽凝液	吨	3.50	0	0	0	0	0	0	0	0	0	0	0	0	0	0	0	0	0

续表

序号	项　目	单位	单价*	达产年耗量	达产年费用	2	3	4	5	6	7	8	9	10	11	12	13	14	15	16
			(元/)			生产期	生产期	生产期	生产期	生产期	生产期	生产期	生产期	生产期	生产期	生产期	生产期	生产期	生产期	生产期
6	氮气固定费用		996 746.89	1	100	100	100	100	100	100	100	100	100	100	100	100	100	100	100	100
	氮气变动费用	标准立方米	0.16	7 500	0	0	0	0	0	0	0	0	0	0	0	0	0	0	0	0
7	仪表空气固定费用		1 030 833.47	1	103	103	103	103	103	103	103	103	103	103	103	103	103	103	103	103
	仪表空气变动费用	标准立方米	0.79	275 000	22	22	22	22	22	22	22	22	22	22	22	22	22	22	22	22
8	电	度	0.67	6 000 000	402	402	402	402	402	402	402	402	402	402	402	402	402	402	402	402
9	天然气	吨	2.30	275 000	63	63	63	63	63	63	63	63	63	63	63	63	63	63	63	63
	合计				2 854	2 854	2 854	2 854	2 854	2 854	2 854	2 854	2 854	2 854	2 854	2 854	2 854	2 854	2 854	2 854

表 20　营业收入和税金及附加估算表

序号	项　目	单位	2	3	4	5	6	7	8	9	10	11	12	13	14	15	16
			生产期	生产期	生产期	生产期	生产期	生产期	生产期	生产期	生产期	生产期	生产期	生产期	生产期	生产期	生产期
1	销售价格																
1.1	A	元/吨	11 036.41	11 036.41	11 036.41	11 036.41	11 036.41	11 036.41	11 036.41	11 036.41	11 036.41	11 036.41	11 036.41	11 036.41	11 036.41	11 036.41	11 036.41
1.2	B	元/吨	7 166.29	7 166.29	7 166.29	7 166.29	7 166.29	7 166.29	7 166.29	7 166.29	7 166.29	7 166.29	7 166.29	7 166.29	7 166.29	7 166.29	7 166.29
1.3	C	元/吨	1 160.00	1 160.00	1 160.00	1 160.00	1 160.00	1 160.00	1 160.00	1 160.00	1 160.00	1 160.00	1 160.00	1 160.00	1 160.00	1 160.00	1 160.00
1.4	D	元/吨	1 160.00	1 160.00	1 160.00	1 160.00	1 160.00	1 160.00	1 160.00	1 160.00	1 160.00	1 160.00	1 160.00	1 160.00	1 160.00	1 160.00	1 160.00
1.5	E	元/吨	1 160.00	1 160.00	1 160.00	1 160.00	1 160.00	1 160.00	1 160.00	1 160.00	1 160.00	1 160.00	1 160.00	1 160.00	1 160.00	1 160.00	1 160.00
2	销售量																
2.1	A	吨	12 500	12 500	12 500	12 500	12 500	12 500	12 500	12 500	12 500	12 500	12 500	12 500	12 500	12 500	12 500
2.2	B	吨	7 700	7 700	7 700	7 700	7 700	7 700	7 700	7 700	7 700	7 700	7 700	7 700	7 700	7 700	7 700
2.3	C	吨	68	68	68	68	68	68	68	68	68	68	68	68	68	68	68
2.4	D	吨	198	198	198	198	198	198	198	198	198	198	198	198	198	198	198
2.5	E	吨	563	563	563	563	563	563	563	563	563	563	563	563	563	563	563
3	产品营业收入																
3.1	A	万元	13 796	13 796	13 796	13 796	13 796	13 796	13 796	13 796	13 796	13 796	13 796	13 796	13 796	13 796	13 796
3.2	B	万元	5 518	5 518	5 518	5 518	5 518	5 518	5 518	5 518	5 518	5 518	5 518	5 518	5 518	5 518	5 518

续表

序号	项　目	单位	2	3	4	5	6	7	8	9	10	11	12	13	14	15	16
			生产期	生产期	生产期	生产期	生产期	生产期	生产期	生产期	生产期	生产期	生产期	生产期	生产期	生产期	生产期
3.3	C	万元	8	8	8	8	8	8	8	8	8	8	8	8	8	8	8
3.4	D	万元	23	23	23	23	23	23	23	23	23	23	23	23	23	23	23
3.5	E	万元	65	65	65	65	65	65	65	65	65	65	65	65	65	65	65
4	**总营业收入**	**万元**	**19 410**	**19 410**	**19 410**	**19 410**	**19 410**	**19 410**	**19 410**	**19 410**	**19 410**	**19 410**	**19 410**	**19 410**	**19 410**	**19 410**	**19 410**
	销项税款	万元	2 677	2 677	2 677	2 677	2 677	2 677	2 677	2 677	2 677	2 677	2 677	2 677	2 677	2 677	2 677
	进项税款	万元	2 254	2 254	2 254	2 254	2 254	2 254	2 254	2 254	2 254	2 254	2 254	2 254	2 254	2 254	2 254
	固定资产进项税	万元															
5	**增值税**	**万元**	**424**	**424**	**424**	**424**	**424**	**424**	**424**	**424**	**424**	**424**	**424**	**424**	**424**	**424**	**424**
	城市维护建设税	万元	30	30	30	30	30	30	30	30	30	30	30	30	30	30	30
	教育费附加	万元	21	21	21	21	21	21	21	21	21	21	21	21	21	21	21
6	**税金及附加**	**万元**	**51**	**51**	**51**	**51**	**51**	**51**	**51**	**51**	**51**	**51**	**51**	**51**	**51**	**51**	**51**

表 21　借款还本付息估算表

单位：万元

序号	项目　$i=4.99\%$	1	2	3	4	5	6
生产期			建设期	生产期	生产期	生产期	生产期
1	长期投资借款累计						
1.1	年初借款累计	0	3 569	2 809	2 024	1 211	372
1.2	本年借款	3 483	0	0	0	0	0
1.3	本年应计利息	87	178	140	101	60	19
1.4	本年还本	0	760	786	812	840	372
2	可用于还款的折旧和摊销	0	371	371	371	371	371
2.1	可用于还款的折旧		371	371	371	371	371
2.2	可用于还款的摊销		0	0	0	0	0
2.3	未分配利润		389	415	441	469	1
	小计	0	760	786	812	840	372

借款偿还期 5.43 年

1	短期借款累计						
0	年初借款累计				0	0	0
1	本年借款	0	0	0	0	0	0
1	本年应计利息	0	0	0	0	0	0
1	本年还本	0	0	0			
	短贷利率 $i=0.00\%$						

表 22　敏感性分析表

序　号	影 响 因 素	变化率	内部收益率	变化幅度
1	销售价格变化：			
1.1	销售价格增加	5%	27.79%	12.17%
1.2	销售价格增加	10%	39.28%	23.65%
1.3	销售价格增加	15%	50.54%	34.91%
1.4	销售价格减少	5%	0.98%	−14.64%
1.5	销售价格减少	10%	—	

续表

序　号	影 响 因 素	变化率	内部收益率	变化幅度
1.6	销售价格减少	15%	—	
2	变动成本变化：			
2.1	变动成本增加	5%	2.95%	−12.68%
2.2	变动成本增加	10%	−17.94%	−33.56%
2.3	变动成本增加	15%	—	
2.4	变动成本减少	5%	26.58%	10.96%
2.5	变动成本减少	10%	37.02%	21.40%
2.6	变动成本减少	15%	47.31%	31.68%
3	投资变化：			
3.1	投资增加	5%	14.73%	−0.89%
3.2	投资增加	10%	13.90%	−1.73%
3.3	投资增加	15%	13.12%	−2.50%
3.4	投资减少	5%	16.59%	0.96%
3.5	投资减少	10%	17.63%	2.01%
3.6	投资减少	15%	18.77%	3.14%

基准内部收益率：15.62%

附录二　石油化工建设项目基础设计概算案例

××有限公司

××装置

基 础 设 计

第×册　概　算

××××设计有限公司

××××年××月

目　录

××公司

××装置

编制：×××

校对：×××

审核：×××

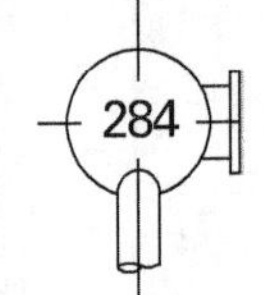

1. 概述

(1) 工程概况

××万吨/年××装置是××有限公司乙烯及炼油改扩建项目中的一个单项工程，由××设计有限公司负责基础设计。

××万吨/年××装置采用××公司拥有的××工艺。

该工艺采用××技术，产品密度范围宽，操作压力居中。反应中无其他副产物生成，因此减少了影响环境的排放物。产品牌号切换快，产生的过渡料少。催化剂对原料杂质的要求相对较低。

项目建设性质为新建项目。

(2) 设计范围及设计分工

根据总体院项目划分，××万吨/年××装置基础设计由××设计有限公司负责设计。基础设计概算包括的内容根据总体院发布的设计统一规定。

(3) 投资构成

本装置总概算(不含增值税)为23 341.81万元，其中外汇684.11万美元。

设备购置费：　11 983.46万元；

主要材料费：　2 008.78万元；

安装费：　1 639.98万元；

建筑工程费：　3 719.16万元；

其他费：　3 990.42万元；

(4) 设计依据

① 批复版可行性研究报告(××××年××月××日)；

② ××集团公司《石油化工建设项目设计概算编制办法》；

③ ××集团公司《石油化工建设项目安装工程概算指标》；

④ ××集团公司《石油化工建设项目建设费用定额》；

⑤ 国家计划委员会《关于加强对基本建设大中型项目概算中"价差预备费"管理有关的通知》(计投资〔1999〕1340号)；

⑥ 参考国家计划委员会、建设部发布的《工程设计勘察设计收费标准》(计价格〔2002〕10号)；

⑦ 工程建设监理费按《建设监理收费标准》(发改价格〔2007〕670号)；

⑧ ××地方的定额体系、有关文件及政府性费用的收费规定；

⑨ 业主提供的与本项目有关的基础资料以及专利商提供的设计基础数据；

⑩ 总体院提供的基础设计概算专业设计统一规定。

(5) 工程量及价格依据

① 工程量根据基础设计的图纸及其他文件资料；

② 定型设备：采用询价或设备订货价，不足部分参考同类设备近期采购价格；

③ 非标设备按照××××年××月公布的《非标设备价格信息》计算，不足部分采用询价或参考同类设备近期采购价格；

④ 安装工程中的主要材料价格参考执行××信息价格；

⑤ 电缆价格：按××××年××月发布的框架协议价计算；；

⑥ 阀门价格：按××××年××月发布的框架协议价计算；

⑦ 钢结构综合单价按×万元/吨(含材料、制作、安装、除锈、刷油防腐、防火)；

⑧ 外汇汇率：外汇牌价暂按1美元=×元人民币，其他外币币种按同期美元汇率折算成美元；

⑨ 特定条件下费用按初步施工组织计划，并参照同类装置估列。

(6) 固定资产其他费用

固定资产其他费用按××集团公司《石油化工建设项目建设费用定额》计列。

(7) 无形资产投资

本项目无新增无形资产投资。

(8) 其他资产投资

生产人员准备费、出国人员费用、外国工程技术人员来华费用、图纸资料翻译复制费按××集团公司《石油化工建设项目建设费用定额》计列。

(9) 预备费

预备费按××集团公司《石油化工建设项目建设费用定额》规定，按6%计算。

(10) 其他需要说明的问题

无。

表1　总 概 算 表

总 概 算 表

项目号：********

文件号：******

单位：万元

编制	******	项目名称	******公司	设计阶段	基础设计
校核	******	概算类别		专业名称	
审核	******	主项名称	******装置	分项名称	

序号	单元号或主项号	工程项目或费用名称	规模或主要工程量	概算价格/万元						占投资/%	含外币金额/万美元	备注
				设备购置费	主要材料费	安装费	建筑工程费	其他费	合计			
		总概算		**13 860**	**2 324**	**1 804**	**4 080**	**4 256**	**26 325**		**684**	
		总概算(不含增值税)		**11 983**	**2 009**	**1 640**	**3 719**	**3 990**	**23 342**		**684**	
一		建设投资		11 983	2 009	1 640	3 719	3 990	23 342		684	
(一)		固定资产投资		11 983	2 009	1 640	3 719	2 669	22 021		684	
1		工程费用		11 983	2 009	1 640	3 719		19 351		684	
1.1		总图运输					409		409			
1.2		建筑物					1 821		1 821			
1.3		构筑物			648	318	1 238		2 205			
1.4		静置设备		2 323	21	184			2 528			
1.5		机械设备		4 950		60			5 010		375	
1.6		工艺管道			220	127			347			
1.7		电气		1 188	414	155			1 757			
1.8		电信		156	27	29			212			
1.9		自控仪表		1 204	433	446			2 082		62	

续表

序号	单元号或主项号	工程项目或费用名称	规模或主要工程量	概算价格/万元						占投资/%	含外币金额/万美元	备注
				设备购置费	主要材料费	安装费	建筑工程费	其他费	合计			
1.10		给排水			239	54	106		399			
1.11		采暖通风		117	6	13			136			
1.12		催化剂及化学药剂		2 013		19			2 032		247	
1.13		劳动安全卫生		33					33			
1.14		特定条件下费用				182	91		273			
1.15		安全生产费				54	54		108			
2		固定资产其他费						2 669	2 669			
2.1		工程建设管理费						819	819			
2.2		工程建设监理费						382	382			
2.3		临时设施费						159	159			
2.4		环境影响评价费及验收费							46			
2.5		安全预评价费及验收费						82	82			
2.6		职业病危害预评价及控制效果评价费						57	57			
2.7		危险与可操作性分析及安全完整性评价						47	47			
2.8		可行性研究报告编制费						77	77			
2.9		工程设计费						918	918			
2.10		进口设备材料国内检验费						7	7			
2.11		设备采购技术服务费						37	37			
2.12		工程保险费						39	39			

续表

序号	单元号或主项号	工程项目或费用名称	规模或主要工程量	概算价格/万元						占投资/%	含外币金额/万美元	备注
				设备购置费	主要材料费	安装费	建筑工程费	其他费	合计			
（二）		无形资产投资										
1		土地使用权出让金及契税										
2		特许权使用费										
（三）		其他资产投资										
1		生产人员准备费										
2		出国人员费										
3		外国工程技术人员来华费										
4		图纸资料翻译复制费										
（四）		预备费						1 321	1 321			
1		基本预备费						1 321	1 321			
2		价差预备费										
二		增值税		1 877	315	164	361	266	2 983			
三		资金筹措费										
四		流动资金										

表 2　工程建设其他费用计算表

		工程建设其他费用计算表				项目号：********		
						文件号：******		
编制	******	工程名称	******公司			设计阶段	基础设计	
校对	******	车间(或)装置名称	******装置			专业名称		
审核	******	费用依据				分项名称		
序号	其他费用名称	计算依据及费率	计 算 公 式	金额/万元	含外币金额/万美元	增值税率/%	增值税/万元	备　注
一	固定资产其他费			2 669			134	
1	土地使用费					10%		
2	工程建设管理费	石油化工工程建议费用定额(2018)	工程费*[5.39%−(工程费−5 000)/(20 000−5 000)*(5.39%−4.18%)]	819		2%	16	
3	工程建设监理费	国家发改委、建设部关于印发《建设工程监理与相关服务收费管理规定》的通知(发改价格〔2007〕670 号文)	[218.6+(工程费−10 000)/(20 000−10 000)*(393.4−218.6)]*1	382		6%	23	
4	环境监理费	****地区规定				6%		
5	临时设施费	石油化工工程建议费用定额(2018)	工程费*0.82%	159		10%	16	
6	前期准备费	按实际发生				2%		
7	环境影响评价费及验收费	国家计委(计价格〔2002〕125 号或地方区规定	[6+1.5+(建设投资−3 000)/(20 000−3 000)*(15+3−6−1.5)]*1.2*1.2*1.6	46		6%	3	
8	安全预评价费及验收费	地方区规定		82		6%	5	

续表

序号	其他费用名称	计算依据及费率	计算公式	金额/万元	含外币金额/万美元	增值税率/%	增值税/万元	备　注
9	职业病危害预评价及控制效果评价费	地方区规定		57		6%	3	
10	水土保持评价及验收费	地方区规定				6%		
11	地震安全性评价费	地方区规定				6%		
12	地质灾害危险评价费	地方区规定				6%		
13	危险与可操作性分析及安全完整性评价	HAZOP 及 SIL 费	暂估	47		6%	3	
14	节能评价费	**** 地区规定				6%		
15	可行性研究报告编制费	国家计委计价格〔1999〕1283 号	[28 + 10 +（建设投资 − 10 000）/（50 000 − 10 000）*（75+15−28−10）] * 1.2 * 1.2	77		6%	5	
16	水资源论证报告编制费	**** 地区规定				6%		
17	工程勘察费					10%		
18	工程设计费	工程勘察设计收费标准(计价格〔2002〕10 号)	[304.8 +（工程费 − 10 000）/（20 000 − 10 000）*（566.8 − 304.8）] * 1.2 * 1.15 * 1.1 *（1+10%）	918		6%	55	
19	工程数字化交付费					6%		
20	进口设备材料国内检验费	石油化工工程建议费用定额(2018)	进口设备材料价格（CIF）* 0.47%	7		6%	0	
21	特种设备安全检验检测费	**** 地区规定				6%		

续表

序号	其他费用名称	计算依据及费率	计算公式	金额/万元	含外币金额/万美元	增值税率/%	增值税/万元	备注
22	超限设备运输特殊措施费					10%		
23	设备采购技术服务费	石油化工工程建议费用定额(2018)	(基本设计费+非标设计费)*4%	37		6%	2	
24	设备材料监造费	石化股份物〔2015〕408号				6%		
25	工程保险费	石油化工工程建议费用定额(2018)	工程费*0.2%	39		6%	2	
26	研究试验费	石油化工工程建议费用定额(2018)						不计增值税
27	联合试运转费	石油化工工程建议费用定额(2018)						不计增值税
二	无形资产投资							
1	土地使用权出让金及契税					10%		
2	特许权使用费							不计增值税
三	其他资产投资							
1	生产人员准备费							办公家具5%
2	出国人员费							不计增值税

续表

序号	其他费用名称	计算依据及费率	计 算 公 式	金额/万元	含外币金额/万美元	增值税率/%	增值税/万元	备　注
3	外国工程技术人员来华费							不计增值税
4	图纸资料翻译复制费					6%		
四	预备费			1 321			132.12	
1	基本预备费	石油化工工程建议费用定额(2018)	(固定资产投资+无形资产投资+其他资产投资)*6%	1 321		10%	132.12	
2	价差预备费							暂不计税
五	资金筹措费							不计增值税
六	流动资金							不计增值税

表 3 增值税汇总表

			增值税汇总表			项目号：********	
						文件号：******	
						单位：万元	
编制	******	项目名称	******公司			设计阶段	
校核	******	概算类别				专业名称	
审核	******	主项名称	******装置			分项名称	

序号	费用名称	金额/万元						备注
		设备购置费	主要材料费	安装费	建筑工程费	其他费	合计	
1	**工程费增值税**	**1 877**	**315**	**164**	**361**		**2 717**	
1.1	国内部分	1 042	315	164	361		1 883	
1.1.1	总图运输				41		41	
1.1.2	建筑物				182		182	
1.1.3	构筑物(含钢结构)		102	32	124		257	
1.1.4	静置设备	361	3	18			383	
1.1.5	机械设备	316		6			322	
1.1.6	工艺管道		34	13			47	
1.1.7	电气	185	65	15			265	
1.1.8	电信	24	4	3			31	
1.1.9	自控仪表	117	68	45			230	
1.1.10	给排水		38	5			43	

续表

序号	费用名称	金额/万元						备注
		设备购置费	主要材料费	安装费	建筑工程费	其他费	合计	
1.1.11	采暖通风	18	1	1			20	
1.1.12	催化剂及化学药剂	16		2			18	
1.1.13	劳动安全卫生	5					5	
1.1.14	特定条件下费用			18	9		27	
1.1.15	安全生产费			5	5		11	
1.2	进口部分	834					834	
1.2.1	机械设备	461					461	
1.2.2	自控仪表	71					71	
1.2.3	催化剂及化学药剂	302					302	
2	固定资产其他费增值税					134	134	
3	无形资产投资增值税							
4	其他资产投资增值税							
5	预备费增值税					132	132	
	合计(1+2+3+4+5)	1 877	315	164	361	266	2 983	

表 4 综合概算表

综合概算表

项目号：＊＊＊＊＊＊＊＊

文件号：＊＊＊＊＊＊

单位：万元

编制	＊＊＊＊＊＊	项目名称	＊＊＊＊＊＊公司	设计阶段	基础设计
校核	＊＊＊＊＊＊	概算类别		专业名称	
审核	＊＊＊＊＊＊	主项名称	＊＊＊＊＊＊装置	分项名称	

序号	单元号或主项号	工程或费用名称	规模或主要工程量	概算价格/万元						占投资/%	含外币金额/万美元	备注
				设备购置费	主要材料费	安装费	建筑工程费	其他	合计			
一		工程费		11 983	2 009	1 640	3 719		19 351		684	
1		总图					409		409			
1.1		道路及铺砌	27 400 平方米				409		409			
2		建筑物					1 821		1 821			
2.1		机柜间	900 平方米				303		303			
2.2		厂房	4 100 平方米				1 118		1 118			
2.3		变配电室	2 200 平方米				400		400			
3		构筑物			648	318	1 238		2 205			
3.1		地基处理部分	预应力管桩 12 000 米				272		272			
3.2		钢砼结构部分	钢砼 5 000 立方米				966		966			
3.3		钢结构	1 600 吨		648	318			967			
4		静置设备		2 323	21	184			2 528			

续表

序号	单元号或主项号	工程或费用名称	规模或主要工程量	概算价格/万元						占投资/%	含外币金额/万美元	备注
				设备购置费	主要材料费	安装费	建筑工程费	其他	合计			
4.1		反应器类	1 台 380 吨	1 464		72			1 537			
4.2		塔器类	2 台 96.4 吨	254		43			297			
4.3		热交换器类	5 台 87.9 吨	173		7			179			
4.4		容器类	5 台 217.5 吨	431		15			447			
4.5		设备保温	450 立方米		21	47			68			
5		机械设备		4 950		60			5 010		375	
5.1		泵(国产)	2 台	65		6			71			
5.2		泵(进口)	1 台	1 642					1 642		208	
5.3		压缩机(国产)	1 台	1 965		55			2 019			
5.4		压缩机(进口)	2 台	1 278					1 278		167	
6		工艺管道			220	127			347			
6.1		碳钢管道	637 米 17.85 吨		15	11			27			
6.2		不锈钢管道	1 342 米 42.37 吨		55	22			76			
6.3		阀门	134 只		30	4			34			
6.4		安全阀	6 只		13	0			13			
6.5		特殊支吊架	10 吨		54	5			59			
6.6		管道防腐	5 000 平方米		21	24			45			
6.7		管道隔热	200 立方米		32	61			93			

续表

序号	单元号或主项号	工程或费用名称	规模或主要工程量	概算价格/万元						占投资/%	含外币金额/万美元	备注
				设备购置费	主要材料费	安装费	建筑工程费	其他	合计			
7		电气		1 188	414	155			1 757			
7.1		变配电设备	88 台	1 160		32			1 192			
7.2		动力配线	电力电缆 17 千米，控制电缆 12 千米	20	324	82			426			
7.3		照明	灯具 270 套	9	32	22			62			
7.4		防雷及接地	接地极 120 根，母线 6 400 米		58	19			77			
8		电信		156	27	29			212			
8.1		火灾报警系统	报警按钮 21 只	17	7	8			32			
8.2		工业电视系统	摄像机 20 套	75	20	20			114			
8.3		扩音对讲系统	防爆话站 18 套	65		1			66			
9		自控仪表		1 204	433	446			2 082		62	
9.1		自控设备(国产)	779 台(套)	755		188			942			
9.2		自控设备(进口)	2 台(套)	449					449		62	
9.3		自控材料	电缆 83 千米		433	258			691			
10		给排水			239	54	106		399			
10.1		碳钢管道	2 760 米 228 吨		102	30			132			
10.2		铸铁管道	1 050 米		58	8			66			

续表

序号	单元号或主项号	工程或费用名称	规模或主要工程量	概算价格/万元						占投资/%	含外币金额/万美元	备注
				设备购置费	主要材料费	安装费	建筑工程费	其他	合计			
10.3		管道防腐	2 796 平方米		28	13			41			
10.4		阀门	9 个		25	2			27			
10.5		消防设施	23 套		26	1			26			
10.6		井	41 座				77		77			
10.7		土方	12 620 立方米				29		29			
11		采暖通风		117	6	13			136			
11.1		空调	空调 4 台	105		5			109			
11.2		通风	风机 5 台	13	6	8			27			
12		催化剂及化学药剂		2 013		19			2 032		247	
12.1		催化剂及化学品	55 吨	101		19			120			
12.2		催化剂及化学品(进口)		1 912					1 912		247	
13		劳动安全卫生		33					33			
14		特定条件下费用				182	91		273			
15		安全生产费				54	54		108			
二		增值税		1 877	315	164	361		2 717			
		其中：国内部分		1 042	315	164	361		1 883			
		进口部分		834					834			

表 5　进口设备材料及从属费用概算表

		进口设备材料及从属费用概算表	项目号：********
			文件号：******
			单位：万元
编制	******	项目名称：******公司	设计阶段
校核	******	概算类别：	专业名称
审核	******	主项名称：******装置	分项名称

序号	项目及费用名称	单位	数量	外汇金额/万美元				折合人民币/万元		从属费/万元		国内运杂费/万元		合计/万元			增值税/万元	
				单价(C.I.F)		合价(C.I.F)												
				设备	材料	设备	材料	设备	材料	关税	两费	运费	保管费	设备	材料	小计	设备	材料
一	机械设备																	
1	泵																	
1.1	***循环泵：轴流泵流量25 000 m^3/h 扬程 59.8 m：功率 2 000 kW	台	1	208		208		1 457		146	17	16	6	1 642		1 642	259	
	小计					208		1 457		146	17	16	6	1 642		1 642	259	
2	压缩机																	
2.1	氢气压缩机包往复压缩机 201 kg/h 110 kW	台	2	83		167		1 166		82	13	13	5	1 278		1 278	202	
	小计					167		1 166		82	13	13	5	1 278		1 278	202	
	合计					375		2 623		227	30	28	11	2 920		2 920	461	

续表

序号	项目及费用名称	单位	数量	外汇金额/万美元				折合人民币/万元		从属费/万元		国内运杂费/万元		合计/万元			增值税/万元	
				单价(C.I.F)		合价(C.I.F)												
				设备	材料	设备	材料	设备	材料	关税	两费	运费	保管费	设备	材料	小计	设备	材料
二	自控仪表																	
1	分散控制系统(DCS)	套	1	42		42		291			3	3	1	299		299	47	
2	安全仪表控制系统(SIS)	套	1	21		21		146			2	2	1	150		150	24	
	小计					62		437			5	5	2	449		449	71	
三	催化剂及化学药剂																	
1	** 转换器催化剂 RO - 20/13 K2 - 4	m^3	11	12		131		918		73	11	10	4	1 016		1 016	161	
2	** 精致器催化剂 AZ - 300 7 * 4 Beads	m^3	222	1		116		810		65	9	9	3	896		896	142	
	小计					247		1 728		138	20	19	7	1 912		1 912	302	
	共计					684		4 789		366	55	52	20	5 280		5 280	834	

表 6　建筑工程概算表(一)

		建 筑 工 程 概 算 表	项目号：********	
			文件号：******	
编制	******	项目名称	******公司	设计阶段	基础设计
校核	******	概算类别		专业名称	总图运输
审核	******	主项名称	******装置	分项名称	

序号	定额编号	工程或费用名称	单位	数量	单价/元				合价/元			
					定额直接费	其中			定额直接费	其中		
						人工费	材料费	机械费		人工费	材料费	机械费
1		道路										
		C30 混凝土面层厚 20 cm;6% 水泥碎石稳定层厚 10 cm; 1～3 级配碎石碾压密实厚 10 cm;手摆石基层厚 40 cm; 基土压实	m^2	7 500	218				1 636 364			
2		重载铺装面										
		C30 混凝土面层厚 20 cm;6% 水泥碎石稳定层厚 10 cm; 1～3级配碎石碾压密实厚 10 cm;手摆石基层厚 40 cm; 基土压实	m^2	5 100	218				1 112 727			
3		轻载铺装面										
		C25 混凝土面层厚 12 cm;1～3 级配碎石碾压密实厚 20 cm;基土压实	m^2	14 800	91				1 345 455			

续表

序号	定额编号	工程或费用名称	单位	数量	单价/元				合价/元			
					定额直接费	其中			定额直接费	其中		
						人工费	材料费	机械费		人工费	材料费	机械费
		小计							4 094 545			
		综合取费										
		合计							4 094 545			
		共计							4 094 545			
		增值税共计							409 455			

表 7　建筑工程概算表(二)

		建筑工程概算表		项目号：********	
				文件号：******	
编制	******	项目名称	******公司	设计阶段	基础设计
校核	******	概算类别		专业名称	建筑物
审核	******	主项名称	******装置	分项名称	

序号	定额编号	工程或费用名称	单位	数量	单价/元				合价/元			
					定额直接费	其中			定额直接费	其中		
						人工费	材料费	机械费		人工费	材料费	机械费
1		机柜间(单层钢筋混凝土框架结构)(防爆)	m^2	900	3 364				3 027 273			
		小计							3 027 273			
		综合取费										
		合计							3 027 273			
2		厂房(四层钢筋混凝土框架结构)	m^2	4 100	2 727				11 181 818			
		小计							11 181 818			
		综合取费										
		合计							11 181 818			

续表

序号	定额编号	工程或费用名称	单位	数量	单价/元				合价/元			
					定额直接费	其中人工费	其中材料费	其中机械费	定额直接费	其中人工费	其中材料费	其中机械费
3		变配电室(二层钢筋混凝土框架结构)	m^2	2 200	1 818				4 000 000			
		小计							4 000 000			
		综合取费										
		合计							4 000 000			
		共计							18 209 091			
		增值税共计							1 820 909			

表 8 建筑工程概算表(三)

			建筑工程概算表							项目号：********			
										文件号：******			
编制	******	项目名称	******公司							设计阶段	基础设计		
校核	******	概算类别								专业名称	建筑物		
审核	******	主项名称	******装置							分项名称			
序号	定额编号	工程或费用名称	单位	数量	单价/元				合价/元				
					定额直接费	其中			定额直接费	其中			
						人工费	材料费	机械费		人工费	材料费	机械费	
一		地基处理											
1		地基处理											
		预应力管桩 PHC400AB95	m	12 000	218				2 618 182				
		桩基检测	元	1	104 727				104 727				
		小计							2 722 909				
		综合取费											
		合计							2 722 909				
二		钢砼部分											
1		基础工程											
		混凝土垫层 C20	m^3	300	545				163 636				

续表

序号	定额编号	工程或费用名称	单位	数量	单价/元				合价/元			
					定额直接费	其中			定额直接费	其中		
						人工费	材料费	机械费		人工费	材料费	机械费
		承台 C35 钢筋混凝土基础（钢筋阻锈剂）	m^3	3 500	636				2 227 273			
		承台基础钢筋	吨	412	5 000				2 060 625			
2		砼结构										
		C35 钢筋混凝土柱	m^3	1 500	1 227				1 840 909			
		C35 钢筋混凝土柱钢筋	吨	294	5 000				1 471 875			
3		其他										
		环氧灌浆料	m^3	60	27 273				1 636 364			
		无收缩灌浆料	m^3	95	2 727				259 091			
		小计							9 659 773			
		综合取费										
		合计							9 659 773			
		共计							12 382 682			
		增值税共计							1 238 268			

表 9　设备及安装工程概算表(一)

设备及安装工程概算表

项目号：********

文件号：******

编制	******	项目名称	******公司	设计阶段	基础设计
校核	******	概算类别		专业名称	钢结构
审核	******	主项名称	******装置	分项名称	

序号	指标编号	设备,材料或费用名称	单位	数量	材料	重量/吨		单价/元						合价/元					
						单重	总重	设备购置费	主要材料费	安装费	其中 人工费	辅材费	机械费	设备购置费	主要材料费	安装费	其中 人工费	辅材费	机械费
1		钢结构 Q235B/Q345B	吨	1 000					6 216	3 182					6 216 081	3 181 818			
		小计													6 216 081	3 181 818			
		国内设备运费	%	4.00															
		国内设备采购费	%	2.43															
		国内材料运费	%	2.42											150 429				
		国内材料采购费	%	1.88											116 862				
		综合取费	%	131.54															
		合计													6 483 372	3 181 818			
		共计													6 483 372	3 181 818			
		其中:																	
		国内设备费																	
		国内材料费													6 216 081				
		国内设备运费																	
		国内设备采购费																	
		国内材料运费													150 429				
		国内材料采购费													116 862				
		增值税共计													1 016 628	318 182			

表 10　设备及安装工程概算表(二)

设备及安装工程概算表

项目号：********

文件号：******

编制	******	项目名称	******公司	设计阶段	基础设计
校核	******	概算类别		专业名称	静止设备
审核	******	主项名称	******装置	分项名称	

序号	指标编号	设备,材料或费用名称	单位	数量	材料	重量/吨		单价/元						合价/元					
						单重	总重	设备购置费	主要材料费	安装费	其中			设备购置费	主要材料费	安装费	其中		
											人工费	辅材费	机械费				人工费	辅材费	机械费
一		反应器类　1台																	
1	1-1125	反应器 560/665*440 000/430 000(Ⅲ类,100%室温,局部热处理,内表面抛光)	台	1.00	SA-516-70 N	380	380	36 207		1 372	401	202	769	13 758 621		521 360	152 380	76 760	292 220
		小计												13 758 621		521 360	152 380	76 760	292 220
		国内设备运费	%	4.00										550 345					
		国内设备采购费	%	2.43										334 334					
		国内材料运费	%	2.42															
		国内材料采购费	%	1.88															
		综合取费	%	131.54												200 441			
		合计												14 643 300		721 801			
二		塔器类　2台																	
1	1-1009	脱己烷塔塔 2 000*62 800(Ⅲ类,100%RT)	台	1.00	Q345R	95	95	14 927		2 077	791	467	819	1 418 039		197 315	75 145	44 365	77 805

续表

序号	指标编号	设备,材料或费用名称	单位	数量	材料	重量/吨		单价/元						合价/元					
						单重	总重	设备购置费	主要材料费	安装费	其中			设备购置费	主要材料费	安装费	其中		
											人工费	辅材费	机械费				人工费	辅材费	机械费
	1-1026	浮阀塔盘	层	84.00	304SS		21	36 072		805	507	210	88	757 503		67 620	42 588	17 640	7 392
2	1-1012	尾气塔 550＊4 900	台	1.00	09MnNiDR	1	1	48 145		2 920	1 099	637	1 184	67 403		2 920	1 099	637	1 184
	1-4007	填料　鲍尔环	m^3	0.88	304SS		4	41 843		432	284	56	92	146 451		1 512	994	196	322
		小计												2 389 395		269 367	119 826	62 838	86 703
		国内设备运费	%	4.00										95 576					
		国内设备采购费	%	2.43										58 062					
		国内材料运费	%	2.42															
		国内材料采购费	%	1.88															
		综合取费	%	131.54												157 619			
		合计												2 543 033		426 986			
三		热交换器类　5 台																	
1	1-1167	乙炔转换器加热器 850＊3 000	台	1.00	Q345R	11	11	15 202		10 007	3 240	1 952	4 815	161 141		10 007	3 240	1 952	4 815
2	1-1172	乙炔转换器换热器 1 200＊7 500（Ⅲ类，100%室温）	台	1.00	Q345R	63	63	18 418		21 712	8 474	6 093	7 145	1 152 967		21 712	8 474	6 093	7 145
3	1-1165	精制器再生换热器 500＊3 000	台	1.00	Q345R	3	3	22 803		3 188	1 316	750	1 122	75 250		3 188	1 316	750	1 122
4	1-1164	乙烯出口冷却器 273＊4 500	台	1.00	Q345R/10＃	1	1	38 005		2 046	682	557	807	53 207		2 046	682	557	807

续表

序号	指标编号	设备,材料或费用名称	单位	数量	材料	重量/吨		单价/元						合价/元					
						单重	总重	设备购置费	主要材料费	安装费	其中 人工费	其中 辅材费	其中 机械费	设备购置费	主要材料费	安装费	其中 人工费	其中 辅材费	其中 机械费
5	1-1201	E-4021共用闪蒸线加热器 夹套管换热器	台	1.00	Q345R	10	10	17 843		9 611	3 164	1 619	4 828	178 430		9 611	3 164	1 619	4 828
		小计												1 620 995		46 564	16 876	10 971	18 717
		国内设备运费	%	4.00										64 840					
		国内设备采购费	%	2.43										39 390					
		国内材料运费	%	2.42															
		国内材料采购费	%	1.88															
		综合取费	%	131.54												22 199			
		合计												1 725 225		68 763			
四		容器类 5台																	
1	1-1013	催化剂移动罐立式1 700*1 370(介质极毒,100%室温)	台	1.00	Q345R	3	3	23 376		4 797	2 282	1 148	1 367	60 778		4 797	2 282	1 148	1 367
2	1-1013	废催化剂移动罐立式1 700*1 370	台	1.00	Q345R	3	3	23 376		4 797	2 282	1 148	1 367	60 778		4 797	2 282	1 148	1 367
3	1-1017	乙烯转换器立式2 500*3 100(Ⅲ类,整体热处理,100%室温)	台	1.00	09MnNiDR	37	37	18 857		29 402	9 690	5 259	14 453	705 252		29 402	9 690	5 259	14 453
4	1-1021	乙烯精制器立式3 600*12 200(Ⅲ类,整体热处理,100%室温)	台	1.00	09MnNiDR	153	153	18 857		42 539	18 196	20 921	3 422	2 883 235		42 539	18 196	20 921	3 422

续表

序号	指标编号	设备,材料或费用名称	单位	数量	材料	重量/吨		单价/元						合价/元					
						单重	总重	设备购置费	主要材料费	安装费	其中			设备购置费	主要材料费	安装费	其中		
											人工费	辅材费	机械费				人工费	辅材费	机械费
5	1-1016	V-2020 氢气缓冲罐立式 4 600 * 4 500(Ⅲ类,整体热处理,100%室温 筒体 t=100)	台	1.00	Q345R	22	22	15 584		20 586	7 220	3 352	10 014	342 848		20 586	7 220	3 352	10 014
		小计												4 052 890		102 121	39 670	31 828	30 623
		国内设备运费	%	4.00										162 116					
		国内设备采购费	%	2.43										98 485					
		国内材料运费	%	2.42															
		国内材料采购费	%	1.88															
		综合取费	%	131.54												52 182			
		合计												4 313 491		154 303			
五		隔热、保温																	
1	9-1071	设备保温-岩棉制品	m^3	450					391	456	331	110	15		175 950	205 200	148 950	49 500	6 750
2	9-1194	设备保温保护层-铝合金薄板 δ=0.8 mm	10 m^2	60					501	535	432	86	17		30 030	32 100	25 920	5 160	1 020
		小计													205 980	237 300	174 870	54 660	7 770
		国内设备运费	%	4.00															
		国内设备采购费	%	2.43															
		国内材料运费	%	2.42											4 985				

续表

序号	指标编号	设备、材料或费用名称	单位	数量	材料	重量/吨		单价/元						合价/元					
						单重	总重	设备购置费	主要材料费	安装费	其中			设备购置费	主要材料费	安装费	其中		
											人工费	辅材费	机械费				人工费	辅材费	机械费
		国内材料采购费	%	1.88											3 872				
		综合取费	%	131.54												230 024			
		合计													214 837	467 324			
		共计												23 225 049	214 837	1 839 176			
		其中：																	
		国内设备费												21 821 901					
		国内材料费													205 980				
		国内设备运费												872 876					
		国内设备采购费												530 272					
		国内材料运费													4 985				
		国内材料采购费													3 872				
		增值税共计												3 610 608	33 688	183 918			

表 11　设备及安装工程概算表(三)

设备及安装工程概算表

项目号：********

文件号：******

编制	******	项目名称	******公司	设计阶段	基础设计
校核	******	概算类别		专业名称	机械设备
审核	******	主项名称	******装置	分项名称	

序号	指标编号	设备,材料或费用名称	单位	数量	材料	重量/吨		单价/元						合价/元					
						单重	总重	设备购置费	主要材料费	安装费	其中			设备购置费	主要材料费	安装费	其中		
											人工费	辅材费	机械费				人工费	辅材费	机械费
一		泵　3台																	
1	1-2153换	***循环泵：轴流泵流量 25 000 m^3/h 扬程 59.8 m：功率 2 000 kW	台	1	LTCS	35	35	引进		27 097	16 857	4 539	5 701			27 097	16 857	4 539	5 701
2	1-2145	***进料泵：流量 200 m^3/h 扬程 780.4 m：功率 75 kW	台	2	CS	2	3	306 000		2 213	1 605	460	148	612 000		4 426	3 210	920	296
		小计												612 000		31 523	20 067	5 459	5 997
		国内设备运费	%	4.00										24 480					
		国内设备采购费	%	2.43										14 872					
		国内材料运费	%	2.42															
		国内材料采购费	%	1.88															
		综合取费	%	131.54												26 397			
		合计												651 352		57 920			
二		压缩机　3台																	
1	1-2039	氢气压缩机包 往复压缩机　201 kg/h 110 kW	台	2	铸铁/SS	25	50	引进		52 580	34 074	9 156	9 350			105 160	68 148	18 312	18 700

续表

序号	指标编号	设备、材料或费用名称	单位	数量	材料	重量/吨		单价/元						合价/元					
						单重	总重	设备购置费	主要材料费	安装费	其中			设备购置费	主要材料费	安装费	其中		
											人工费	辅材费	机械费				人工费	辅材费	机械费
2	1-2071	氮气回收压缩机 螺杆压缩机 1 800 kW	台	1	铸铁/SS	145	145	18 460 000		190 844	121 782	22 170	46 892	18 460 000		190 844	121 782	22 170	46 892
		小计												18 460 000		296 004	189 930	40 482	65 592
		国内设备运费	%	4.00										738 400					
		国内设备采购费	%	2.43										448 578					
		国内材料运费	%	2.42															
		国内材料采购费	%	1.88															
		综合取费	%	131.54												249 834			
		合计												19 646 978		545 838			
		共计												20 298 330		603 758			
		其中：																	
		国内设备费												19 072 000					
		国内材料费																	
		国内设备运费												762 880					
		国内设备采购费												463 450					
		国内材料运费																	
		国内材料采购费																	
		增值税共计												3 155 615		60 376			

表 12　设备及安装工程概算表(四)

设备及安装工程概算表

项目号：********

文件号：******

编制	******	项目名称	******公司	设计阶段	基础设计
校核	******	概算类别		专业名称	工艺管道
审核	******	主项名称	******装置	分项名称	

序号	指标编号	设备,材料或费用名称	单位	数量	材料	重量/吨		单价/元						合价/元					
						单重	总重	设备购置费	主要材料费	安装费	其中			设备购置费	主要材料费	安装费	其中		
											人工费	辅材费	机械费				人工费	辅材费	机械费
一		碳钢管道　637 m																	
1	2-1040	8″　Pipe, SMLS, BE, GB/T 8163 20, SH/T 3405 STD	10 m	15		0.4	6.4		10 731	2 243	1 194	486	563		68 477	33 645	17 910	7 290	8 445
2	2-1041	10″　Pipe, SMLS, BE, GB/T 8163 20, SH/T 3405 STD	10 m	12		0.6	7.2		10 982	2 665	1 380	567	718		79 464	31 980	16 560	6 804	8 616
3	2-1055	2″　Pipe, SMLS, BE, GB 5310 20G, SH/T 3405 SCH80	10 m	26		0.1	1.9		12 417	821	490	185	146		23 882	21 100	12 593	4 755	3 752
4	2-1057	3″　Pipe, SMLS, BE, GB 5310 20G, SH/T 3405 SCH80	10 m	2		0.2	0.3		11 754	1 124	685	224	215		3 590	2 248	1 370	448	430
5	2-1058	4″　Pipe, SMLS, BE, GB 5310 20G, SH/T 3405 SCH80	10 m	9		0.2	2.0		11 526	1 768	1 021	359	388		23 154	15 912	9 189	3 231	3 492
		小计													147 940	65 625	34 470	14 094	17 061
		国内设备运费	%	4.00															
		国内设备采购费	%	2.43															

续表

序号	指标编号	设备,材料或费用名称	单位	数量	材料	重量/吨		单价/元						合价/元					
						单重	总重	设备购置费	主要材料费	安装费	其中			设备购置费	主要材料费	安装费	其中		
											人工费	辅材费	机械费				人工费	辅材费	机械费
		国内材料运费	%	2.42											3 580				
		国内材料采购费	%	1.88											2 781				
		综合取费	%	131.54												45 342			
		合计													154 302	110 967			
二		不锈钢管道　1 342 m																	
1	2-1319	4″ Pipe,SMLS,BE,A312 TP304/304L,ASME B36.19M SCH40S	10 m	19		0.2	3.1		50 676	2 643	1 471	662	510		154 614	49 424	27 508	12 379	9 537
2	2-1321	6″ Pipe,SMLS,BE,A312 TP304/304L,ASME B36.19M SCH40S	10 m	21		0.3	6.0		61 579	3 721	1 890	1 066	765		370 906	78 141	39 690	22 386	16 065
3	2-1316	2″ Pipe,SMLS,BE,A312 TP304/304L,ASME B36.19M SCH40S	10 m	33		0.1	1.8		52 073	1 199	686	294	219		94 868	39 567	22 638	9 702	7 227
4	2-1318	3″ Pipe,SMLS,BE,A312 TP304/304L,ASME B36.19M SCH40S	10 m	23		0.1	2.6		50 501	1 706	978	434	294		133 131	39 238	22 494	9 982	6 762
5	2-1278	12″ Pipe, EFW, LGS, BE, A358 Gr. 304/304L CL1,ASME B36.19M SCH40S	10 m	39		0.7	28.8		67 581	2 824	1 319	685	820		1 948 807	108 724	50 782	26 373	31 570
		小计													525 519	127 565	67 198	34 765	25 602
		国内设备运费	%	4.00															

续表

序号	指标编号	设备,材料或费用名称	单位	数量	材料	重量/吨		单价/元						合价/元					
						单重	总重	设备购置费	主要材料费	安装费	其中			设备购置费	主要材料费	安装费	其中		
											人工费	辅材费	机械费				人工费	辅材费	机械费
		国内设备采购费	%	2.43															
		国内材料运费	%	2.42											12 718				
		国内材料采购费	%	1.88											9 880				
		综合取费	%	131.54												88 392			
		合计													548 117	215 957			
三		阀门 134 个																	
1		碳钢闸阀 CS GATE VALVE																	
1.1	2-3002	4″ Gate Valve, BB, OS&Y, CL150, RF, ASTM A216 WCB, Trim: 13Cr/HF(API ＃8), API 600	个	50					1 160	103	49	39	15		58 000	5 150	2 450	1 950	750
1.2	2-3003	6″ Gate Valve, BB, OS&Y, CL150, RF, ASTM A216 WCB, Trim: 13Cr/HF(API ＃8), API 600	个	40					1 847	283	117	64	102		73 880	11 320	4 680	2 560	4 080
1.3	2-3003	8″ Gate Valve, BB, OS&Y, CL150, RF, ASTM A216 WCB, Trim: 13Cr/HF(API ＃8), API 600	个	19					2 859	283	117	64	102		54 321	5 377	2 223	1 216	1 938

续表

序号	指标编号	设备,材料或费用名称	单位	数量	材料	重量/吨		单价/元						合价/元					
						单重	总重	设备购置费	主要材料费	安装费	其中			设备购置费	主要材料费	安装费	其中		
											人工费	辅材费	机械费				人工费	辅材费	机械费
1.4	2-3003	10″ Gate Valve, BB, OS&Y, CL150, RF, ASTM A216 WCB, Trim: 13Cr/HF(API ＃8), API 600	个	9					4 062	283	117	64	102		36 558	2 547	1 053	576	918
1.5	2-3003	12″ Gate Valve, BB, OS&Y, CL150, RF, ASTM A216 WCB, Trim: 13Cr/HF(API ＃8), API 600	个	7					5 920	283	117	64	102		41 440	1 981	819	448	714
2		不锈钢闸阀 SS GATE VALVE																	
2.1	2-3007	1″ Gate Valve, BB, OS&Y, CL800, SW, ASTM A182 F316	个	4					565	111	54	40	17		2 260	444	216	160	68
2.2	2-3001	2″ Gate Valve, BB, OS&Y, CL150, RF, ASTM A351 CF8M	个	1					1 616	71	29	31	11		1 616	71	29	31	11
2.3	2-3002	3″ Gate Valve, BB, OS&Y, CL150, RF, ASTM A351 CF8M	个	2					2 649	103	49	39	15		5 298	206	98	78	30
2.4	2-3003	6″ Gate Valve, BB, OS&Y, CL150, RF, ASTM A351 CF8M	个	2					6 325	283	117	64	102		12 650	566	234	128	204

续表

序号	指标编号	设备、材料或费用名称	单位	数量	材料	重量/吨		单价/元						合价/元					
						单重	总重	设备购置费	主要材料费	安装费	其中			设备购置费	主要材料费	安装费	其中		
											人工费	辅材费	机械费				人工费	辅材费	机械费
		小计													286 023	27 662	11 802	7 147	8 713
		国内设备运费	%	4.00															
		国内设备采购费	%	2.43															
		国内材料运费	%	2.42											6 922				
		国内材料采购费	%	1.88											5 377				
		综合取费	%	131.54												15 524			
		合计													298 322	43 186			
四		安全阀 6 个																	
1	2-3014	2G3 CL600，CS TRIM：304SS	个	6.00					20 000	323	252	52	19		120 000	1 938	1 512	312	114
		小计													120 000	1 938	1 512	312	114
		国内设备运费	%	4.00															
		国内设备采购费	%	2.43															
		国内材料运费	%	2.42											2 904				
		国内材料采购费	%	1.88											2 256				
		综合取费	%	131.5												1 989			
		合计													125 160	3 927			
五		特殊支吊架 10 t																	
1	2-5001	弹簧支架	吨	10					25 000	1 531	1 104	243	184		250 000	15 310	11 040	2 430	1 840

续表

序号	指标编号	设备,材料或费用名称	单位	数量	材料	重量/吨		单价/元			其中			合价/元			其中		
						单重	总重	设备购置费	主要材料费	安装费	人工费	辅材费	机械费	设备购置费	主要材料费	安装费	人工费	辅材费	机械费
2	2-4001	金属膨胀节：DN150 普通型 压力 1.5 Mpa L=500 mm	只	1					15 000	1 178	635	366	177		15 000	1 178	635	366	177
3	2-4001	液压阻尼器：抗安全阀排放型阻尼器,L=1 500 载荷 40 KN	只	10					25 000	1 178	635	366	177		250 000	11 780	6 350	3 660	1 770
		小计													515 000	28 268	18 025	6 456	3 787
		国内设备运费	%	4.00															
		国内设备采购费	%	2.43															
		国内材料运费	%	2.42											12 463				
		国内材料采购费	%	1.88											9 682				
		综合取费	%	131.54												23 710			
		合计													537 145	51 978			
六		管道防腐 3 000 m^2																	
1	9-2015	抛丸除锈-管道	10 m^2	300						191	30	11	150			57 300	9 000	3 300	45 000
2	9-3047	管道用,无机富锌防腐底漆	10 m^2	300					387	94	82	11	1		116 100	28 200	24 600	3 300	300
3	9-3046	管道用,云铁中间漆	10 m^2	300					227	112	98	13	1		68 100	33 600	29 400	3 900	300
4	9-3010	管道用,丙烯酸聚氨酯面漆(两遍)	10 m^2	108					74	112	94	16	2		7 992	12 096	10 152	1 728	216
5	9-3060	管道用,有机硅耐热漆	10 m^2	72					173	60	52	7	1		12 456	4 320	3 744	504	72

续表

序号	指标编号	设备,材料或费用名称	单位	数量	材料	重量/吨		单价/元						合价/元					
						单重	总重	设备购置费	主要材料费	安装费	其中			设备购置费	主要材料费	安装费	其中		
											人工费	辅材费	机械费				人工费	辅材费	机械费
		小计													204 648	135 516	76 896	12 732	45 888
		国内设备运费	%	4.00															
		国内设备采购费	%	2.43															
		国内材料运费	%	2.42											4 952				
		国内材料采购费	%	1.88											3 847				
		综合取费	%	131.54												101 149			
		合计													213 448	236 665			
七		管道隔热 200 m^3																	
1	9-1013	管道用　岩棉制品	m^3	200					546	197	137	46	14		109 200	39 400	27 400	9 200	2 800
2	9-1193	管道用　铝合金薄板 δ=0.6 mm	10 m^2	400					499	661	515	118	28		199 680	264 400	206 000	47 200	11 200
		小计													308 880	303 800	233 400	56 400	14 000
		国内设备运费	%	4.00															
		国内设备采购费	%	2.43															
		国内材料运费	%	2.42											7 475				
		国内材料采购费	%	1.88											5 807				
		综合取费	%	131.54												307 014			
		合计													322 162	610 814			

续表

序号	指标编号	设备,材料或费用名称	单位	数量	材料	重量/吨		单价/元						合价/元					
						单重	总重	设备购置费	主要材料费	安装费	其中			设备购置费	主要材料费	安装费	其中		
											人工费	辅材费	机械费				人工费	辅材费	机械费
		共计													2 198 655	1 273 494			
		其中:																	
		国内设备费																	
		国内材料费													2 108 011				
		国内设备运费																	
		国内设备采购费																	
		国内材料运费													51 014				
		国内材料采购费													39 631				
		增值税共计													344 761	127 349			

表 13　设备及安装工程概算表(五)

设备及安装工程概算表

				项目号：********	
				文件号：******	
编制	******	项目名称	******公司	设计阶段	基础设计
校核	******	概算类别		专业名称	电气
审核	******	主项名称	******装置	分项名称	

序号	指标编号	设备,材料或费用名称	单位	数量	材料	重量/吨		单价/元						合价/元					
											其中						其中		
						单重	总重	设备购置费	主要材料费	安装费	人工费	辅材费	机械费	设备购置费	主要材料费	安装费	人工费	辅材费	机械费
一		变配电设备																	
1	4-1018	35/10 kV 油浸式变压器 25 MVA,双绕组/户外型/自冷/铜芯/无载调压/节能型	台	3				1 300 000		31 916	13 261	4 399	14 256	3 900 000		95 748	39 783	13 197	42 768
2	4-1043	10 kV 开关柜　2 000 A/31.5 kA,金属铠装移开式,包括智能综保	台	32				95 000		1 662	1 137	84	441	3 040 000		53 184	36 384	2 688	14 112
3	4-1045	380 V 开关柜 3 200 (4 000) A/63 kA,抽屉式,包括智能综保	台	51				65 000		584	412	62	110	3 315 000		29 784	21 012	3 162	5 610
4	4-1051	10 kV 电容器柜 1 600 kVar	组	2				320 000		5 368	2 129	156	3 083	640 000		10 736	4 258	312	6 166
		小计												10 895 000		189 452	101 437	19 359	68 656
		国内设备运费	%	4.00										435 800					
		国内设备采购费	%	2.43										264 749					
		国内材料运费	%	2.42															
		国内材料采购费	%	1.88															

续表

序号	指标编号	设备,材料或费用名称	单位	数量	材料	重量/吨		单价/元						合价/元					
						单重	总重	设备购置费	主要材料费	安装费	其中			设备购置费	主要材料费	安装费	其中		
											人工费	辅材费	机械费				人工费	辅材费	机械费
		综合取费	%	131.54												133 430			
		合计												11 595 549		322 882			
二		动力配线部分																	
1	4-2049	防爆检修箱	只	10				10 000		1 087	613	82	392	100 000		10 870	6 130	820	3 920
2	4-2040	防爆操作柱	套	70				1 200		113	72	34	7	84 000		7 910	5 040	2 380	490
3	4-2003 换	电缆 ZRA-YJV22-0.6/1 kV-3Cx50+50 N+25PEmm^2	1 000 m	8					1 978	11 981	9 382	2 178	421		15 824	95 850	75 057	17 424	3 370
	主材	电缆 ZRA-YJV22-0.6/1 kV-3Cx50+50 N+25PEmm^2	m	8 000					128						1 026 080				
4	4-2002 换	电缆 NHZA-YJV22-0.6/1 kV-3Cx16+16 N+16PEmm^2	1 000 m	9					2 151	9 311	6 830	2 117	364		19 355	83 801	61 472	19 053	3 276
	主材	电缆 NHZA-YJV22-0.6/1 kV-3Cx16+16 N+16PEmm^2	m	9 000					64						571 680				
5	4-2018	电缆 ZRA-KYJV22-0.45/0.75 kV-10×2.5 mm^2	1 000 m	12					249	6 132	4 142	1 779	211		2 984	73 584	49 704	21 348	2 532
	主材	电缆 ZRA-KYJV22-0.45/0.75 kV-10×2.5 mm^2	m	12 000					19						225 120				
6	4-2063	铝镁合金桥架	t	50					25 000	2 679	2 287	227	165		1 250 000	133 950	114 350	11 350	8 250
		小计												184 000	3 111 043	405 965	311 753	72 375	21 838
		国内设备运费	%	4.00										7 360					

续表

序号	指标编号	设备,材料或费用名称	单位	数量	材料	重量/吨		单价/元						合价/元					
						单重	总重	设备购置费	主要材料费	安装费	其中 人工费	其中 辅材费	其中 机械费	设备购置费	主要材料费	安装费	其中 人工费	其中 辅材费	其中 机械费
		国内设备采购费	%	2.43										4 471					
		国内材料运费	%	2.42											75 287				
		国内材料采购费	%	1.88											58 488				
		综合取费	%	131.54												410 079			
		合计												195 831	3 244 818	816 045			
三		照明部分																	
1	4-2051	防爆照明配电箱	只	10				8 000		1 037	604	81	352	80 000		10 370	6 040	810	3 520
2	4-4003	装置防爆照明	10套	27					2 684	3 501	2 963	495	43		72 477	94 527	80 001	13 365	1 161
		防爆 LED 灯 1X40 W;AC220 V,弯杆式	套	200					850						170 000				
		防爆金卤灯 1X175 W;AC220 V,弯杆式	套	40					1 000						40 000				
		防爆 LED 灯 1X10 W;AC220 V,吸顶式	套	30					850						25 500				
		小计												80 000	307 977	104 897	86 041	14 175	4 681
		国内设备运费	%	4.00										3 200					
		国内设备采购费	%	2.43										1 944					
		国内材料运费	%	2.42											7 453				
		国内材料采购费	%	1.88											5 790				
		综合取费	%	131.54												113 178			
		合计												85 144	321 220	218 075			

续表

序号	指标编号	设备,材料或费用名称	单位	数量	材料	重量/吨		单价/元						合价/元					
						单重	总重	设备购置费	主要材料费	安装费	其中			设备购置费	主要材料费	安装费	其中		
											人工费	辅材费	机械费				人工费	辅材费	机械费
四		防雷接地部分																	
1	4-4027	接地极 L50×5 mm L=3 000 mm纳米碳复合防腐镀锌角钢	根	120					600	124	88	8	28		72 000	14 880	10 560	960	3 360
2	4-4029	接地干线 50×5 mm 纳米碳复合防腐扁钢	10 m	640					750	125	98	21	6		480 000	80 000	62 720	13 440	3 840
		小计													552 000	94 880	73 280	14 400	7 200
		国内设备运费	%	4.00															
		国内设备采购费	%	2.43															
		国内材料运费	%	2.42											13 358				
		国内材料采购费	%	1.88											10 378				
		综合取费	%	131.54												96 393			
		合计													575 736	191 273			
		共计												11 876 524	4 141 774	1 548 275			
		其中:																	
		国内设备费												11 159 000					
		国内材料费													3 971 020				
		国内设备运费												446 360					
		国内设备采购费												271 164					
		国内材料运费													96 099				
		国内材料采购费													74 655				
		增值税共计												1 846 346	649 452	154 827			

表 14　设备及安装工程概算表(六)

设备及安装工程概算表			项目号：********	
			文件号：******	
编制	******	项目名称	******公司	设计阶段	基础设计
校核	******	概算类别		专业名称	电信
审核	******	主项名称	******装置	分项名称	

序号	指标编号	设备,材料或费用名称	单位	数量	材料	重量/吨		单价/元						合价/元					
						单重	总重	设备购置费	主要材料费	安装费	其中			设备购置费	主要材料费	安装费	其中		
											人工费	辅材费	机械费				人工费	辅材费	机械费
一		火灾报警系统																	
1	10-3001	机柜(800×800×2 100)	套	2				15 000		897	215	10	672	30 000		1 794	430	20	1 344
2	10-2004	本安型感烟探测器	只	12				900		47	37	8	2	10 800		564	444	96	24
3	10-2008	隔爆型火灾报警手动按钮	只	21				1 500		51	28	22	1	31 500		1 071	588	462	21
4	10-2007	防爆防水型声光报警器	只	21				4 000		42	38	3	1	84 000		882	798	63	21
5	10-4003	电缆敷设	1 000 m	3					18 030	10 634	8 193	2 169	272		58 598	34 561	26 627	7 049	884
		信号线 NHZR-RVS 2×1.5	m	1 300					3	0					3 315				
		电源及控制线 NHZR-BVV 2×2.5	m	1 600					4	0					7 168				
		消防电话线 NHZR-RVVP 2×1.5	m	350					5	0					1 817				
		小计												156 300	70 897	38 872	28 887	7 690	2 294
		国内设备运费	%	4.00										6 252					
		国内设备采购费	%	2.43										3 798					
		国内材料运费	%	2.42											1 716				

续表

序号	指标编号	设备,材料或费用名称	单位	数量	材料	重量/吨		单价/元						合价/元					
						单重	总重	设备购置费	主要材料费	安装费	其中			设备购置费	主要材料费	安装费	其中		
											人工费	辅材费	机械费				人工费	辅材费	机械费
		国内材料采购费	%	1.88											1 333				
		综合取费	%	131.54												37 998			
		合计												166 350	73 946	76 870			
二		工业电视电视系统																	
1	10-3003	防爆一体化摄像机	套	20				35 000		719	617	37	65	700 000		14 380	12 340	740	1 300
2	10-4003	其他电缆敷设	1 000 m	8					18 030	10 634	8 193	2 169	272		144 240	85 072	65 544	17 352	2 176
		电源电缆 ZR-KVV 3×2.5	m	8 000					5						43 680				
		小计												700 000	187 920	99 452	77 884	18 092	3 476
		国内设备运费	%	4.00										28 000					
		国内设备采购费	%	2.43										17 010					
		国内材料运费	%	2.42											4 548				
		国内材料采购费	%	1.88											3 533				
		综合取费	%	131.54												102 449			
		合计												745 010	196 001	201 901			
三		扩音对讲系统																	
1	10-1013	室外防爆话站及外罩	套	18				25 000		103	94	9		450 000		1 854	1 692	162	
2	10-1007	室外防爆扬声器及驱动器	套	18				9 000		105	80	16	9	162 000		1 890	1 440	288	162
		小计												612 000		3 744	3 132	450	162

续表

序号	指标编号	设备,材料或费用名称	单位	数量	材料	重量/吨		单价/元						合价/元					
						单重	总重	设备购置费	主要材料费	安装费	其中			设备购置费	主要材料费	安装费	其中		
											人工费	辅材费	机械费				人工费	辅材费	机械费
		国内设备运费	%	4.00										24 480					
		国内设备采购费	%	2.43										14 872					
		国内材料运费	%	2.42															
		国内材料采购费	%	1.88															
		综合取费	%	131.54												4 120			
		合计												651 352		7 864			
		共计												1 562 712	269 946	286 634			
		其中:																	
		国内设备费												1 468 300					
		国内材料费													258 817				
		国内设备运费												58 732					
		国内设备采购费												35 680					
		国内材料运费													6 263				
		国内材料采购费													4 866				
		增值税共计												242 942	42 329	28 663			

表 15　设备及安装工程概算表(七)

设备及安装工程概算表

编制	******	项目名称	******公司	设计阶段	基础设计
校核	******	概算类别		专业名称	自控仪表
审核	******	主项名称	******装置	分项名称	

项目号：********
文件号：******

序号	指标编号	设备,材料或费用名称	单位	数量	材料	重量/吨		单价/元						合价/元					
											其中						其中		
						单重	总重	设备购置费	主要材料费	安装费	人工费	辅材费	机械费	设备购置费	主要材料费	安装费	人工费	辅材费	机械费
一		自控设备　781 台(套)																	
1		流量仪表																	
1.1	5-1025	质量流量计 4″,Exd	台	3				185 345		1 022	749	146	127	556 034		3 066	2 247	438	381
1.2	5-1011	转子流量计 ANSI300Lb,RF,3/4″~2″	台	30				4 310		467	364	45	58	129 310		14 010	10 920	1 350	1 740
2		液位仪表																	
2.1	5-1043	雷达液位计 Exd	台	9				25 862		1 180	983	64	133	232 759		10 620	8 847	576	1 197
2.2	5-1038	磁性液位计	台	35				5 172		476	419	53	4	181 034		16 660	14 665	1 855	140
3		压力仪表																	
3.1	5-1005	普通压力表 1/2″ NPT,316SS	台	240				388		60	54	6		93 103		14 400	12 960	1 440	
3.2	5-1005	隔膜式压力表 1″,316SS	台	73				1 293		60	54	6		94 397		4 380	3 942	438	
4		温度仪表								0									
4.1	5-1002	单支热电阻检测元件 RTD/A 级,Exd,带法兰保护管(整体制作),316SS	台	111				1 034		197	156	12	29	114 828		21 867	17 316	1 332	3 219

续表

序号	指标编号	设备,材料或费用名称	单位	数量	材料	重量/吨		单价/元						合价/元					
						单重	总重	设备购置费	主要材料费	安装费	其中			设备购置费	主要材料费	安装费	其中		
											人工费	辅材费	机械费				人工费	辅材费	机械费
4.2	5-1003	热电阻温度变送器(带现场数字表头)Exd	台	176				5 172		301	253	18	30	910 345		52 976	44 528	3 168	
5		电子式变送器																	
5.1	5-1010	双法兰液位变送器ANSI300Lb,DN80,ExdIIICT4	台	42				13 793		775	579	62	134	579 310		32 550	24 318	2 604	5 628
5.2	5-1009	差压(压力)变送器ExdIIICT4	台	19				5 603		618	459	39	120	106 466		11 742	8 721	741	2 280
6		分析仪表																	
6.1	5-5005	在线色谱分析仪 Exd,配套软件,调试及标定设备	台	4				301 724		4 006	3 538	143	325	1 206 897		16 024	14 152	572	1 300
6.2	5-5011	在线总碳氢分析仪 Exd	台	2				344 828		1 879	1 607	87	185	689 655		3 758	3 214	174	370
7		气动调节阀																	
7.1		调节阀(Globe)配套:①电/气阀门定位器(Exd);②空气过滤减压器、安装配件等																	
	5-3002	ANSI600Lb,回流,6″,碳钢	台	3				109 914		1 128	825	125	178	329 741		3 384	2 475	375	534
	5-3002	ANSI600Lb,回流,4″,碳钢	台	4				87 931		1 128	825	125	178	351 724		4 512	3 300	500	712
8		气动开关阀																	
8.1		开关球阀 配套:①电磁阀(Exd)、阀门回讯(趋近式无源干触点);②空气过滤减压器、安装配件等																	

续表

序号	指标编号	设备,材料或费用名称	单位	数量	材料	重量/吨		单价/元						合价/元					
						单重	总重	设备购置费	主要材料费	安装费	其中			设备购置费	主要材料费	安装费	其中		
											人工费	辅材费	机械费				人工费	辅材费	机械费
	5-3010	ANSI300Lb,RF,4″,316SS	台	2				86 207		985	666	147	172	172 414		1 970	1 332	294	344
	5-3010	ANSI300Lb,RF,3″,碳钢	台	26				51 724		985	666	147	172	1 344 828		25 610	17 316	3 822	4 472
9		控制系统																	
9.1		分散控制系统(DCS)	套	1				引进											
	5-7005	模拟量信号/FF 现场总线:1 869 点	点	1 869						219	147	1	71			409 311	274 743	1 869	132 699
	5-7006	数字量信号:2 100 点	点	2 100						81	76	1	4			170 100	159 600	2 100	8 400
	5-7001	工业计算机机柜、操作显示报警台柜安装	台	15						2 286	1 888	179	219			34 290	28 320	2 685	3 285
	5-7003	打印机	台	1						84	64	10	10			84	64	10	10
9.2		安全仪表控制系统(SIS)	套	1				引进											
	5-7005	模拟量信号:118 点	点	118						219	147	1	71			25 842	17 346	118	8 378
	5-7006	数字量信号:484 点	点	484						81	76	1	4			39 204	36 784	484	1 936
	5-7001	工业计算机机柜、操作显示报警台柜安装	台	6						2 286	1 888	179	219			13 716	11 328	1 074	1 314
	5-7003	打印机	台	1						84	64	10	10			84	64	10	10
		小计												7 092 845		930 160	718 502	28 029	178 349
		国内设备运费	%	4.00										283 714					
		国内设备采购费	%	2.43										172 356					
		国内材料运费	%	2.42															
		国内材料采购费	%	1.88															
		综合取费	%	131.54												945 118			

续表

序号	指标编号	设备,材料或费用名称	单位	数量	材料	重量/吨		单价/元						合价/元					
						单重	总重	设备购置费	主要材料费	安装费	其中 人工费	其中 辅材费	其中 机械费	设备购置费	主要材料费	安装费	其中 人工费	其中 辅材费	其中 机械费
		合计												7 548 915		1 875 278			
二		自控材料																	
1	5-9002	镀锌水煤气管 2″	10 m	200					242	151	107	26	18		48 490	30 200	21 400	5 200	3 600
2	5-9003	无缝钢管 φ12×1.5 316SS	10 m	250					706	751	455	209	87		176 405	187 750	113 750	52 250	21 750
3	5-9001	无缝钢管 SCH40，2″ Q235A/镀锌	10 m	100					173	541	340	135	66		17 319	54 100	34 000	13 500	6 600
4	5-9010	钢丝铠装现场总线电缆：FF HOME RUN 1 * 2 * AWG18 A IS Type A	100 m	220					2 155	722	486	210	26		474 138	158 840	106 920	46 200	5 720
5		钢丝铠装阻燃铜芯聚乙烯绝缘聚氯乙烯护套阻燃铝塑对绞屏蔽控制软电缆																	
	5-9010	1×2×1.5	100 m	500					403	722	486	210	26		201 724	361 000	243 000	105 000	13 000
	5-9010	1×2×2.5	100 m	110					562	722	486	210	26		61 828	79 420	53 460	23 100	2 860
6	5-9017	电缆槽板 铝合金	t	60					21 552	2 691	2 266	257	168		1 293 103	161 460	135 960	15 420	10 080
7	5-9008	卡套球阀 PN10.0，12 mm OD	个	600	316SS				690	65	49	12	4		413 793	39 000	29 400	7 200	2 400
8	5-9008	过滤器 PN10.0，12 mm OD	个	45	316SS				560	65	49	12	4		25 216	2 925	2 205	540	180
9	5-9008	气源球阀 PN5.0，DN15	个	80	316SS				172	65	49	12	4		13 793	5 200	3 920	960	320
10	5-9009	气源分配器 PN5.0，10 回路	个	50	304SS				2 845	115	87	23	5		142 241	5 750	4 350	1 150	250
11	5-9008	承插焊截止阀 PN5.0，DN15	个	35	304SS				241	65	49	12	4		8 448	2 275	1 715	420	140

续表

序号	指标编号	设备,材料或费用名称	单位	数量	材料	重量/吨		单价/元						合价/元					
						单重	总重	设备购置费	主要材料费	安装费	其中			设备购置费	主要材料费	安装费	其中		
											人工费	辅材费	机械费				人工费	辅材费	机械费
12	5-8004	增安型 FF 总线接线箱,进 12/出 1,M20×1.5	只	120					4 310	735	480	226	29		517 241	88 200	57 600	27 120	3 480
13	5-8004	防爆接线箱 10 回路,配铠装电缆接头,ExeIICT4,IP66 304SS	只	250	304SS				3 017	735	480	226	29		754 310.3	183 750	120 000	56 500	7 250
		小计													4 148 050	1 359 870	927 680	354 560	77 630
		国内设备运费	%	4.00															
		国内设备采购费	%	2.43															
		国内材料运费	%	2.42											100 383				
		国内材料采购费	%	1.88											77 983				
		综合取费	%	131.54												1 220 270			
		合计													4 326 416	2 580 140			
		共计												7 548 915	4 326 416	4 455 418			
		其中:																	
		国内设备费												7 092 845					
		国内材料费													4 148 050				
		国内设备运费												283 714					
		国内设备采购费												172 356					
		国内材料运费													100 383				
		国内材料采购费													77 983				
		增值税共计												1 173 568	678 405	445 542			

表 16　设备及安装工程概算表(八)

设备及安装工程概算表

				项目号：********	
				文件号：******	
编制	******	项目名称	******公司	设计阶段	基础设计
校核	******	概算类别		专业名称	给排水
审核	******	主项名称	******装置	分项名称	

序号	指标编号	设备,材料或费用名称	单位	数量	材料	重量/吨		单价/元						合价/元					
						单重	总重	设备购置费	主要材料费	安装费	其中 人工费	其中 辅材费	其中 机械费	设备购置费	主要材料费	安装费	其中 人工费	其中 辅材费	其中 机械费
一		碳钢管道 2 760 m																	
1	7-1086	无缝钢管 DN500	10 m	43		2	68		4 266	883	452	127	304		291 083	37 969	19 436	5 461	13 072
2	7-1085	无缝钢管 DN400	10 m	50		1	63		4 244	813	410	125	278		267 370	40 650	20 500	6 250	13 900
3	7-1083	无缝钢管 DN300	10 m	86		1	67		4 406	655	334	89	232		294 305	56 330	28 724	7 654	19 952
4	7-1081	无缝钢管 DN200	10 m	52		[illegible]	22		4 346	516	272	70	174		94 064	26 832	14 144	3 640	9 048
5	7-1080	无缝钢管 DN150	10 m	15		[illegible]	4		4 320	474	252	67	155		18 007	7 110	3 780	1 005	2 325
6	7-1079	无缝钢管 DN100	10 m	18		[illegible]	3		4 177	330	199	38	93		12 014	5 940	3 582	684	1 674
7	7-1078	无缝钢管 DN80	10 m	12		[illegible]	1		3 908	237	172	31	34		5 311	2 844	2 064	372	408
		小计													982 155	177 675	92 230	25 066	60 379
		国内设备运费	%	4.00															
		国内设备采购费	%	2.43															
		国内材料运费	%	2.42											23 768				
		国内材料采购费	%	1.88											18 465				
		综合取费	%	131.54												121 319			
		合计													1 024 388	298 994			
二		铸铁管道 1 050 m																	

续表

序号	指标编号	设备,材料或费用名称	单位	数量	材料	重量/吨		单价/元						合价/元					
						单重	总重	设备购置费	主要材料费	安装费	其中 人工费	其中 辅材费	其中 机械费	设备购置费	主要材料费	安装费	其中 人工费	其中 辅材费	其中 机械费
1	7-1155	给水球墨铸铁管(T型) D=800	10 m	3					12 686	643	403	123	117		38 058	1 929	1 209	369	351
2	7-1154	给水球墨铸铁管(T型) D=700	10 m	12					10 217	611	391	112	108		122 599	7 332	4 692	1 344	1 296
3	7-1153	给水球墨铸铁管(T型) D=600	10 m	12					8 025	475	299	86	90		96 297	5 700	3 588	1 032	1 080
4	7-1152	给水球墨铸铁管(T型) D=500	10 m	8					6 458	408	264	68	76		51 660	3 264	2 112	544	608
5	7-1151	给水球墨铸铁管(T型) D=400	10 m	25					4 700	360	238	57	65		117 504	9 000	5 950	1 425	1 625
6	7-1150	给水球墨铸铁管(T型) D=300	10 m	33					3 167	318	224	51	43		104 513	10 494	7 392	1 683	1 419
7	7-1149	给水球墨铸铁管(T型) D=200	10 m	12					2 355	259	209	47	3		28 257	3 108	2 508	564	36
		小计													558 888	40 827	27 451	6 961	6 415
		国内设备运费	%	4.00															
		国内设备采购费	%	2.43															
		国内材料运费	%	2.42											13 525				
		国内材料采购费	%	1.88											10 507				
		综合取费	%	131.54												36 109			
		合计													582 921	76 936			
三		管道防腐 2 796 m^2																	
1	9-2015	管道除锈	10 m^2	270						191	30	11	150			51 502	8 089	2 966	40 447
2	9-3225	聚乙烯胶粘带特加强级防腐	10 m^2	270					979	132	98	14	20		264 089	35 593	26 425	3 775	5 393

续表

序号	指标编号	设备,材料或费用名称	单位	数量	材料	重量/吨		单价/元						合价/元					
						单重	总重	设备购置费	主要材料费	安装费	其中			设备购置费	主要材料费	安装费	其中		
											人工费	辅材费	机械费				人工费	辅材费	机械费
		小计													264 089	87 095	34 514	6 741	45 840
		国内设备运费	%	4.00															
		国内设备采购费	%	2.43															
		国内材料运费	%	2.42											6 391				
		国内材料采购费	%	1.88											4 965				
		综合取费	%	131.54												45 400			
		合计													275 445	132 495			
四		阀门 9 个																	
1	7 - 5028	硬密封铸钢双偏心蝶阀(DN1200)	个	2					48 501	2 774	1 483	705	586		97 002	5 548	2 966	1 410	1 172
2	7 - 5019	硬密封铸钢双偏心蝶阀(DN300)	个	3					2 919	375	204	94	77		8 757	1 125	612	282	231
3	7 - 5028	金属伸缩器(DN1200)	个	2					64 296	2 774	1 483	705	586		128 591	5 548	2 966	1 410	1 172
4	7 - 5016	闸阀 DN150	个	3					1 592	131	75	50	6		4 777	393	225	150	18
5	7 - 5015	闸阀 DN100	个	1					1 000	103	54	45	4		1 000	103	54	45	4
		小计													240 127	12 717	6 823	3 297	2 597
		国内设备运费	%	4.00															
		国内设备采购费	%	2.43															
		国内材料运费	%	2.42											5 811				
		国内材料采购费	%	1.88											4 514				
		综合取费	%	131.54												8 975			
		合计													250 452	21 692			
五		消防设施 23 套																	

续表

序号	指标编号	设备,材料或费用名称	单位	数量	材料	重量/吨		单价/元						合价/元					
						单重	总重	设备购置费	主要材料费	安装费	其中			设备购置费	主要材料费	安装费	其中		
											人工费	辅材费	机械费				人工费	辅材费	机械费
1	7-7020	室外消火栓及箱	套	16					3 448	161	83	72	6		55 172	2 576	1 328	1 152	96
2	7-7026	手动消防炮 PS40	套	7					10 345	61	48	8	5		72 414	427	336	56	35
3		手提式磷酸铵盐干粉灭火器 MFZ/ABC8	只	430					172						74 138				
4		灭火器箱　XMDDD42	只	215					216						46 336				
		小计													248 060	3 003	1 664	1 208	131
		国内设备运费	%	4.00															
		国内设备采购费	%	2.43															
		国内材料运费	%	2.42											6 003				
		国内材料采购费	%	1.88											4 664				
		综合取费	%	131.54												2 189			
		合计													258 727	5 192			
		共计													2 391 932	535 310			
		其中:																	
		国内设备费																	
		国内材料费													2 293 319				
		国内设备运费																	
		国内设备采购费																	
		国内材料运费													55 498				
		国内材料采购费													43 114				
		增值税共计													375 068	53 531			

表 17　建筑工程概算表(四)

建筑工程概算表			项目号：********	
			文件号：******	
编制	******	项目名称	******公司	设计阶段	基础设计
校核	******	概算类别		专业名称	给排水
审核	******	主项名称	******装置	分项名称	

序号	定额编号	工程或费用名称	单位	数量	单价/元				合价/元			
					定额直接费	其中			定额直接费	其中		
						人工费	材料费	机械费		人工费	材料费	机械费
一		井类										
1		初期雨水检查井 1.5 * 1.1 * 3 m	座	24	10 465				251 171			
2		循环水阀门井 4 * 4 * 3.5 m	座	1	60 000				60 000			
3		消防阀门井 3 * 3 * 3 m	座	16	26 364				421 818			
4		钢筋混凝土雨水口	座	15	1 291				19 364			
5		化粪池	座	1	20 822				20 822			
		小计							773 175			
		综合取费										
		合计							773 175			
二		管沟土方										
1		循环水管沟土方	m^3	9 300	23				211 364			

续表

序号	定额编号	工程或费用名称	单位	数量	单价/元				合价/元			
					定额直接费	其中			定额直接费	其中		
						人工费	材料费	机械费		人工费	材料费	机械费
2		雨水管沟土方	m^3	3 320	23				75 455			
		小计							286 818			
		综合取费										
		合计							286 818			
		共计							1 059 993			
		增值税共计							105 999			

表 18　设备及安装工程概算表(九)

设备及安装工程概算表

		项目号：********	
		文件号：******	
编制 ******	项目名称	******公司	设计阶段	基础设计
校核 ******	概算类别		专业名称	采暖通风
审核 ******	主项名称	******装置	分项名称	

序号	指标编号	设备,材料或费用名称	单位	数量	材料	重量/吨		单价/元						合价/元					
						单重	总重	设备购置费	主要材料费	安装费	其中 人工费	辅材费	机械费	设备购置费	主要材料费	安装费	其中 人工费	辅材费	机械费
一		空调																	
1	8-2039	恒温恒湿空调机 HF78NH	台	2				115 776		4 822	2 949	1 355	518	231 552		9 644	5 898	2 710	1 036
2	8-2039	恒温恒湿空调机 HF176NH	台	2				241 810		4 822	2 949	1 355	518	483 621		9 644	5 898	2 710	1 036
3	8-2039	新风净化(化学过滤)机组 0.9#	台	1				260 862		4 822	2 949	1 355	518	260 862		4 822	2 949	1 355	518
4	8-2045	排风机箱　BF355-1	台	1				5 862		1 223	973	244	6	5 862		1 223	973	244	6
		小计												981 897		25 333	15 718	7 019	2 596
		国内设备运费	%	4.00										39 276					
		国内设备采购费	%	2.43										23 860					
		国内材料运费	%	2.42															
		国内材料采购费	%	1.88															
		综合取费	%	131.54												20 675			
		合计												1 045 033		46 008			
二		通风																	
1	8-2051	管道风机　GDF4.0-8	台	5				3 759		478	418	58	2	18 793		2 390	2 090	290	10

续表

序号	指标编号	设备，材料或费用名称	单位	数量	材料	重量/吨		单价/元						合价/元					
						单重	总重	设备购置费	主要材料费	安装费	其中			设备购置费	主要材料费	安装费	其中		
											人工费	辅材费	机械费				人工费	辅材费	机械费
2	8-2051	抗爆风阀 风量8 600CMH	组	2				51 379		478	418	58	2	102 759		956	836	116	4
3	8-2011	铝合金风口	只	35					560	39	31	8			19 612	1 365	1 085	280	
4	8-2012	风量调节阀	只	35					733	82	70	12			25 647	2 870	2 450	420	
5	8-2002	镀锌钢板风管 1.2 mm厚	m^2	250					53	147	90	38	19		13 147	36 750	22 500	9 500	4 750
		小计												121 552	58 405	44 331	28 961	10 606	4 764
		国内设备运费	%	4.00										4 862					
		国内设备采购费	%	2.43										2 954					
		国内材料运费	%	2.42											1 413				
		国内材料采购费	%	1.88											1 098				
		综合取费	%	131.54												38 095			
		合计												129 368	60 917	82 426			
		共计												1 174 400	60 917	128 435			
		其中：																	
		国内设备费												1 103 448					
		国内材料费													58 405				
		国内设备运费												44 138					
		国内设备采购费												26 814					
		国内材料运费													1 413				
		国内材料采购费													1 098				
		增值税共计												182 574	9 552	12 843			

表 19　设备及安装工程概算表(十)

设备及安装工程概算表

项目号：********

文件号：******

编制	******	项目名称	******公司	设计阶段	基础设计
校核	******	概算类别		专业名称	催化剂及化学药剂
审核	******	主项名称	******装置	分项名称	

序号	指标编号	设备,材料或费用名称	单位	数量	材料	重量/吨		单价/元						合价/元					
						单重	总重	设备购置费	主要材料费	安装费	其中			设备购置费	主要材料费	安装费	其中		
											人工费	辅材费	机械费				人工费	辅材费	机械费
1	1-4012	** 转换器催化剂 RO-20/13 K2-4	m^3	11				引进		337	211	26	100			3 640	2 279	281	1 080
2	1-4012	** 精致器催化剂 AZ-300 7 * 4 Beads	m^3	222				引进		337	211	26	100			74 881	46 884	5 777	22 220
3	1-4006	瓷球	吨	55				17 241		454	303	55	96	948 276		24 970	16 665	3 025	5 280
		小计												948 276		103 491	65 828	9 083	28 580
		国内设备运费	%	4.00										37 931					
		国内设备采购费	%	2.43										23 043					
		国内材料运费	%	2.42															
		国内材料采购费	%	1.88															
		综合取费	%	131.54												86 590			
		合计												1 009 250		190 081			
		共计												1 009 250		190 081			

续表

序号	指标编号	设备,材料或费用名称	单位	数量	材料	重量/吨		单价/元						合价/元					
						单重	总重	设备购置费	主要材料费	安装费	其中			设备购置费	主要材料费	安装费	其中		
											人工费	辅材费	机械费				人工费	辅材费	机械费
		其中：																	
		国内设备费												948 276					
		国内材料费																	
		国内设备运费												37 931					
		国内设备采购费												23 043					
		国内材料运费																	
		国内材料采购费																	
		增值税共计												156 900		19 008			

表 20　设备及安装工程概算表(十一)

设备及安装工程概算表

项目号：********

文件号：******

编制	******	项目名称	******公司	设计阶段	基础设计
校核	******	概算类别		专业名称	劳动安全卫生
审核	******	主项名称	******装置	分项名称	

序号	指标编号	设备,材料或费用名称	单位	数量	材料	重量/吨		单价/元						合价/元					
						单重	总重	设备购置费	主要材料费	安装费	其中 人工费	其中 辅材费	其中 机械费	设备购置费	主要材料费	安装费	其中 人工费	其中 辅材费	其中 机械费
1		防静电工作服(春季)	套	122					431						52 586				
2		防静电工作服(秋季)	套	122					431						52 586				
3		防静电防寒服	套	61					603						36 810				
4		安全帽	顶	61					216						13 147				
5		耐油耐酸碱手套	副	732					26						18 931				
6		橡胶防水雨衣	套	61					129						7 888				
7		防静电耐酸碱防晒工作鞋	双	61					216						13 147				
8		防噪声耳塞、耳罩	副	122					26						3 155				
9		防尘土罩	只	122					86						10 517				
10		防冲击眼部护镜	副	122					86						10 517				
11		防化学眼部护镜	副	122					172						21 034				
12		空气呼吸器	套	4					6 897						27 586				
13		长管空气呼吸器	套	4					8 621						34 483				
14		防碱工作服	套	2					1 724						3 448				
15		防酸工作服	套	2					1 724						3 448				

续表

序号	指标编号	设备,材料或费用名称	单位	数量	材料	重量/吨		单价/元						合价/元					
						单重	总重	设备购置费	主要材料费	安装费	其中 人工费	辅材费	机械费	设备购置费	主要材料费	安装费	其中 人工费	辅材费	机械费
16		风向标、警示牌等	批	1					17 241						17 241				
17		现场防护面罩	套	32					172						5 517				
18		现场急救箱	套	6					431						2 586				
		小计													334 629				
		国内设备运费	%	4.00															
		国内设备采购费	%	2.43															
		国内材料运费	%	2.42															
		国内材料采购费	%	1.88															
		综合取费	%	131.54															
		合计													334 629				
		共计													334 629				
		其中:																	
		国内设备费																	
		国内材料费													334 629				
		国内设备运费																	
		国内设备采购费																	
		国内材料运费																	
		国内材料采购费																	
		增值税共计													53 541				

附录三　石油化工建设项目施工图预算案例

××公司

××项目

详 细 设 计

施工图预算(工艺管道)

××××设计有限公司

××××年××月

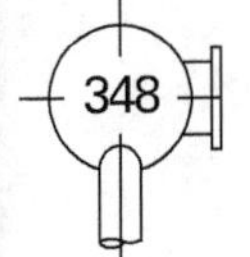

编 制 说 明

1 概述

1.1 工程概况

本项目是××公司××项目详细设计阶段施工图预算(工艺管道)。本项目的性质为新建项目。

1.2 投资构成

工程预算：47 382 元(其中增值税 4 738 元)。

2 编制范围

本预算包括项目范围内的所有工艺管道及安装工程，预算额包括直接费、企业管理费、规费、利润、税金等。

3 编制依据

3.1 指标及规范

(1) ××××集团公司发布的《石油化工建设项目预算定额》;

(2) 国家财政部、国家税务总局《关于调整增值税税率的通知》(财税〔2018〕32 号)。

3.2 工程量及价格依据

3.2.1 工程量依据

依据工艺管道专业的施工图文件。

3.2.2 安装费依据

安装费执行××集团公司发布的《石油化工建设项目预算定额》;

安装工程综合费率 1.315 4×定额人工费;

安装费增值税按 10%计列。

某工程工艺管道专业部分施工图如图1所示：

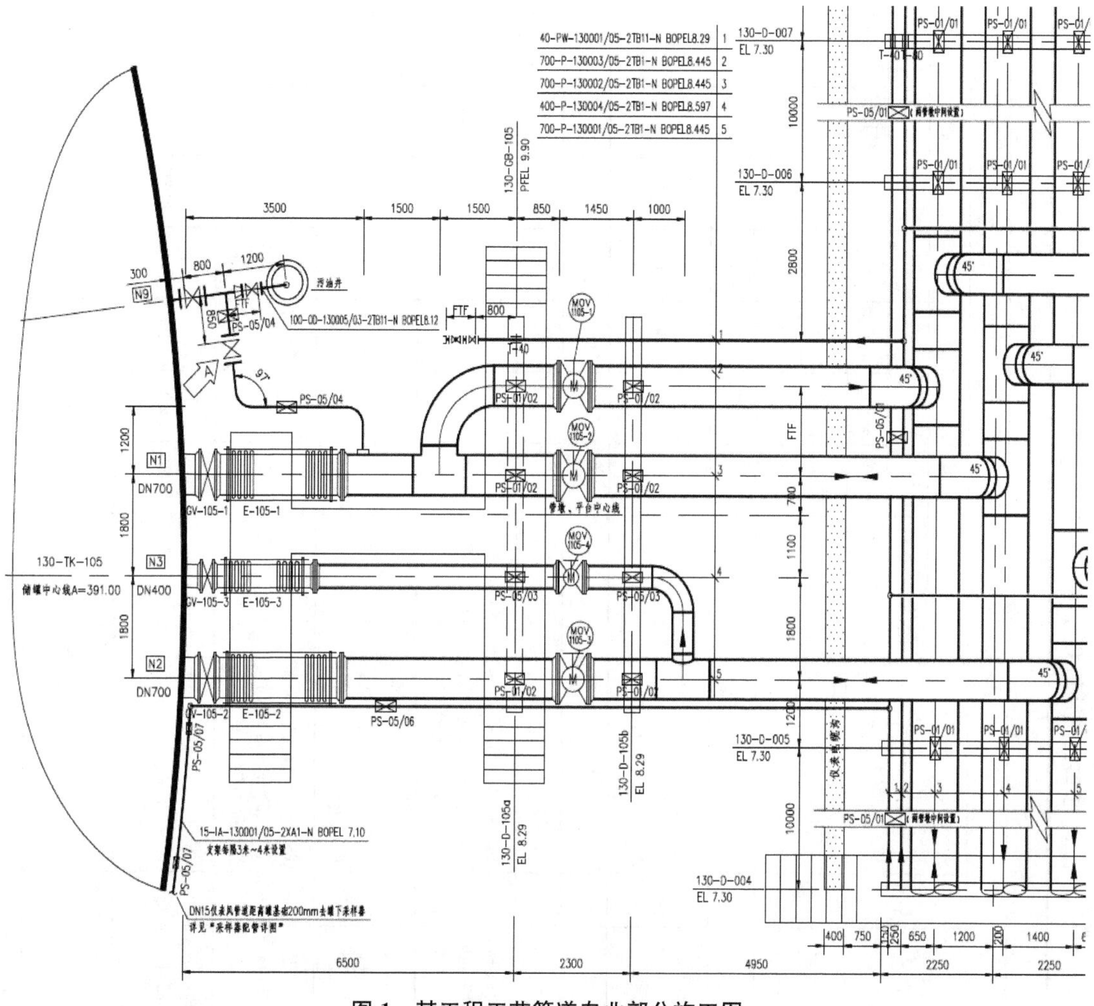

图1 某工程工艺管道专业部分施工图

根据该施工图计算的相应工程量及费用如表1所示：

表 1　安装工程预算书

施工单位：＊＊＊＊有限公司

工程名称：＊＊＊＊工程-＊＊＊单元-管线

序号	定额编号	所属管号或位号	分项工程名称及规格	单位	计算式	工程量	单价/元				合价/元				备注
							安装费	其中			安装费	其中			
								人工费	辅材费	机械费		人工费	辅材费	机械费	
			安装-专业												
			单元名称：＊＊＊单元-管线												
			无缝钢管												
1	2-705	40-PW-130001/05-2TB11-N	DN40 PIPE, SMLS, PE, GB/T 8163 20 Galv.,SH/T 3405 SCH80	10 m	[1.5+0.85+1.45+1+4.2+(8.29−7.3)]/10	1	41	35	3	3	41	34	3	3	
			焊接钢管												
2	2-1002	700-P-130003/05-2TB1-N	DN700 PIPE, DSSAW, BE, GB/T 9711.1 L245, SH/T 3405, Ej=0.958 mm	10 m	(0.4+0.85+1.45+1+3.5+3.14*0.995*2/4+3.14*1*2/4+0.5)/10	1	2 668	1 033	439	1 196	2 891	1 119	475	1 296	
3	2-1002	700-P-130002/05-2TB1-N	DN700 PIPE, DSSAW, BE, GB/T 9711.1 L245, SH/T 3405, Ej=0.958 mm	10 m	(6.5+2.3+4.95+0.15+0.25+0.65+0.5+3.14*0.995*2/4)/10	2	2 668	1 033	439	1 196	4 500	1 743	740	2 017	
4	2-997	400-P-130004/05-2TB1-N	DN400 PIPE, DSSAW, BE, GB/T 9711.1 L245, SH/T 3405, Ej=0.957 mm	10 m	(3.5+1.5+1.5+0.85+1.45+0.4+3.14*0.6*2/4+1.2)/10	1	1 529	637	225	667	1 734	722	255	757	
5	2-1002	700-P-130001/05-2TB1-N	DN700 PIPE, DSSAW, BE, GB/T 9711.1 L245, SH/T 3405, Ej=0.958 mm	10 m	(6.5+2.3+4.95+2.25+0.2+3.14*0.995*2/4)/10	2	2 668	1 033	439	1 196	4 740	1 836	780	2 125	
			弯头												

续表

序号	定额编号	所属管号或位号	分项工程名称及规格	单位	计算式	工程量	单价/元				合价/元				备注
							安装费	其中			安装费	其中			
								人工费	辅材费	机械费		人工费	辅材费	机械费	
6	2-1779	700-P-130003/05-2TB1-N 700-P-130002/05-2TB1-N 700-P-130001/05-2TB1-N	DN700 45°弯头	10个	3/10	0.3	6 925	2 095	1 904	2 926	2 077	628	571	878	
7	2-1779	700-P-130003/05-2TB1-N	DN700 90°弯头	10个	1/10	0.1	6 925	2 095	1 904	2 926	692	209	190	293	
8	2-1774	400-P-130004/05-2TB1-N	DN400 90°弯头	10个	1/10	0.1	3 390	1 075	992	1 322	339	107	99	132	
			三通												
9	2-1779	700-P-130002/05-2TB1-N 700-P-130001/05-2TB1-N	DN700 三通	10个	2/10	0.2	6 925	2 095	1 904	2 926	1 385	419	381	585	
			阀门												
10	2-2367	GV-105-1/2	轻型手动平板闸阀(齿轮传动) DN700,PN2.0,RF,ASTM A216 WCB/13Cr/STL	台		2	726	347	213	166	1 452	694	426	333	
11	2-2363	GV-105-3	轻型手动平板闸阀(齿轮传动) DN400,PN2.0,RF,ASTM A216 WCB/13Cr/STL	台		1	394	188	86	119	394	188	86	119	
12	5-205	MOV1105-1/2/3	电动阀 DN700	台		3	62	50	8	5	187	150	23	14	
	2-2379			台		3	975	556	241	178	2 926	1 669	722	535	

续表

序号	定额编号	所属管号或位号	分项工程名称及规格	单位	计算式	工程量	单价/元				合价/元				备注
							安装费	其中			安装费	其中			
								人工费	辅材费	机械费		人工费	辅材费	机械费	
13	5-205	MOV1105-4	电动阀 DN400	台		1	62	50	8	5	62	50	8	5	
	2-2375			台		1	553	311	112	130	553	311	112	130	
14	7-375	E-105-1/2	大拉杆横向波纹补偿器 DN700 L=2 500 1.0/1.3 MPa	个		2	548	103	331	114	1 096	206	662	227	
15	7-374	E-105-3	大拉杆横向波纹补偿器 DN400 L=2 000 1.0/1.3MPa	个		1	444	92	256	96	444	92	256	96	
			防腐除锈												
16	9-68	40-PW-130001/05-2TB11-N 700-P-130003/05-2TB1-N 700-P-130002/05-2TB1-N 400-P-130004/05-2TB1-N 700-P-130001/05-2TB1-N	管道抛丸除锈	10 m^2	3.14 * [0.048 26 * 1+0.711 2 * (1.08+1.69+1.78)+0.406 4 * 1.13]	12	152	17	10	125	1 788	199	122	1 468	
17	9-1300		环氧富锌底漆(一遍)	10 m^2	3.14 * [0.048 26 * 1+0.711 2 * (1.08+1.69+1.78)+0.406 4 * 1.13]	12	20	19	1		237	221	16		
18	9-1301		环氧富锌底漆增(一遍)	10 m^2	3.14 * [0.048 26 * 1+0.711 2 * (1.08+1.69+1.78)+0.406 4 * 1.13]	12	18	18			217	217			
19	9-1302		云铁中间漆(一遍)	10 m^2	3.14 * [0.048 26 * 1+0.711 2 * (1.08+1.69+1.78)+0.406 4 * 1.13]	12	24	24			282	282			
20	9-1303		云铁中间漆增(一遍)	10 m^2	3.14 * [0.048 26 * 1+0.711 2 * (1.08+1.69+1.78)+0.406 4 * 1.13]	12	23	23			269	269			
21	9-951		聚氨酯面漆(一遍)	10 m^2	3.14 * [0.048 26 * 1+0.711 2 * (1.08+1.69+1.78)+0.406 4 * 1.13]	12	24	22	2		282	262	21		

续表

序号	定额编号	所属管号或位号	分项工程名称及规格	单位	计算式	工程量	单价/元				合价/元				备注
							安装费	其中			安装费	其中			
								人工费	辅材费	机械费		人工费	辅材费	机械费	
			小计								28 590	11 628	5 950	11 012	
			设备材料扣除增值税	%	16										
			设备运费	%	4										
			设备采购保管费	%	2.43										
			材料运费	%	2.42										
			材料采购保管费	%	1.88										
			综合费用	%	131.54						14 485				
			税金	%	10						4 307				
			合计								47 382				

附录四　石油化工建设项目建筑工程和安装工程标段投标案例

某石油化工建设项目进行建筑工程和安装工程标段的招标，招标采用工程量清单模式。某石油化工建设有限公司作为投标人之一，提交了以下投标文件。其中部分如下(有删减)。

表A　投标总价扉页

投 标 总 价

投 标 人：　××石油化工建设有限公司

工程名称：　××石油化工建设项目建筑工程和安装工程

投标总价(小写)：　30 423 988.02 元

(大写)：　叁仟零肆拾贰万叁仟玖佰捌拾捌圆零贰分

投 标 人：________________

(单位盖章)

法定代表人
或其授权人：________________

(签字或盖章)

编 制 人：________________

(造价人员签字盖专用章)

时　　间：　××××年××月××日

表B　建设项目投标报价汇总表

建设项目投标报价汇总表

工程名称：×××石油化工建设项目　　　　第1页　共1页

序号	单项工程名称	金额/元	其中/元		
			暂估价	安全文明施工费	规　费
1	×××装置	30 423 988.02	861 100	620 691.44	770 187.46
2	……	…	…	…	…
合　计		…	…	…	…

表 C　单位工程投标报价汇总表

单位工程投标报价汇总表

工程名称：×××石油化工建设项目　　　　第1页　共1页

序号	单项工程名称	金额/元	其中/元		
			暂估价	安全文明施工费	规　费
1	×××装置	30 423 988.02	861 100	620 691.44	770 187.46
	消防	558 863.88		11 287.91	14 147.71
	火灾报警	296 902.51		5 996.82	7 516.13
	工艺管道	1 548 581.24		31 278.18	39 202.55
	……	…	…	…	…
合　计		30 423 988.02	861 100	620 691.44	770 187.46

表D　分部分项工程和单价措施项目清单与计价表

分部分项工程和单价措施项目清单与计价表

工程名称：××石油化工建设项目　工艺管道　　标段：××　　　　　　　　　　　　　第　页　共　页

序号	项目编码	项目名称	项目特征描述	计量单位	工程量	金额/元		
						综合单价	合价	其中 暂估价
1	碳钢管道（焊接钢管）							
1.1	030801001001	焊接钢管DN15	1. 材质：碳钢管； 2. 规格：DN15； 3. 连接形式、焊接方法：焊接； 4. 压力试验、吹扫与清洗设计要求：按设计或规范要求； 5. 脱脂设计要求：按设计或规范要求	m	138.000	24.79	3 421.02	
1.2	030801001002	焊接钢管DN20	1. 材质：碳钢管； 2. 规格：DN20； 3. 连接形式、焊接方法：焊接； 4. 压力试验、吹扫与清洗设计要求：按设计或规范要求； 5. 脱脂设计要求：按设计或规范要求	m	216.000	29.74	6 423.84	
1.3	030804001001	弯头90° DN15	1. 材质：碳钢； 2. 规格：90°DN15； 3. 连接方式：焊接； 4. 补强圈材质、规格：按设计或规范要求	个	56.000	12.76	714.56	
1.4								
	……	……	……	……	…	…	…	
2	碳钢管道（无缝钢管）							
2.1	030801001018	无缝钢管DN80	1. 材质：碳钢； 2. 规格：SCH40 DN80； 3. 连接形式、焊接方法：焊接； 4. 压力试验、吹扫与清洗设计要求：按设计或规范要求； 5. 脱脂设计要求：按设计或规范要求	m	96.000	105.20	10 099.20	
	……	……	……	……	…	…	…	
本页小计							…	
合　计							1 362 883.66	

表E　总价措施项目清单与计价表

总价措施项目清单与计价表

工程名称：××石油化工建设项目　工艺管道　　标段：××　　　　第　页　共　页

序号	项目编码	项目名称	计算基础	费率/%	金额/元	调整费率/%	调整后金额/元	备注
1	031302001001	安全文明施工	分部分项清单合计	1.50	31 278.18			
2	031302001001	夜间施工增加	分部分项清单合计	0.10	2 085.20			
3	031302003001	非夜间施工增加						
4	031302004001	二次搬运						
5	031302005001	冬雨季施工增加	分部分项清单合计	0.05	1 042.60			
6	031302006001	已完工程及设备保护	分部分项清单合计	0.05	1 042.60			
7	…	……	……	…	…			
合　计					…	…	…	…

编制人(造价人员)：　　　　　　　　复核人(造价工程师)：

附录五　石油化工建设项目地基处理施工标段评标案例

××石油化工建设项目EPC总承包商对于该项目的地基处理标段的施工分包进行邀请招标。根据其所编制招标文件中关于此标段评标办法，要求投标商将技术标和商务标分别装订报送，并采用综合评估法。评标办法具体如下。

1. 初步评审，必须符合初步评审标准及记录表和初步评审标准及记录表（其他情形）的要求（详见表1）：

表1　初步评审标准及记录表

内容	评审因素	评审标准	投标人名称及评审结论		
			投标人1	投标人2	投标人3
形式评审	投标人名称	与营业执照、资质证书、安全生产许可证一致（见扫描件）			
	投标文件签字盖章	封面、投标函：盖投标人CA章			
	投标文件格式	符合招标文件中“投标文件格式”的基本框架格式要求			
	报价唯一性	只能有一个有效报价（见投标函）			
资格评审	营业执照	持有有效的营业执照（见扫描件）			
	施工资质证书	持有建设行政主管部门核发的地基基础工程施工专业承包一级资质证书（见扫描件）			
	安全生产许可证	持有建设行政主管部门核发的有效安全生产许可证书（见扫描件）			
	管理体系认证	持有质量、环境、职业健康安全管理体系认证证书（见扫描件）			
	项目经理资格	持有建筑专业一级注册建造师注册执业证书（注册于投标人单位，见扫描件）			
		持有有效的建筑施工企业项目负责人安全考核合格证书（B证）			
		2015年以来（以签约合同的交工证书时间为准）有单项合同额不低于500万元桩基工程项目经理执业业绩（提供1项，见扫描件）			

续表

内容	评审因素	评审标准	投标人名称及评审结论		
			投标人1	投标人2	投标人3
资格评审	技术负责人资格	具备工程类中级及以上技术职称(见扫描件)			
	安全负责人资格	安全负责人具有建筑施工企业专职安全生产管理人员安全生产考核合格证书(C证)(见扫描件)			
	投标人业绩	2015年以来(以签约合同的交工证书时间为准)有单项合同额500万元及以上的桩基工程业绩(提供1项,见扫描件)			
	财务状况	财务状况良好,具有足够资产及能力并有效地履行合同(见2014年至2016年经会计师事务所或者审计机构审计的财务会计报表,包括资产负债表、现金流量表、利润表和财务状况说明书的扫描件)			
	社保证明	项目经理部人员一览表内全部人员需提供由社保机构出具的2017年10月至12月连续3个月的社保证明(见扫描件)			
响应性评审	投标范围	符合招标文件要求(见投标函)			
	投标有效期	符合招标文件要求(见投标函)			
	投标保证金	符合招标文件要求(见投标函)			
	工程质量	符合招标文件要求(见投标函)			
	计划工期	符合招标文件要求(见投标函)			
	投标报价	按固定综合单价计算出的暂定工程量合计总价最高投标限价为:1 000万元(不含增值税)(见投标函)			
	履约保证金	符合招标文件要求(见投标函)			
	技术偏差	没有重大偏差(见技术偏差表等)			
	商务偏差	没有重大偏差(见商务偏差表等)			
		初步评审结论			

评标委员会全体成员签章:

年　月　日

注:1. 资格评审中的内容以投标文件中的相应扫描件为评审依据,其中“财务状况”见2014年度至2016年度经会计师事务所或者审计机构审计的财务会计报表,包括资产负债表、现金流量表、利润表和财务状况说明书。
2. 若个人执业业绩在合同中不能明确显示,投标人需提供其他书面证明材料,证明材料由发包人或其专业主管部门提供,并加盖发包人公章或其主管部门印章,否则无效。
3. “2015年以来……”以合同签订生效日为准。
4. 对于每一项的审查,符合要求,打“√”;不符合,打“×”。
5. 初步审查结论为“通过”或“不通过”,只要有一项不符合,即不通过。

表 2　初步评审标准及记录表(其他情形)

序号	审查因素	审查标准	投标人名称及评审结论		
			投标人 1	投标人 2	投标人 3
1	独立法人资格	不是招标人不具有独立法人资格的附属机构(单位)			
2	设计或咨询服务	没有为本工程或本标段前期准备提供设计或咨询服务			
3	与监理人、代建人、招标代理机构的关系	与本工程或本标段监理人或代建人或招标代理机构无隶属关系			
		未与本工程或本标段监理人或代建人或招标代理机构相互任职或工作			
		不是同一法定代表人，不存在相互控股或者参股关系			
4	生产经营状况	没有被责令停业、财产被接管或冻结			
5	投标资格	没有被暂停或者取消投标资格			
6	近三年来履约情况	近三年没有骗取中标和严重违约以及重大工程安全、重大工程质量问题			
7	投标人在本次投标过程中遵纪守法	未发生不同投标人的投标文件由同一单位或者个人编制的情形			
		未发生不同投标人委托同一单位或者个人办理投标事宜的情形			
		未发生不同投标人的投标文件载明的项目管理机构成员出现同一人的情形			
		未发生不同投标人的投标文件异常一致或者投标报价呈规律性差异的情形			
		未发生不同投标人的投标文件相互混装的情形			
		未发生不同投标人的投标保证金从同一单位或者个人的账户转出的情形			
		未发生使用通过受让或者租借等方式获取的资质、资格证书投标，或伪造资质、资格、业绩、财务等证件资料投标的情形			
		不存在弄虚作假、行贿或者其他违法违规行为			
8	关联单位	不存在单位负责人为同一人或者存在控股、管理关系的不同单位，参加同一标段投标或者未划分标段的同一招标项目投标的情形(见投标人承诺书和关联单位情况说明等)			

续表

序号	审查因素	审 查 标 准	投标人名称及评审结论		
			投标人1	投标人2	投标人3
初步审查结论					

评标委员会全体成员签章：

年 月 日

注：1. 本表评审标准的证明材料见投标文件中对应的投标人书面承诺等。
2. 对于每一项的审查，符合要求，打"√"；不符合，打"×"。
3. 初步审查结论为"通过"或"不通过"，只要有一项不符合，即不通过。

2. 通过初步评审后，进行详细评审(见表3)，包括报价部分(权重0.5)、综合部分(权重0.2)、技术部分(权重0.3)。

表3 详细评审标准及计分表

(一) 报价部分：权重0.5

序号	评分项目	评 分 标 准	标准分/分	投标人名称及评审得分		
				投标人1	投标人2	投标人3
1	投标报价	(1) 评标基准价=经评审的有效投标单位报价总和/有效投标单位个数[**确定评标价：** **评标价=经评审有效的暂定工程量合计总价(不含增值税)，按以上办法确定的评标价，在本详细评审表计算过程中称为"经评审的有效投标报价"**] (2) 投标报价B与评标基准值A相减：① 当投标报价B=评标基准值A时，得满分100分； ② 当投标报价B>评标基准值A时，投标报价得分=100－(B－A)/A＊100＊2； ③ 当投标报价B<评标基准值A时，投标报价得分=100－(A－B)/A＊100＊1。 (3) 投标报价与基准价偏差不满一个百分点的，其得分按照直线插入法计算(得分保留小数点后两位，第三位采用"四舍五入")。 (4) 报价得分最低为0分	100			
		报价部分得分合计	100			
		报价部分加权得分(报价部分得分合计×权重)				

评委签字： 监督人签字： 年 月 日

(二) 综合部分：权重 0.2

序号	评分项目	评分标准	标准分/分	投标人名称及评审得分		
				投标人1	投标人2	投标人3
1	投标人业绩及获奖情况（见业绩证明扫描件）	2015年以来有桩基工程业绩，单项合同额不低于500万元：每项10分，满分40分	40			
2	项目经理业绩及获奖情况（见业绩及获奖情况证明扫描件）	2015年以来有桩基工程项目经理的执业业绩，且单项合同额不低于500万元，得40分； 单项合同额不低于300万元，得30分； 单项合同额不低于100万元，得20分； 其余不得分。 本项只选取最高一项计取分数，不重复累计	40			
		获省部级（及以上）"优秀项目经理"等同类个人荣誉称号的，得10分（施工企业颁发的奖项不计）	10			
3	投标文件编制质量	对投标文件内容是否完整、简练，结构是否符合要求，是否编制连续页码，目录与正文是否对应，文字、扫描件是否清晰等进行类比，综合评审符合要求：8～10分；有瑕疵：5～8分；基本符合要求：1～5分	10			
		综合部分得分合计	100			
		综合部分加权得分（综合部分得分合计×权重）				

评委签字：　　　　　　　　　　　　监督人签字：　　　　　　　　　　年　月　日

注：1. 表中投标人业绩证明材料、个人业绩证明材料以投标文件中的对应扫描件为准。
2. 若个人执业业绩在合同中不能明确显示，投标人需提供其他书面证明材料，证明材料由发包人或其专业主管部门提供，并加盖发包人公章或其主管部门印章，否则无效。
3. "2015年以来……"以签约合同的交工证书时间为准。

(三) 技术部分：权重 0.3

序号	评分项目	评分标准	标准分/分	投标人名称及评审得分		
				投标人1	投标人2	投标人3
1	项目管理机构（其中人员部分见商务标中的注册执业证书、社保证明等扫描件）	机构设置合理，专业齐全，职责明确，人员齐备：8～10分； 机构设置较合理，专业齐全，职责明确，人员较齐备：4～8分； 基本满足要求，但人员配备欠合理，专业不够齐全：1～4分	10			

续表

序号	评分项目	评分标准	标准分/分	投标人名称及评审得分		
				投标人1	投标人2	投标人3
2	施工部署及施工方案	施工总体布置科学合理,施工方案及应对措施全面科学、针对性强：16～20分； 施工方法科学合理,施工重点难点分析突出、清晰,对策合理：12～16分； 施工总体布置科学合理,施工方案及应对措施合理、可行,施工方法科学合理,施工重点难点分析较突出、清晰,对策合理：9～12分； 施工总体布置合理,施工方案及应对措施可行,施工方法可行,施工重点难点分析一般,对策可行：4～9分； 施工总体布置基本合理,施工方案基本合理,施工方法基本可行,施工重点难点分析不清晰：1～4分	20			
3	HSE管理体系与保证措施	管理目标明确,危害因素识别全面,控制措施科学、可行、针对性强,关键施工作业环节有专项控制措施：5～7分； 管理目标基本明确,危害因素识别全面,控制措施合理、可行：3～5分； 有管理目标,危害因素识别不全面,控制措施基本满足工程需要：1～3分	7			
4	质量保证体系与控制措施	质量目标明确,质保体系完整、职责明确,重点、难点、关键部位、工序有针对性措施：5～7分； 质量目标较明确,质保体系完整、职责明确,重点、难点、关键部位、工序措施可行：3～5分； 质量目标基本明确,质保体系基本完整、职责明确,重点、难点、关键部位、工序措施基本满足工程需要：1～3分	7			
5	工程进度计划与保证措施	工期目标明确,保证措施科学、合理、到位,网络计划安排合理,针对性强：5～7分； 工期目标明确,保证措施合理、可行,网络计划安排基本合理：3～5分； 工期目标基本明确,控制措施一般,基本满足工程需要：1～3分	7			

续表

序号	评分项目	评 分 标 准	标准分/分	投标人名称及评审得分		
				投标人1	投标人2	投标人3
6	特殊技术措施	工程难点、特殊过程可控制措施科学、可行、针对性强：5～7分； 工程难点、特殊过程可控制措施基本合理、可行：3～5分； 工程难点、特殊过程可控制措施欠妥：1～3分	7			
7	人力资源计划	各类施工人员齐全、配置科学合理，特殊作业人员持证齐全：5～7分； 各类施工人员较齐全、配置科学较合理，特殊作业人员持证齐全：3～5分； 各类施工人员基本齐全、配置基本合理，特殊作业人员持证有缺项：1～3分	7			
8	施工机具及检测设备配备	设备机具及检测设备配置科学合理，充分考虑工程工期、质量、HSE管理以及现场实际情况，满足施工需求：5～7分； 设备机具及检测设备配置科学合理，考虑工程工期、质量、HSE管理以及现场实际情况，满足施工需求：3～5分； 设备机具及检测设备配置基本满足工程施工需要：1～3分	7			
9	技术管理	管理制度完善、职责明确：5～7分； 管理制度全面、职责明确，细节待完善：1～5分	7			
10	临时设施布置	站场等临时设施布置合理可行：5～7分； 站场等临时设施布置基本可行：1～5分	7			
11	现场文明施工等管理措施	现场文明措施完善、合理，针对性强：5～7分； 现场文明合理、可行、细节待完善：3～5分； 现场文明基本满足要求：1～3分	7			
12	文档资料管理制度及实施措施	管理制度完善、措施合理、内容完整：5～7分； 管理制度基本完善、措施基本合理、内容基本完整：1～5分	7			
	技术部分得分合计		100			
	技术部分加权得分(技术部分得分合计×权重)					

评委签字：　　　　　　　　监督人签字：　　　　　　　　年　月　日

本次招标活动共邀请5家投标商参加，项目开标后，其中一家单位由于投标文件中项目经理资质及质量要求不满足招标文件的要求未通过初步评审。另一家单位则因为投标文件中质量要求不满足招标文件的要求，故也未通过初步评审。剩下的三家单位通过初步评审，进入详细评审阶段。

3家单位报价、工期、质量如下：

A单位：报价985万元、工期150天、质量合格

B单位：报价949万元、工期150天、质量合格

C单位：报价931万元、工期150天、质量合格

详细评审过程如下：

报价部分：

评标基准价=(985+949+931)/3=955(万元)

A单位投标报价部分得分=[100-(985-955)/955×100×2]≈93.72(分)

加权得分=93.72×0.5=46.86(分)

B单位投标报价部分得分=[100-(955-949)/955×100×1]≈99.37(分)

加权得分=99.37×0.5=49.685(分)

C单位投标报价部分得分=[100-(955-931)/955×100×1]≈97.49(分)

加权得分=97.49×0.5=48.745(分)

综合部分：

A单位：评委1打分90，加权得分18
评委2打分90，加权得分18
评委3打分80，加权得分16
评委4打分80，加权得分16
评委5打分100，加权得分20

B单位：评委1打分90，加权得分为18
评委2打分90，加权得分为18
评委3打分90，加权得分为18
评委4打分80，加权得分为16
评委5打分80，加权得分为16

C单位：评委1打分100，加权得分为20
评委2打分100，加权得分为20
评委3打分80，加权得分为16
评委4打分80，加权得分为16
评委5打分80，加权得分为16

技术部分：

A单位：评委1打分90，加权得分27
评委2打分90，加权得分27
评委3打分100，加权得分30
评委4打分80，加权得分24
评委5打分100，加权得分30

B 单位：评委 1 打分 80，加权得分为 24
评委 2 打分 80，加权得分为 24
评委 3 打分 70，加权得分为 21
评委 4 打分 70，加权得分为 21
评委 5 打分 70，加权得分为 21

C 单位：评委 1 打分 90，加权得分为 27
评委 2 打分 80，加权得分为 24
评委 3 打分 80，加权得分为 24
评委 4 打分 90，加权得分为 27
评委 5 打分 80，加权得分为 24

最后计算 3 家投标单位的最终得分为：

A 单位得分＝46.86＋(18＋18＋16＋16＋20)/5＋(27＋27＋30＋24＋30)/5＝92.06(分)

同理可得，B 单位得分＝89.09(分)；C 单位得分＝91.55(分)。

3 家投标单位按最终得分从高到低的顺序依次是 A、C、B，因此中标候选人依次是 A、C、B。

参 考 文 献

[1] 全国造价工程师执业资格考试培训教材编审委员会.建设工程造价管理.北京：中国计划出版社,2017.

[2] 全国造价工程师执业资格考试培训教材编审委员会.建设工程计价.北京：中国计划出版社,2017.

[3] 住房和城乡建设部,国家质量监督检验检疫总局.建设工程工程量清单计价规范 GB 50500—2013.北京：中国计划出版社,2013.

[4] 国家计划委员会,建设部.建设项目经济评价方法与参数(第二版).北京：中国计划出版社,1993.

[5] 国家发展改革委,建设部.建设项目经济评价方法与参数(第三版).北京：中国计划出版社,2006.

[6] 中国国际工程咨询公司.投资项目经济咨询评估指南.北京：中国经济出版社,1998.

[7] 投资项目可行性研究指南编写组.投资项目可行性研究指南.北京：中国电力出版社,2002.

[8] 于守法.建设项目经济评价方法与参数应用讲座.北京：中国计划出版社,1995.

[9] 姜伟新,张三力.投资项目后评价.北京：中国石化出版社,2001.

[10] 中国石油天然气股份有限公司.炼油化工项目后评价.北京：石油工业出版社,2014.

[11] 中国石油化工集团公司.石油化工工程建设费用定额.北京：中国石化出版社,2018.

[12] 中国石油化工集团公司.石油化工工程建设设计概算编制办法.北京：中国石化出版社,2018.

[13] 中国石油化工集团公司经济技术研究院.中国石油化工项目可行性研究技术经济参数与数据.北京：中国石化出版社,2017.

[14] 中国石化集团上海工程有限公司.化工工艺设计手册(第四版).北京：化学工业出版社,2009.